José Carlos Vilar Amigo

Instrumentação para Automação Industrial

Parte 2

Editora Ciência Moderna

Editor: Paulo André P. Marques
Produção Editorial: Dilene Sandes Pessanha
Capa: Daniel Jara
Diagramação: Daniel Jara
Copidesque: Equipe Ciência Moderna

FICHA CATALOGRAFICA

AMIGO, José Carlos Vilar.

Instrumentação para Automação Industrial - Parte 2

Rio de Janeiro: Editora Ciência Moderna Ltda., 2023.

1. Automação Industrial
I — Título

ISBN: 978-65-5842-287-7
CDD 338-4

Editora Ciência Moderna Ltda.
R. Alice Figueiredo, 46 – Riachuelo
Rio de Janeiro, RJ – Brasil CEP: 20.950-150
Tel: (21) 2201-6662/ Fax: (21) 2201-6896
E-MAIL: LCM@LCM.COM.BR
WWW.LCM.COM.BR **08/23**

SUMÁRIO

Parte 2
Dispositivos de obtenção de dados e atuação no processo

- termos e conceitos relacionados às características dos instrumentos de medição;
- principais transdutores encontrados em sistemas de instrumentação;
- medidores usuais para medição de variáveis de processo: tipos e funcionamento geral;
- sistemas de analisadores de processo: tipos e características;
- micro e nanossensores: panorama geral e exemplos;
- dispositivos de identificação e captura automática de dados, AIDC (*Automatic Identification and Data Captur*): tipos e conceitos associados;
- válvulas de controle: tipos, dimensionamento e principais características.

2.1 - Considerações gerais sobre medição

2.1.1 – medidores, sensores e transdutores – conceituação

Muitas vezes vamos encontrar os termos medidores, sensores e transdutores utilizados de forma ambígua, com diferentes significados[1]. Apresentaremos aqui o conceito associado a cada um destes termos, no contexto deste livro.

2.1.1.1 – medidores

Os medidores são instrumentos que, através de um sensor ou transdutor a ele integrado, recebem uma informação relacionada à variável de processo cujo valor se quer conhecer, disponibilizando este valor de forma inteligível a outros instrumentos ou ao entendimento humano, ou seja, em forma de sinal (mA, sinal digital, etc.) ou em unidades de engenharia (mm, °C, etc.). Essa medida refere-se ao valor que se pode atribuir a uma grandeza.

Assim, um transmissor pode ser entendido como um "medidor", uma vez que seu sinal de saída é inteligível a outros instrumentos que trabalhem com sinal da mesma natureza, atribuindo um valor à grandeza física, química ou biológica que está sendo medida. De igual modo, uma indicação de pressão gerada por um manômetro pode ser referenciada como uma "medição de pressão" porque pode ser lida e entendida por um operador humano, atribuindo valor à pressão. São medidores os manômetros, registradores e transmissores, por exemplo. Sensores e transdutores são partes componentes dos medidores.

2.1.1.2 – sensores

O medidor para poder funcionar, necessita de um *sensor* que perceba a variável de processo. Um sensor é um "elemento dum sistema de medição que é diretamente afetado por um fenômeno, corpo ou substância que contém a grandeza a ser medida"[2].

Os sensores são dispositivos que alteram algumas de suas características físicas quando a variável de processo a ser medida modifica seu valor, ou seja, a alteração no valor da variável de processo é a *causa* da alteração de algum parâmetro do sensor, como efeito imediato. O parâmetro alterado pode servir de informação de entrada de um transdutor, como veremos a seguir. Assim, por exemplo, um fole como o da figura 2.1.1, se construído de forma adequada, permite relacionar o deslocamento do seu extremo livre, o

---

[1] Ver definição de *transducer* (transdutor) na ISA, 2009.

[2] Ver *sensor* em INMETRO, 2012.

qual na figura 2.1.1 está ligado a um ponteiro, com a pressão que atua no outro extremo. Sendo assim, poderemos conhecer o valor da pressão (variável que desejamos medir) se conhecermos a relação entre o deslocamento do extremo livre do fole e a pressão que o provoca. Aplicado desta maneira, o fole é um sensor, pois recebe como entrada, *diretamente*, a informação da variável a ser medida (pressão, no exemplo dado).

Figura 2.1.1 – Sensor tipo fole.

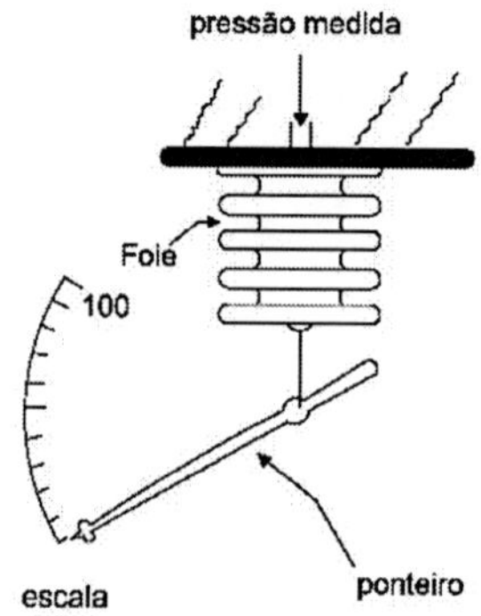

Fonte: autor

A característica do sensor é, portanto, que ele "*sente*" a variável de processo que nos interessa, *de forma imediata,* ou seja, sem intermédio de outras alterações observáveis. Veremos a seguir que o que chamaremos de transdutor não sente de forma imediata ou direta a variável a ser medida, necessitando de um sensor para perceber a variável, sensor este, cuja informação de saída (um movimento, por exemplo) serve de informação de entrada para o transdutor. É a partir da informação de saída do sensor que o transdutor gerará sua informação de saída, a qual é em geral, uma grandeza elétrica como uma tensão elétrica, uma variação de capacitância, uma variação de uma resistência, etc.

Os sensores podem perceber pressão, temperatura, vazão, nível, velocidade, corrente elétrica ou outras tantas variáveis físico-químicas-biológicas que caracterizam os processos que ocorrem nos sistemas industriais. Apresentaremos nos capítulos seguintes alguns sensores e medidores das variáveis de processo de ocorrência mais comuns na indústria.

2.1.1.3 – transdutores

Os transdutores, do inglês *transducers*, são "tradutores" de uma forma de energia em outra, ou de uma grandeza física (deslocamento, calor, força, etc.) que não é a que se deseja medir em outra (corrente elétrica, resistência elétrica, voltagem, etc.).

Assim, por exemplo, pode-se medir pressão ou aceleração transformando-se a grandeza "trabalho mecânico" em energia elétrica, com o uso do transdutor denominado cristal piezoelétrico (ver item 2.2.5(a)) ou transformar energia magnética em elétrica, ou vice-versa, numa antena ou transmissor de onda eletromagnética, para produzir som ou imagem. Cristais piezoelétricos e antenas são exemplos de transdutores.

Os transdutores que nos interessam aqui são os que participam dos instrumentos de medição, em geral, como comentado, acoplados a sensores das variáveis de processo de interesse. Um mesmo transdutor pode estar associado a diferentes sensores, em diferentes instrumentos de medição. Um *strain gauge*, por exemplo, é um transdutor que converte energia mecânica (deformação do corpo de um sensor ao qual esteja acoplado) em energia elétrica (alteração do valor de uma resistência elétrica), permitindo que estabeleçamos relação entre tal deformação que pode ser produzida por uma força atuando sobre ele, com a variação de uma resistência elétrica. Como a deformação mecânica pode ser produzida por diferentes variáveis de processo como força, pressão, aceleração, por exemplo, o *strain gauge* pode estar associado a sensores de força, pressão ou aceleração, fazendo parte, portanto, de medidores de peso, pressão ou aceleração, desde que acoplado a um sensor que perceba estas grandezas físicas. Se o *strain gauge*, estiver medindo uma deformação *diretamente*, podemos entender que ele atua como um "sensor" de deformação e não como um transdutor.

A possibilidade de alguns transdutores funcionarem como sensores traz a ambiguidade na utilização dos termos. Muitos são os transdutores utilizados em engenharia. Transdutores associados a microfones e autofalantes, por exemplo, traduzem ondas sonoras em sinal elétrico e vice-versa, sensores piezoelétricos podem ser utilizados para produzir ultrassons, existindo muitos outros transdutores para diversos fins. Os transdutores que veremos no capítulo 2.2 deste livro são os que têm aplicações no campo de instrumentação e automação, em geral.

2.1.2 – parâmetros importantes de serem definidos em medidores, sensores e transdutores

Quando escolhendo e especificando medidores, sensores e transdutores, algumas características devem ser definidas para estes, para que possam ter durante o seu funcionamento um bom desempenho. Estas características podem ser classificadas em estáticas, dinâmicas e ambientais.

As *características estáticas* estão relacionadas com o comportamento dos medidores, sensores ou transdutores, submetidos a determinadas condições de temperatura, umidade e pressão atmosférica, quando os sinais que chegam a estes dispositivos (sinais de entrada a medir) *não passam por variações no tempo*.

As *características dinâmicas* estão relacionadas com a resposta a sinais de entrada a medir, quando estes *variam no tempo*.

As *características ambientais* estão relacionadas com o desempenho do medidor durante ou depois da exposição a determinadas condições exteriores de temperatura, pressão, vibração, aceleração, etc.

Como os instrumentos de medição são compostos por sensores e transdutores, as características daqueles, dependerão das características destes sensores e transdutores. Vejamos com mais detalhes algumas destas características.

2.1.2.1 – características estáticas

a) definição do range (intervalo ou faixa de medição)

Os instrumentos são projetados de forma a poderem operar num dado *intervalo ou faixa de medição* ou "*range*" da variável que se deseja medir. O intervalo de medição ou "*range*" do instrumento pode ser definido como o "conjunto de valores de grandezas da mesma natureza que pode ser medido por um dado instrumento de medição ou sistema de medição".[3]

Quando operando dentro do *range*, os instrumentos devem manter sua precisão na medida, não devem sofrer danos mecânicos e nem perder as características de respostas desejadas. Se um instrumento deve medir uma temperatura variando de 0 a 150 °C ele deverá ter um *range* igual ou maior que esta faixa de medida.

É importante definirmos os *ranges* de entrada dos instrumentos, o que significa definirmos os valores máximos e mínimos da variável medida (entrada) aos quais ele estará submetido e para os quais deverá gerar uma informação de saída adequada seja uma resposta em forma de sinal ou informação em unidade de engenharia.

Para um medidor ou sensor a *entrada* será a variável a ser medida (uma temperatura, uma posição, etc.). Se trabalhando dentro de seu *range* o dispositivo gerará uma informação de saída que será uma medida em forma de sinal (no caso de transmissores) ou unidades de engenharia (°C, mm, etc.) que expressará a informação de entrada recebida. No caso de transdutores, a *entrada* pode ser um movimento de um sensor, a força gerada por uma pressão, e a saída será, em geral, um sinal elétrico o qual manterá uma relação funcional (linear ou não) com a entrada. Seja um medidor, sensor ou transdutor, se trabalhando dentro de seu *range* de entrada, manterá suas características estáticas, dinâmicas e ambientais de fabricação.

b) definição dos spans (amplitude de medição[4])

O conceito de amplitude de medição, ou em inglês, "*span*", é igualmente importante. O *span* é dado pela diferença algébrica entre o maior e o menor valor do *range* do instrumento. Assim, um instrumento de temperatura com *range* de -100 a 200 °C tem um *span* de 300 °C; o instrumento de pressão que tem *range* de 0 a 15 bar tem *span* de 15 bar e assim por diante. É comum a referência ao *span* da medida gerada na saída do instrumento em sinal ou unidade de engenharia como *Full Scale Output* (FSO). A figura 2.1.2 ilustra os

---

[3] Ver *intervalo de medição* em INMETRO, 2012.
[4] Ver *amplitude de medição* em INMETRO, 2012.

conceitos de range, span e FSO e expressa a relação entre o range de saída a e informação de entrada do dispositivo medidor, sensor ou transdutor com relação linear entre entrada e saída.

Figura 2.1.2 – Visualização da relação entre o *range* de entrada e a informação de saída de um dispositivo de medição ou sensor ou transdutor.

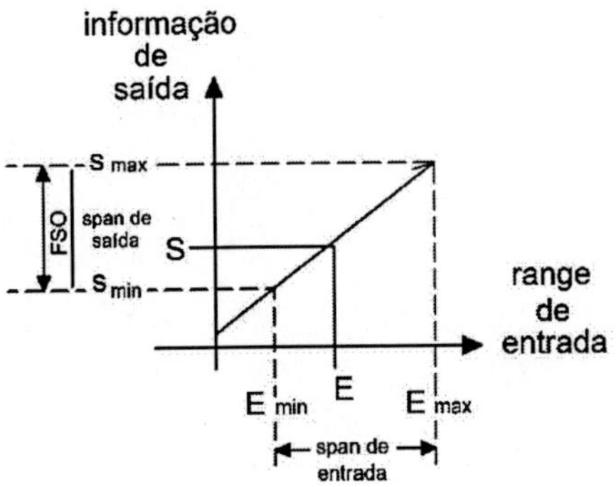

Curva de funcionamento:

$S = [(S_{max} - S_{min}) / (E_{max} - E_{min})] \times (E - E_{min}) + S_{min}$, onde:

-"S" é a saída, entre S_{min} e S_{max}, associada a uma entrada "E" dentro do range de entrada, ou seja, entre E_{min} e E_{max}

Fonte: autor

c) erro de medição

O erro expressa o "grau de concordância entre um valor medido e um valor verdadeiro dum mensurando"[5] (ver figura 2.1.3). Na prática, como o conceito de "valor verdadeiro" é por demais teórico (como aferir o verdadeiro?) trabalha-se com "valor de referência", ou seja, um valor comparado a um padrão ou comparado com valores obtidos por meio de outros instrumentos previamente calibrados. Assim, de forma simples, podemos calcular o erro de um medidor, sensor ou transdutor, em termos percentuais como:

Erro(%)= [(Vm-Vref)/VN]*100(%), onde:

- Vm é o valor medido da variável (ver comentário1);
- Vref é o valor na curva de referência obtido de um padrão ou a partir de instrumentos previamente calibrados (ver comentário 1);
- VN é o normalizador da equação (ver comentário 2), o qual é da mesma natureza da variável medida e da de referência (unidade física: metro, Newton, etc.), sendo o erro, desta forma, adimensional.

Comentários: (1) os valores medido e de referência são obtidos para a mesma entrada dentro do *range* de entrada do instrumento;

(2) os *normalizadores* mais utilizados são: a) o valor medido atual; b) o valor máximo do *range* também chamado de fim de escala ou fundo de escala (*Full Scale*-FS); c) o *span* de saída (*Full Scale Output* - FSO).

[5] Ver *erro de medição* em INMETRO, 2012.

Figura 2.1.3 – Erro do instrumento de medição.

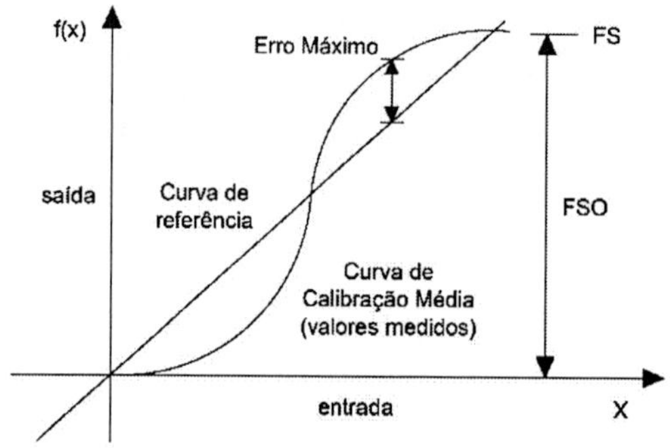

Fonte: autor

Assim, podemos falar de erro percentual em relação ao valor medido, ao fundo de escala ou ao *span*, como por exemplo, 1% do *span*, significando que num *span* de 200 unidades, por exemplo, a diferença entre o valor medido e o de referência pode variar de 2 unidades de medida.

O erro de um medidor, sensor ou transdutor vai ser útil para expressar a sua exatidão (ou inexatidão) e a precisão, como veremos mais adiante. O erro de medição é o resultado de um somatório de erros de várias origens. Alguns desses erros são os relacionados à *linearidade, à histerese e ao desvio do zero.*

c.1) erro por linearidade

A linearidade de um medidor, sensor ou transdutor é a informação que permite conhecer o quanto o seu valor de saída obtido durante a calibração se desvia de uma *curva de referência* (ver figura 2.1.3) para uma mesma entrada. A linearidade é normalmente especificada em termos do percentual de não linearidade, sendo numericamente expressa pelo resultado da relação definida como o quociente entre a *máxima diferença* entre a leitura obtida e o valor da linha reta que deveria definir a resposta de saída, (diferença esta, portanto, avaliada no ponto de "erro máximo", na figura 2.1.3), dividida pelo valor esperado na curva de referência. Tanto a leitura como o valor obtido na *curva de referência* devem ser medidos para um mesmo valor de sinal aplicado na entrada, dentro do *range* de entrada do elemento que está sendo aferido.

São usuais a adoção de uma das três *curvas de referência*: a) a reta que passa pelos pontos extremos da curva de calibração média; b) a reta que minimiza o erro com a curva de calibração média; c) a reta que passa pela origem e minimiza o erro com a curva de calibração média.

Assim, podemos expressar a *não linearidade* (NL) como:

$NL(\%) = [(Erro_{máximo}) / (\text{referência normalizadora})] * 100\%$,

Onde:

- o $Erro_{máximo}$ é o erro máximo de saída obtido pela diferença entre o valor medido pela curva de calibração média (real) e a reta de referência, tida como a curva de calibração ideal (ver figura 2.1.3);

- a referência normalizada dependerá do normalizador utilizado ser, ou o valor medido atual, ou o valor máximo do *range,* também chamado de fim de escala ou fundo de escala (*Full Scale*-FS) ou o *span* máximo de saída (*Full Scale Output* - FSO).

Como a não linearidade é uma razão entre valores de mesma unidade ela será adimensional.

c2) erro por histerese

As inexatidões devidas a erros de *histerese* têm origem nas respostas diferentes que os sensores e dispositivos físicos, em geral, apresentam quando a variável medida vai de um valor menor para um maior e de um maior para um menor. Para a determinação ou caracterização da histerese devem ser estimadas as diferenças entre cada valor de saída obtido quando medimos com a entrada indo de um valor menor para um maior de entrada subtraído de cada valor de saída medido quando a entrada vai de um valor maior para um menor (ver figura 2.1.4). O *maior valor desta diferença* expressará a histerese do medidor, sensor ou transdutor que está sendo aferido. O valor pode ser indicado como um erro percentual do normalizador escolhido, por exemplo, com relação ao *span* de saída, FSO.

Assim, consideremos que estamos medindo a temperatura de 100 °C com um termômetro. O fato de existir histerese no instrumento de medição pode fazer com que a temperatura medida, quando a temperatura varia de 99 °C para 101 °C, não seja a mesma de quando medimos os 100 °C quando a temperatura diminui de 101 °C para 99 °C. A esta diferença entre o valor da variável medida quando esta é medida no aumento do valor da variável e na diminuição deste valor é devido ao que chamamos de histerese, conforme figura 2.1.4.

O erro por histerese pode ser quantificado por:

$$e_{histerese} = (h/ FSO) \times 100 \ (\%), \text{ onde:}$$

- h = desvio entre as curvas de medição de valores ascendentes e descendentes;

- FSO = *span* de saída do instrumento

Figura 2.1.4 – Curva de histerese.

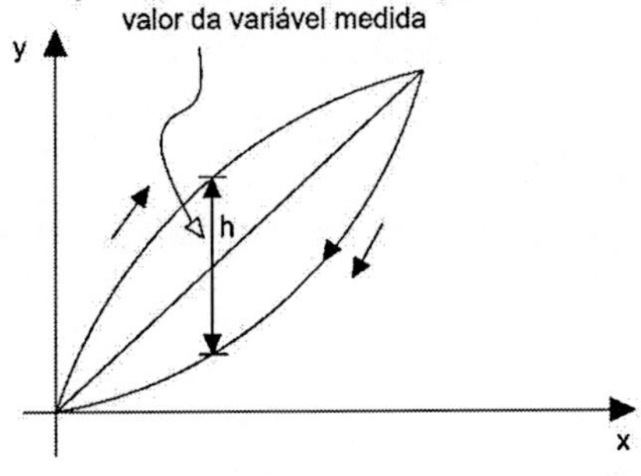

Fonte: autor

c3) erro por desvio de zero

O erro por *desvios de zero* se caracteriza pelo fato do instrumento medir um valor diferente de zero quando não há sinal de entrada ou quando o sinal de entrada é muito pequeno, da mesma ordem ou menor que sua sensibilidade. Esse erro pode ser escondido por um artifício de "supressão de zero" ou "ajuste do zero", que força a saída a ter valor zero quando o sinal de entrada está abaixo de determinado valor. Este erro é em geral associado às mudanças de condições de operação do instrumento ou ao envelhecimento dos componentes do instrumento.

d) precisão

Outro parâmetro importante dos instrumentos é a *precisão*. Esta é definida como o "grau de concordância entre indicações ou valores medidos, obtidos por medições repetidas, no mesmo objeto ou em objetos similares, sob condições especificadas."[6]

Observe-se que a precisão não se refere à adequação da medida com o valor de referência e sim com a repetição dos valores obtidos através de várias medições. Assim, se uma balança fizer três pesagens de um corpo de 100 N e obtiver o valor de 101 N nas três medições ela terá uma precisão de 100% nestas medidas, uma vez que, apesar de não ter feito a medida com *exatidão*, ela foi capaz de repetir a medida inexata nas três medições.

e) exatidão

Quando obtemos o valor medido de uma variável, este valor tem uma exatidão (*accuracy*), ou seja, um determinado "grau de concordância entre um valor medido e um valor verdadeiro" da grandeza medida.

A exatidão expressa o resultado do efeito dos vários erros aos quais está sujeita uma medição. Como visto para o "erro" ele se expressa em percentual de um valor de comparação (valor normalizador) que pode ser um percentual do valor atual medido, um percentual do valor máximo do *range* também chamado de fundo de escala (*Full Scale*-FS) ou um percentual do *span* (*Full Scale Output* - FSO).

Assim, por exemplo, um instrumento de vazão que trabalhe num *range* de 100 a 200 kg/h e tenha exatidão de 1% *do valor medido,* apresentará um erro de 0,9 kg/h quando medindo uma vazão com valor real de 90 kg/h. Se a exatidão de 1% se referir ao % do *span* (%FSO), o valor do erro em qualquer ponto de medição poderá ser de até 1 kg/h. Se se referir a % do máximo valor do range (%FS), poderá ser de até 2 kg/h.

f) repetibilidade

É a máxima diferença entre as leituras na saída de um transdutor, sensor ou medidor, para um mesmo valor de sinal de entrada, dentro do *range* de entrada, quando este sinal varia na mesma direção (ou aumenta ou diminui), máxima diferença esta normalizada em função do *span*, ou seja, (ver figura 2.1.5):

$$\text{Repetibilidade} = (r/FSO) \times 100\ (\%)$$

---

[6] Ver *precisão de medição* em INMETRO, 2012.

Figura 2.1.5 – Repetibilidade de um instrumento de medição.

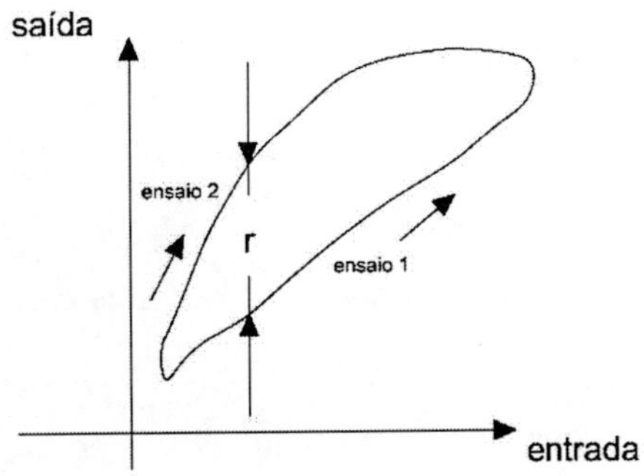

Fonte: autor

Como vimos, a precisão tem estreita relação com a *repetibilidade*. Esta espelha a capacidade do instrumento, sensor ou transdutor repetir o resultado de uma medição apresentando a mesma resposta para o mesmo valor da variável de processo, quando a medida é efetuada com os mesmos procedimentos de medição.

Assim, como já exemplificado, uma balança (instrumento de medição de peso), que mede o peso de um corpo cujo "valor verdadeiro" é 10N e em sucessivas medições mede 11N, terá ótima *precisão*, apresentando uma *inexatidão* de 1N nesta medição. Se os valores medidos em três medições forem 11,01N, 10,09N e 11N diremos que a balança apresenta erro de repetibilidade de 0,02N.

Os valores de *precisão e exatidão,* além de outras características importantes são explicitados pelos fabricantes de instrumentos de medição, dentro dos dados técnicos do instrumento. Na prática, como consideramos que a medida realizada pelo instrumento de medição é a verdadeira, os termos *precisão e a exatidão são usados indistintamente*.

A figura 2.1.6, ilustra, com o auxílio da analogia do tiro no alvo, o que é precisão e sua diferença para a exatidão (*accuracy*).

Figura 2.1.6 – Diferença entre precisão e exatidão.

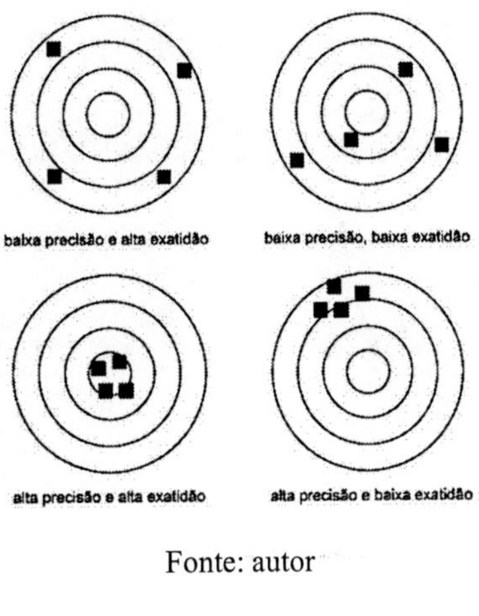

Fonte: autor

g) resolução de um instrumento de medida

A resolução, algumas vezes chamada de "capacidade de leitura", é a "menor variação da grandeza medida que causa uma variação perceptível na indicação."[7]

A resolução espelha a medida da "fineza do detalhe revelado" pelo instrumento de medida. É basicamente uma medida do menor incremento mensurável. Assim, quando dizemos que um instrumento tem resolução de 0.5 mm estamos dizendo que ele pode medir até esta casa decimal.

O conceito de resolução pode ser inferido da figura 2.1.7, e se traduz pela amplitude dos degraus de saída quando o sinal de entrada varia continuamente no range de entrada.

Figura 2.1.7 – Conceito de resolução.

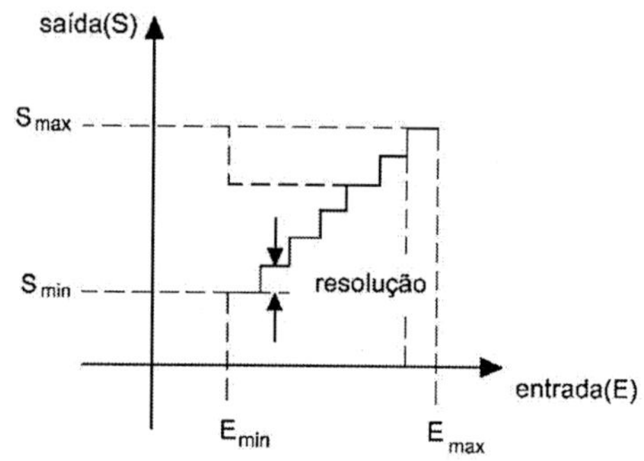

Fonte: autor

h) sensibilidade de um medidor, transdutor ou sensor

O VIM[8] define sensibilidade como o "quociente entre a variação de uma indicação de um sistema de medição e a variação correspondente do valor da grandeza medida". É adequado que a variação do valor da grandeza medida seja grande quando comparado com a resolução do medidor, uma vez que a resolução limita a avaliação da sensibilidade.

De forma prática, a sensibilidade traduz a capacidade do instrumento perceber pequenas variações na variável medida. É uma medida da menor quantidade mensurável por um instrumento particular.

Como vimos neste item, muitos fatores influenciam a precisão, a exatidão, o erro, a resolução, a sensibilidade e a repetibilidade da medida de um instrumento, como a linearidade, a histerese e o desvio do zero.

Exemplo 2.1.1[9] - Foram realizados três ciclos de medições para a calibração de um sensor, obtendo-se os resultados apresentados na tabela 2.1.1, para os erros relativos calculados pela diferença entre o valor

---

[7] Ver *resolução* em INMETRO, 2012.

[8] VIM - Vocabulário Internacional de Metrologia (IMETRO, 2012).

[9] Baseado na IEC 61298-2, apud UFRJ, 2015.

medido e o valor de referência para calibração, dividido pelo valor máximo de saída (fundo de escala – FS). Em cada um dos três ciclos a entrada foi aumentada e diminuída gradativamente. Com os dados tabelados determine: a) o erro máximo detectado; b) a não repetibilidade do sensor; c) a histerese a qual ele está sujeito; d) a não linearidade; e) a inexatidão

Tabela 2.1.1 – Dados de calibração.

entrada %	ciclo 1 erro percentual		ciclo 2 erro percentual		ciclo 3 erro percentual		média erro percentual		média geral
	Subindo 1	Descendo 1	Subindo 2	Descendo 2	Subindo 3	Descendo 3	Subindo	Descendo	
0		0,01		-0,02		-0,02		-0,01	-0,01
10	0,12	0,15	0,04	0,16	0,06	0,17	0,07	0,16	0,12
20	0,10	0,20	0,06	0,27	0,08	0,25	0,08	0,24	0,16
30	0,10	0,20	0,07	0,24	0,10	0,24	0,09	0,23	0,16
40	-0,05	0,12	-0,06	0,16	-0,03	0,16	-0,05	0,15	0,05
50	-0,15	0,01	-0,15	-0,01	-0,13	0,02	-0,15	-0,05	-0,1
60	-0,23	-0,08	-0,25	-0,09	-0,23	-0,08	-0,24	-0,08	-0,16
70	-0,33	-0,16	-0,29	-0,16	-0,30	-0,11	-0,31	-0,14	-0,23
80	-0,23	-0,15	-0,26	-0,13	-0,22	-0,14	-0,24	-0,14	-0,19
90	-0,15	-0,05	-0,15	-0,04	-0,15	-0,05	-0,15	-0,05	-0,10
100	0,11		0,10		0,09		0,10		0,10

Fonte: autor - adaptado de exemplo da IEC 61298-2, apud UFRJ, 2015

Solução

a) erro percentual máximo detectado (Erro%)

Sabemos que o erro percentual é calculado por:

Erro(%)= [(Vm-Vref)]/VN*100(%).

No caso do exemplo, o erro médio máximo ocorrerá onde o erro percentual for maior na curva média, ou seja, erro=-0,31%, ocorrido na entrada 70%, subindo. (ver tabela 2.1.1).

b) não repetibilidade do sensor

A não repetibilidade será o valor de erro onde as diferentes medidas dos três ciclos mais se afastarem, considerando a mesma direção de variação da entrada (subindo ou descendo). Este valor corresponde às medidas feitas com a entrada em 10%, ciclo 1 menos ciclo 2, subindo, e vale a diferença entre as medidas, ou seja, 0,12-0,04=0,08% (ver tabela 2.1.1).

c) histerese a qual está sujeito o sensor

A histerese corresponderá à maior diferença entre os valores de subida e descida em um mesmo ciclo. Da tabela tiramos o valor correspondente a 40%, no ciclo 2, o qual é dado por 0,16-(-0,06)=0,22% (ver tabela 2.1.1)

d) não linearidade

Podemos tomar como reta de referência para a avaliação da não linearidade a "reta de mínimos quadrados", ou "a reta que passa pelos pontos médios extremos" ou a "reta que passa pela origem e minimiza os erros quadrados". Avaliaremos aqui a não linearidade em relação à reta que passa pelos pontos médios extremos. A equação desta reta que passa pelos pontos extremos da curva de média dos erros (0;-0,01) e (100;0,10), que será a nossa curva de referência, será dada por:

erro percentual (de referência) = (Entrada*0,11) /100 - 0,01

Subtraindo da média dos erros percentuais obtidos nos ciclos de calibração, a média calculada com a equação da curva de referência obtemos, conforme tabela 2.1.2, para a entrada de 70%, o valor de -0,297, como não linearidade.

Tabela 2.1.2 – Avaliação da não linearidade.

entrada	0	10	20	30	40	50	60	70	80	90	100
Erro de ref.	-0,01	0,001	0,012	0,023	0,034	0,045	0,056	0,067	0,078	0,089	0,10
Média geral	-0,01	0,12	0,16	0,16	0,05	-0,1	-0,16	-0,23	-0,19	-0,10	0,10
	0	0,199	0,148	0,137	0,016	-0,145	-0,216	-0,297	-0,268	-0,189	0

Fonte: autor

e) a inexatidão

A inexatidão será expressa pelo maior e menor erro percentual encontrado nos três ciclos. Da tabela 2.1.1 tiramos os valores 0,27 a -0,33 % obtidos nas entradas de 20% (ciclo 2, descendo) e 70% (ciclo 1, subindo), respectivamente. (ver tabela 2.1.1).

2.1.2.2 – características dinâmicas

As características dinâmicas espelham as variações dos sinais no tempo. As mais relevantes são:

a) *resposta de frequência*

Explicita a variação da amplitude (amplitude de entrada / amplitude de saída = Ae/As) e da fase do sinal de saída (ϕ) para uma faixa de frequências de sinais senoidais de entrada. Uma resposta típica está representada na figura 2.1.8.

Figura 2.1.8 – Resposta de frequência.

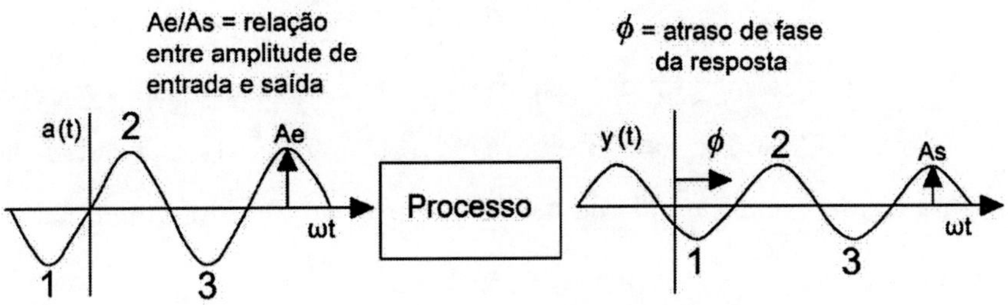

Fonte: autor

b) resposta transitória

Explicita como a saída do instrumento varia quando o sinal de entrada varia na forma de um degrau, num sistema representado por uma equação de primeira ordem.

Os parâmetros relevantes para a resposta transitória estão mostrados na figura 2.1.9.

Figura 2.1.9 – Resposta transitória de um sistema de primeira ordem.

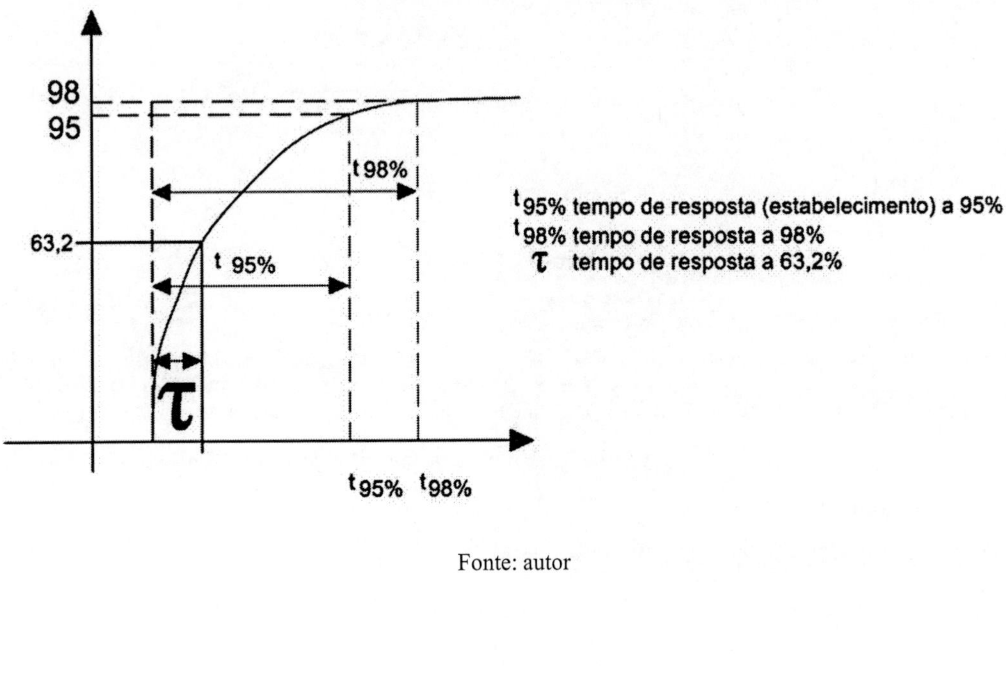

Fonte: autor

c) resposta de segunda ordem

Explicita a forma dinâmica como o sistema (medidor, sensor ou transdutor) amortece e em que frequência ressoa, quando excitado por um degrau. Matematicamente a expressão de uma resposta de segunda ordem é uma equação na forma:

$d^2x/dt^2 + 2\xi\omega_{o(}dx/dt) + \omega_o^2x = a$ onde:

ω_o – frequência de ressonância

ξ – fator de amortecimento

a – altura do degrau

A figura 2.1.10 mostra de forma gráfica o amortecimento e a frequência de resposta de um sistema de segunda ordem. A forma da resposta ser subamortecida ou amortecida, dependerá do valor de ξ. A resposta criticamente amortecida, coloca a saída do medidor, sensor ou transdutor na iminência de oscilação.

Figura 2.1.10 – Respostas típicas de medidores, sensores e transdutores que respondem como sistemas de segunda ordem: (a) subamortecida; (b) criticamente amortecida; (c) amortecida.

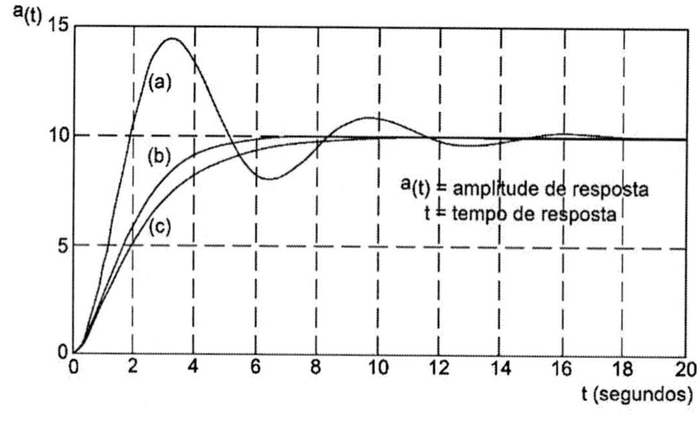

Fonte: autor

2.1.2.3 – características ambientais

Estas características se referem às faixas de temperatura, pressão e umidade que os transdutores ou sensores podem operar e quais as máximas diferenças entre as leituras obtidas para o mesmo valor do sinal de entrada, dentro do *range* de entrada, quando aquelas variáveis alteram seus valores entre os limites de valores admitidos pelo transdutor ou sensor.

As características ambientais consideram também outros erros introduzidos por variação de aceleração e mesmo montagem dos medidores, sensores e transdutores.

As características ambientais vão ajudar a definir as características de materiais, princípios de funcionamento e formas de construção e instalação dos instrumentos de medição.

Questões de síntese do conteúdo

2.1.1 – Quais das assertivas seguintes estão corretas? Caso estejam incorretas, qual a incorreção identificada?

- um medidor tem sempre incorporado a ele um sensor ou um transdutor;

- um controlador é um tipo de medidor;

- um termopar é um dispositivo que a partir da variação da temperatura sobre ele gera uma força eletromotriz. Podemos dizer que funcionando desta forma ele é um sensor de temperatura;

- o transdutor sente de forma direta a variável a ser medida;

- um dispositivo que se deforma por ação da força provocada pela pressão e gera um sinal elétrico relacionado com esta deformação é um sensor de pressão.

2.1.2 – Cite quatro características estáticas que devem ser definidas quando adquirimos um instrumento para uma instalação industrial.

2.1.3 – Um instrumento é capaz de medir valores de vazão variando de 20 a 200 m^3/h. Qual o seu *range* de medição? Qual o *span* deste medidor? Qual o fundo de escala (FS) deste medidor? Se a sua precisão for expressa por +ou- 1% do fundo de escala, qual será, em unidades de vazão, a precisão do instrumento?

2.1.4 – Um transmissor de nível, gera sinal de saída variando de 0 a 100% e tem *range* de entrada de 0 a 50 mm. Qual a equação que permite conhecer o sinal de saída a partir do de entrada?

2.1.5 – Numa aferição de um instrumento de medição de temperatura com range de entrada (E) de 0 a 200°C, tomou-se como a curva de referência, para a saída (S) variando de 0 a 100%, a curva S(%)=0,5E. Considerando esta curva: a) qual o erro, em °C, identificado na calibração para 100°C, se a média das medidas nesta temperatura acusou o valor de 48% na saída? b) Se quando a temperatura aumenta o valor de 0 a 200°C o valor do sinal de saída em 100°C for de 48% e quando diminuindo a temperatura de 200 a 0°C for de 52%, qual a histerese do medidor em °C, na medida de 100°C ? c) se em sucessivas medições em 100°C obtivemos os valores de 101°C, 99°C e 100°C, qual a exatidão do instrumento expressa em °C? Qual a sua precisão em °C?

2.1.6 – No exercício anterior, considerando que foi encontrada uma diferença entre o valor esperado na curva de referência e o encontrado na curva de calibração de 2°C, qual o erro percentual calculado: a) em relação ao valor medido? b) em relação ao FS? c) em relação ao FSO?

2.1.7 – Um determinado sensor de um instrumento de indicação de uma variável de processo tem um mostrador de saída com 3 casas decimais. Considerando este fato qual a melhor resolução que podemos esperar deste instrumento? Sabendo-se que quando a variável de processo varia de 0 a 10 "unidades de entrada", a saída do sensor varia de 0,02 "unidades de saída" qual a sensibilidade estimada para o sensor?

2.1.8 – Durante o teste de característica dinâmica de tempo de resposta de um medidor, obteve-se a curva da figura 2.1.11. Para esta resposta dinâmica pergunta-se: a) qual o tempo de resposta do medidor (ou qual a constante de tempo da resposta)? b) qual o tempo de estabilização da resposta, considerando que a resposta é estável para uma relação percentual entre a curva de resposta e a curva de estabilização da resposta (100% do valor de resposta) maior ou igual a 98%? Sabe-se que $t_{98\%}$ = 6,0 segundos e que o sistema leva 2,0 segundos para atingir 63,2 % da resposta final (100% da resposta).

Figura 2.1.11 – Resposta de um medidor à excitação degrau – questão 2.1.8.

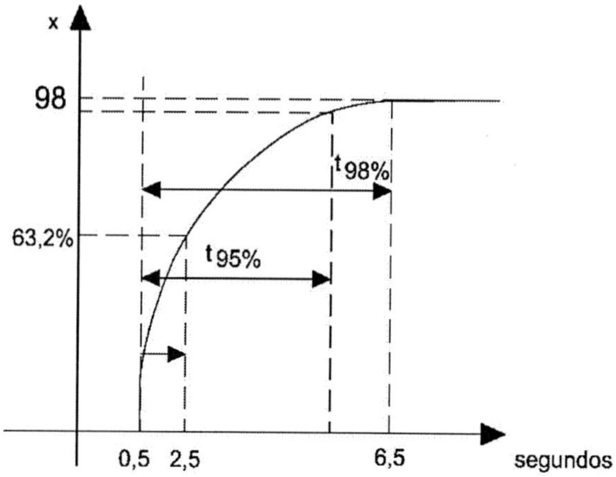

Fonte: autor

2.1.9 – As curvas (a) e (b) representadas na figura 2.1.12 correspondem a respostas de segunda ordem de dois sensores diferentes. Qual dos dois sensores tem o menor grau de amortecimento. Para um dos sensores, sendo o fator de amortecimento 0,1 e sendo a equação que representa a resposta do sensor dada por: $d^2x/dt^2 + 2(dx/dt) + \omega_o^2x=a$, qual o seu módulo da frequência de ressonância "ω_o"?

Figura 2.1.12 – Respostas de sistemas de segunda ordem – questão 2.1.9.

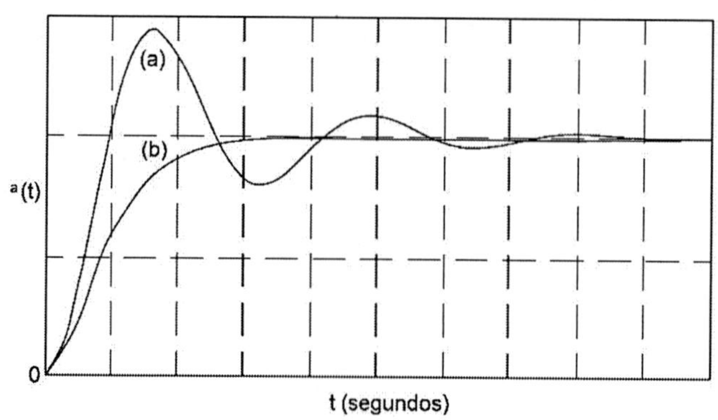

Fonte: autor

2.1.10 – Quais das informações abaixo, sobre as condições em que um medidor vai operar, são importantes para definição de suas características ambientais?

- temperatura máxima de operação;
- precisão nas condições de calibração;
- umidade no ponto de operação do medidor;
- sensibilidade do medidor;
- tipo de fluido em contato com o sensor durante a operação;
- tempo de resposta para variações na variável medida:
- fator de amortecimento da resposta transiente;
- vibrações do local de instalação.

2.2 - Transdutores

2.2.1- classificação dos transdutores

Para fins de estudo, os transdutores são classificados segundo diferentes critérios. Alguns dos critérios mais usuais são:

a) Quanto a sua aplicação

Dependendo da área em que são aplicados recebem denominações referentes ao seu campo de aplicação como:

- transdutores biomédicos – são exemplos os biosensores para detecção de microrganismos patogênicos; os de imagiologia como o PET (*Positron Emission Tomography*) e o PEM (*Positron Emission Mammography*);

- transdutores meteorológicos - como os utilizados nos instrumentos de medição de temperatura, velocidade do vento, umidade e pressão atmosférica;

- automotivos - como os usados em veículos para medição de velocidade, temperatura, colisões e acionamento de airbag;

- domésticos - como os que acionam iluminação e percebem efeitos de variações da temperatura ambiente;

- de automação - como os que atuam através da ação de grandezas de processo como pressão, força, temperatura e vazão.

b) Com base no método de converter energia

Aqui podemos classificar os transdutores em eletromecânicos, eletromagnéticos, radiantes, termoelétricos, etc.

c) Com base na necessidade ou não de receberem energia externa

Neste caso são classificados em:

- ativos (autogeradores) que são os que não requerem alimentação externa para funcionar, como no esquema da figura 2.2.1(a). Um exemplo é a célula fotovoltaica.

Figura 2.2.1 - Esquema de transdutores; (a) ativos; (b) passivos

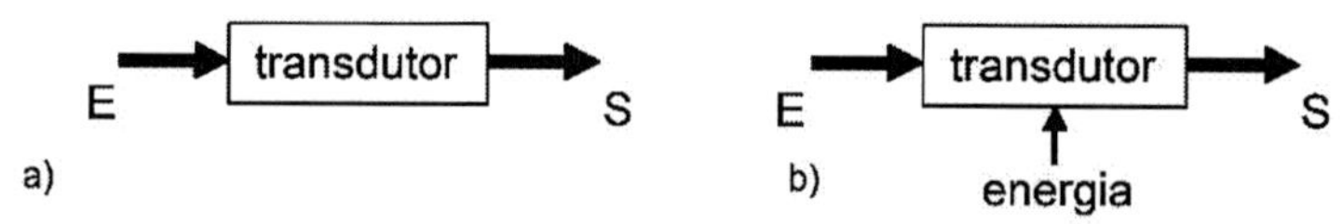

Fonte: autor

- passivos que são os que necessitam de fonte de alimentação externa de energia para produzir sinal de saída em resposta a um dado sinal de entrada, como no esquema da figura 2.2.1(b). São exemplos a termorresistência e o fotodiodo.

d) Com base no seu princípio físico de funcionamento

Neste caso algumas classes comuns são as dos transdutores resistivos, capacitivos, indutivos, piezoelétricos, piezo resistivos, fotovoltaicos, termoelétricos, dentre outros transdutores. Nestes dispositivos, durante a "transdução", haverá mudança nos valores de resistências, capacitâncias, indutâncias, etc., conforme o tipo do transdutor. Utilizaremos aqui essa classificação.

2.2.2 – transdutores resistivos

São transdutores que alteram o valor de sua *resistência elétrica* quando a variável de entrada altera seu valor.

a) transdutor potenciométrico

O *funcionamento* dos transdutores potenciométricos se baseia na variação de uma resistência elétrica provocada pelo posicionamento de um contato coletor deslizante, em diferentes posições. Este posicionamento torna disponível para o circuito elétrico no qual a resistência está inserida, um valor de resistência que dependerá da posição do cursor, posição esta que, quando o transdutor é aplicado na construção de instrumentos, será determinada pelo sensor nos diferentes valores da variável de processo (pressão, força, posição, etc.).

O coletor deslizando sobre a resistência a dividirá em duas, conforme figura 2.2.2. Desta forma, a tensão entre o terminal do coletor e a fonte de alimentação é também dividida, permitindo traduzir a posição ou deslocamento de um objeto que esteja ligado ao terminal do coletor (o extremo de uma barra móvel ou um sensor que se deforme, por exemplo), em valor de tensão (V_0) ou de resistência (R_1 ou R_2).

Assim, aplicando-se uma tensão V_T aos terminais fixos da resistência R (igual a $R_1 + R_2$) da figura 2.2.2 e monitorando-se a variação de tensão entre o terminal variável (onde está a ponta do cursor) e o de referência da resistência (no exemplo, R_2), a tensão de saída (V_0) será proporcional à variação das resistências em que fica dividida a resistência total, ou seja:

$$V_0 = \frac{R2}{R1+R2} V_T$$

Figura 2.2.2 – Esquema de transdutores potenciométricos (a) linear; (b) rotativo; (c) circuito equivalente.

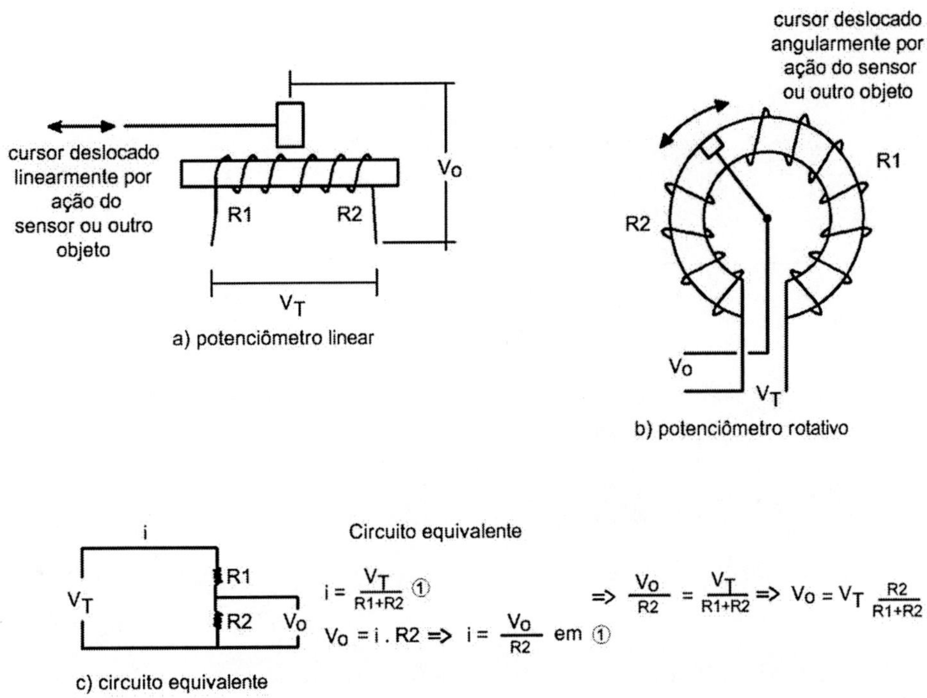

Fonte: autor

Os transdutores potenciométricos encontram *utilização* em aplicações onde se quer medir o deslocamento de um corpo, seja ele o sensor de uma variável de processo, como um fole, ou o deslocamento de uma ferramenta ou de qualquer outro objeto.

Para tal, o extremo do cursor/coletor deve ser conectado ao objeto (corpo, ferramenta, sensor, etc.) cujo deslocamento se deseja avaliar, fazendo com que o valor da resistência se altere com a alteração da posição do objeto. Quando acoplado a sensores de pressão, posição, nível e outros, estes transdutores compõem as montagens dos medidores destas variáveis de processo.

b) transdutor tipo strain gauge (ou medidores extensiométricos ou por deformação)

"*Strain*" pode ser traduzido por deformação e se refere à mudança de dimensão de um corpo sólido quando sujeito a esforços mecânicos. Nos transdutores do tipo *strain gauge*, uma resistência elétrica varia seu valor quando o transdutor se deforma por ação de um esforço externo. O *princípio* que embasa o *funcionamento* dos transdutores do tipo "*strain gauges*" é, portanto, o da variação na sua resistência elétrica de um condutor metálico quando este é submetido a uma deformação mecânica com a consequente variação da sua área de seção reta e do seu comprimento. Assim, todo condutor submetido à tração mecânica "F", por exemplo, como representado na figura 2.2.3, se comporta como um *strain gage* uma vez que sua resistência "R" varia com a sua resistividade elétrica "ρ" a qual mede o quanto um material se opõe ao fluxo de uma corrente elétrica, com o comprimento "L" do condutor e com a sua área "S". Sendo "Δ" o indicativo da variação podemos escrever:

$$\Delta R = \Delta(\rho.L/S)$$

Figura 2.2.3 – Condutor submetido à tração e funcionando como um *strain gauge*.

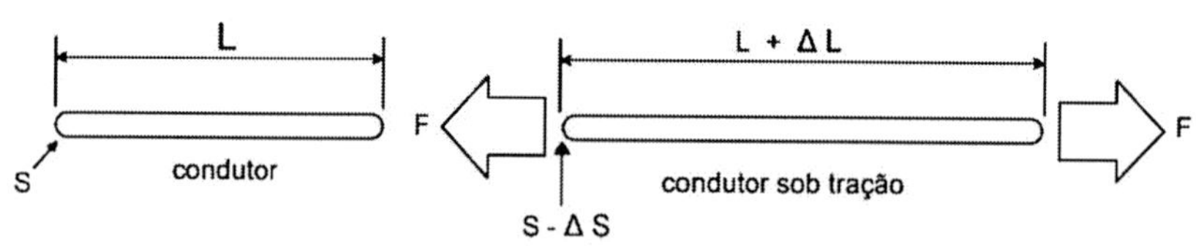

Fonte: autor

As deformações são produzidas por forças e terão uma relação matemática conhecida com elas. As forças por sua vez estão associadas ao valor da variável de processo que se deseja medir (pressão, força, deslocamento, aceleração, etc.). Na figura 2.2.4, temos um esquema simplificado de um *medidor de pressão* utilizando um transdutor tipo *strain gauge*. Nele, um diafragma sente na sua parte inferior uma pressão que o faz deformar, provocando a tração do fio (que representa o *strain gauge*), e desta forma modificando a área e o comprimento deste, e consequentemente, a sua resistência elétrica. Um circuito elétrico próprio (em geral, uma ponte de Wheatstone – ver item 2.2.2(f)) detecta as modificações do valor da resistência permitindo estabelecer uma relação entre o valor da pressão que gerou a força e o valor da resistência do *strain gauge*.

Figura 2.2.4 – Esquema de medidor de pressão com "*strain-gauge*".

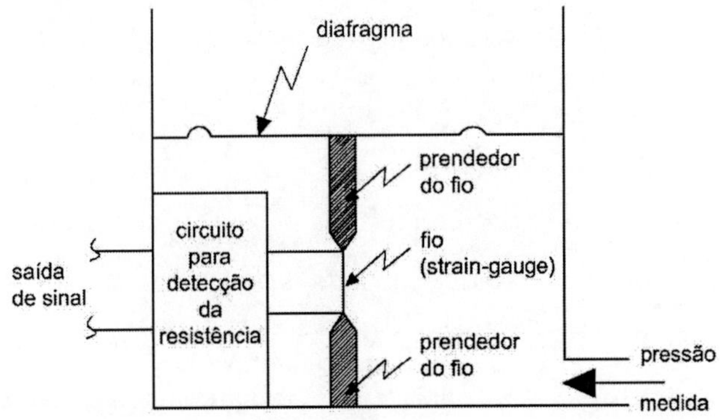

Fonte: autor

Na sua forma construtiva mais comum, o *strain gauge* é fabricado na forma de lâminas metálicas ou fios que são fixadas sobre a superfície de um material de base que sofrerá a deformação, conforme representado na figura 2.2.5. Quando este material base se deforma, as lâminas metálicas ou os fios acompanham as deformações. Isto vai permitir que o condutor seja tracionado ou comprimido.

Figura 2.2.5 – Lâminas resistivas coladas em uma superfície que sofre deformação por efeito de forças.

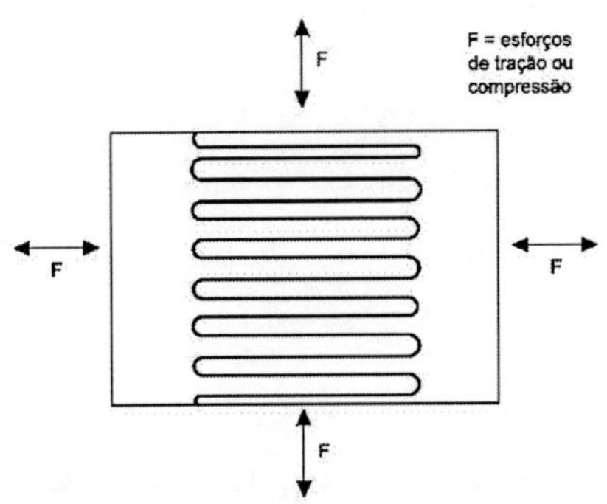

Fonte: autor

Os *strain-gauges* encontram *utilização* como parte construtiva de transmissores de pressão, de balanças (medidores de peso), como sensor de deformação de estruturas (como estruturas de pontes e estruturas de aço e concreto em geral), como acelerômetros e em outras aplicações onde se possa associar a força ou a deformação produzida, com esforços relacionados à grandeza física que se deseja medir.

Os instrumentos assim constituídos apresentam em geral boa precisão suportando bem choques e vibrações. As lâminas ou fios dos *strain gauges* são construídos de ligas de cromo e níquel ou metais puros como a platina. A variação de temperatura afeta em geral a precisão do *strain gauge*. Uma faixa de uso aceitável vai de -50 a 120°C, podendo alguns sistemas suportar temperaturas em torno de 300°C, conseguindo uma exatidão da ordem de ± 0,2% do *span*.

c) transdutores piezorresistivos

O *funcionamento* dos transdutores piezorresistivos se baseia na mudança da resistência elétrica que apresentam alguns *semicondutores* que alteram a mobilidade dos elétrons condutores quando submetidos a estresse mecânico como esforços por tração ou compressão.

Os transdutores piezorresistivos são diferentes dos piezoelétricos, os quais serão discutidos no item 2.2.5(a). Estes últimos geram potencial elétrico quando submetidos a estresse mecânico, enquanto os piezorresistivos modificam a sua resistência elétrica.

Embora o fenômeno piezorresistivos se apresente em materiais metálicos, materiais semicondutores como o silício e o germânio, apresentam variações de resistência elétrica de magnitude adequada à fabricação desses transdutores. A utilização de materiais híbridos como nanofios de silício-alumínio apresenta efeitos piezorresistivos ainda mais significativos que os semicondutores puros. Sendo o silício o material mais utilizado na fabricação de circuitos integrados, o seu uso tem sido privilegiado.

Os transdutores piezorresistivos encontram *utilização* como partes componentes de sensores de pressão, força, torque e outras variáveis que provoquem forças compressivas ou trativas sobre o transdutor. Apresentam boa sensibilidade às variações de força e são de fabricação relativamente simples. As características de adequação dos transdutores piezorresistivos aos serviços desejados devem ser avaliadas com as informações dos fabricantes[10].

d) transdutores termorresistivos

Os detectores de temperatura resistivos (RTD – *Resistence Temperature Detector*) são pequenos elementos construídos de Platina (Pt), ou Níquel (Ni), ou de outros materiais cuja resistência varia com a temperatura, de forma conhecida. Nestes transdutores/sensores, a resistência do metal aumenta com a temperatura.

A relação entre a resistência e a elevação de temperatura é bem aproximada por:

$$R = R_0 (1 + \alpha \Delta T)$$

onde:

- R é a resistência do condutor à temperatura T;
- R_0 é a resistência do condutor à temperatura padrão (em geral 0°C);
- α é o coeficiente de temperatura da resistência;
- ΔT é a diferença entre a temperatura de operação que se deseja medir e a temperatura padrão (0°C).

Os RTDs serão detalhados no capítulo 2.4 quando apresentaremos os medidores de temperatura.

[10] Ver exemplo de fabricante de transdutor piezorresistivos em HONEYWELL, 2021b.

e) transdutores magneto-resistivos

Os *transdutores magneto-resistivos* consistem de elementos que modificam o valor da sua resistência elétrica quando a intensidade ou ângulo de incidência do campo magnético que os atravessa altera seu valor. Nestes transdutores a resistência elétrica é uma função da intensidade ou da direção do campo magnético no qual o elemento sensor se encontra imerso. Têm seu *princípio de funcionamento* baseado na interação entre um fluxo de corrente elétrica e um campo magnético, o que se manifesta através da chamada força de Lorentz.

Na construção dos transdutores magneto-resistivos tem sido comum o uso de liga de ferro e níquel, na proporção de 19% do primeiro e 81% do segundo, conhecida como "permalloy". Com este material são modeladas pequenas lâminas que são interligadas e depositadas sobre um material semicondutor, no qual são ainda construídos outros microcircuitos de interesse[11].

O fenômeno de magnetorresistência ocorre quando tomamos uma lâmina do material e variamos o campo magnético sobre ela. Nesta situação são desenvolvidas forças sobre os portadores de carga do material, cujo resultado é uma alteração da mobilidade destes, e que se reflete na variação da resistência do material à passagem da corrente elétrica. A resistência dependerá diretamente da ação do campo magnético externo e será tanto maior quanto mais perpendicular ao elemento sensor for o campo aplicado.

A modificação nos valores da resistência do elemento magneto-resistivo sensível provocará modificações em correntes ou tensões que serão processadas em circuitos adequadamente projetados, permitindo relacionar estes valores elétricos com as resistências. Como as modificações na resistência são de pequeno valor, da ordem de 2% do valor da resistência do elemento sensível, é necessário o acoplamento de circuitos amplificadores sensíveis para as medições.

Os transdutores magneto-resistivos[12] encontram *utilização* em sistemas de detecção de posição e velocidade linear ou angular, com arranjos próprios que modifiquem o campo incidente no transdutor com a modificação destas grandezas, como será brevemente discutido no item 2.7.4.2.

f) ponte de Wheatstone

Para se obter o valor das resistências dos transdutores resistivos ou conhecer os efeitos da variação destas resistências em outras grandezas elétricas (tensão e corrente) é muito utilizado o circuito elétrico conhecido como Ponte de Wheatstone o qual permite obter a informação sobre as variações nos parâmetros dos transdutores resistivos. A Ponte de Wheatstone é formada por quatro resistências elétricas dispostas conforme mostrado na figura 2.2.6.

---

[11] Informações extraídas do INSTITUTO NCB, [20--?] e 2013a.

[12] Ver exemplo de fabricante de transdutor magneto resistivo em HONEYWELL, 2016.

Figura 2.2.6 – Ponte de Wheatstone.

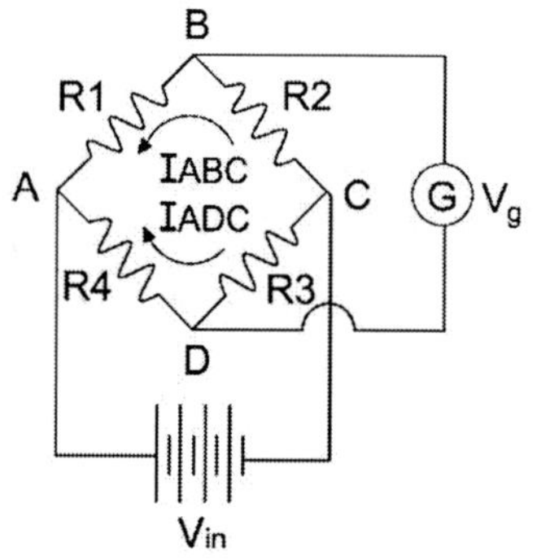

R1, R2, R3 e R4 – resistências instaladas em cada um dos *ramos* da ponte de Wheatstone;

V_{in} = tensão aplicada nos pontos A e C da Ponte;

V_g = tensão medida nos pontos B e D da Ponte

Fonte: autor

Pela análise deste circuito podemos verificar que:

- aplicando a Lei de Ohm entre os pontos AB e AD temos:

$$V_{AB} = I_{ABC} . R_1 \quad e \quad V_{AD} = I_{ADC} . R_4, \quad \text{onde:}$$

- V_{AB} e V_{AD} são as quedas de tensão entre os pontos AB e AD, respectivamente;

- R_1 e R_4, são as resistências pelas quais passam as correntes I_{ABC} e I_{ADC}, correntes estas que circulam entre os pontos ABC e ADC, respectivamente.

Sendo V_{in} a tensão de alimentação do circuito teremos:

$V_{in} = I_{ABC}.(R_1 + R_2)$ e $V_{in} = I_{ADC}.(R_3 + R_4)$ resultando que:

$V_{AB} = V_{in} . R_1 / (R_1 + R_2)$ e $V_{AD} = V_{in} R_4 / (R_3 + R_4)$

A variação da tensão elétrica medida no voltímetro (Vg) estará relacionada com o valor das resistências da Ponte e com a tensão de entrada V_{in} pela equação:

$Vg = V_{AB} - V_{AD} = [V_{in} R_1 / (R_1 + R_2)] - [V_{in} R_4 / (R_3 + R_4)]$ ou

$Vg = [(R_1 R_3 - R_2 R_4) / (R_1 + R_2)(R_3 + R_4)] . V_{in}$

Nas aplicações práticas, a resistência correspondente ao transdutor resistivo é colocada num ramo da ponte (ver R_3 na figura 2.2.7) e as demais resistências são mantidas fixas, permitindo que, através da medida da variação da tensão medida, ΔVg, se conheça o valor da variação da resistência do transdutor resistivo, seja ele de qual tipo for e, portanto, que se infira o valor da variável que provoca essa alteração de valor, possibilitando então o conhecimento do valor da variável de entrada do transdutor (temperatura, deformação, força, movimento, etc.).

Figura 2.2.7 – Uso da Ponte de Wheatstone para medida da resistência de transdutor resistivo.

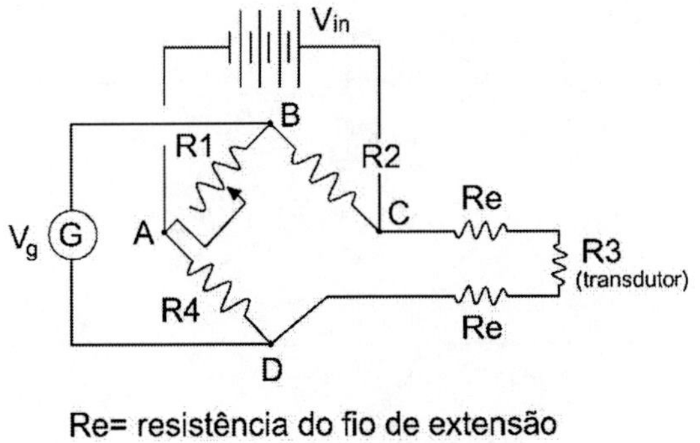

Fonte: autor

A outra forma de se medir a resistência do transdutor é através do balanceamento da ponte, o que significa manter Vg igual a zero. Neste caso, é suposto que duas resistências da ponte (R_2 e R_4, por exemplo) sejam conhecidas. Para se balancear a ponte, neste caso, deve-se ajustar o valor de R_1 até que a tensão medida Vg seja zero. O valor da resistência R_1 ajustado será tal que a partir dele poderemos conhecer o valor da resistência do transdutor R_3. Uma vez que, se Vg=0 teremos:

$Vg=[(R_1R_3-R_2R_4) / (R_1+R_2)(R_4+R_3)].\ V_{in}=0 \Rightarrow R_1R_3=R_2R_4$

Nesta situação, portanto, conhecendo-se o valor de R_1, poderemos conhecer o de R_3, pois o produto de R_1R_3 deverá ser igual ao de R_2R_4, cujo valor conhecemos.

Nas aplicações práticas, o transdutor que funcionará como um dos ramos da ponte estará no campo e os demais ramos da ponte, em local remoto, em geral, na sala de controle. Assim sendo, podemos observar da figura 2.2.7 que a variação do valor das resistências dos fios de ligação (de extensão) do transdutor à Ponte (R_e) poderá afetar a medida do valor de variação da resistência do transdutor. A variação da resistência dos fios de extensão (R_e) ocorrerá se a temperatura ambiente por onde passam os fios variar.

O valor destas resistências dos fios de extensão (R_e) se modificando terá suas variações somadas com a variação da resistência do transdutor introduzindo um erro na medida da variação da resistência do transdutor por efeito da variação da temperatura ambiente sobre os fios de ligação (ou fios de extensão). Levando em conta a resistência dos fios de extensão, usando a Ponte balanceada para medir a resistência do transdutor, a equação de equilíbrio da Ponte, ou seja, $R_1.R_3=R_2.R_4$ ficará:

$$(R_3 + R_e + R_e) \,.\, R_1 = R_4 \,.\, R_2$$

Para se evitar este erro, as instalações como a da figura 2.2.7, chamadas “instalação com dois fios”, são limitadas a comprimentos dos fios de extensão de cerca de 3 a 10 metros dependendo da espessura do fio (quanto mais fino, menor a extensão admitida).

Para reduzir o efeito deste erro introduzido pelos fios de extensão, são utilizadas as instalações chamadas “com 3 fios” (ver figura 2.2.8), onde as resistências dos dois fios de extensão serão somadas em diferentes ramos da ponte de tal forma que a equação de equilíbrio da ponte, quando esta estiver equilibrada ficará:

$$R_1 \,.\, (R_e + R_3) = (R_2 + R_e) \,.\, R_4$$

Figura 2.2.8 – Instalação de Ponte de Wheatstone com 3 fios.

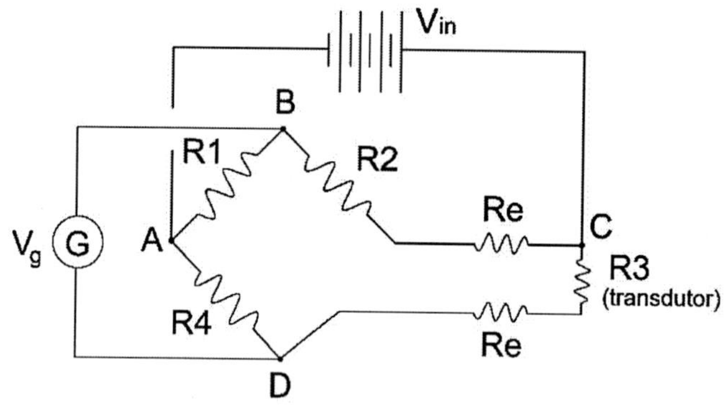

Fonte: autor

Desta forma, na instalação com 3 fios da Ponte de Wheatstone, variações nas resistências dos fios de extensão causadas por variação de temperatura ambiente ou outro fator, serão compensadas, diminuindo-se os erros devido a estes fatores.

Em alguns casos, onde se requer melhor precisão ainda é utilizado para medição do valor da resistência do transdutor o sistema de instalação chamado de 4 fios, conforme apresentado na figura 2.2.9. Esta instalação utiliza uma fonte de corrente que injeta sobre o circuito uma corrente “i” de valor precisamente conhecido. A corrente ao atravessar a resistência do transdutor “R”, gerará uma tensão “V” que poderá ser medida por um circuito de alta impedância, ou seja, R=V/i (ver figura 2.2.9). Não tendo influência de fios de extensão ou outras, as instalações a 4 fios são de ótima precisão. Apesar disto, encontram poucas aplicações na indústria sendo utilizadas em medições de laboratórios, onde a precisão seja fundamental.

Figura 2.2.9 – Esquema de instalação de transdutor resistivo com 4 fios.

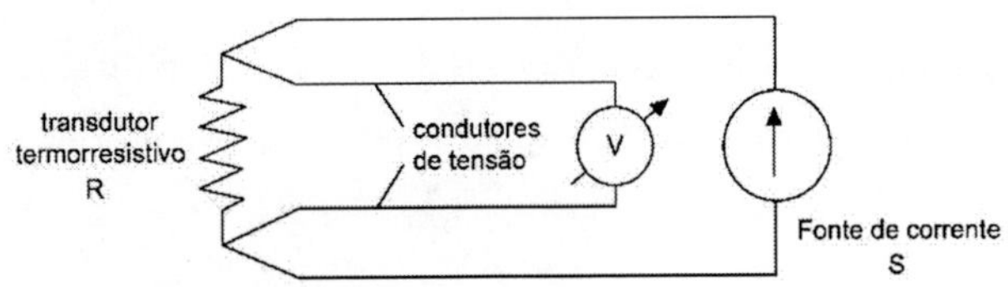

Fonte: autor

2.2.3 - transdutores capacitivos

O *funcionamento* dos transdutores capacitivos se baseia na variação da capacitância quando da variação da variável de entrada. Para um capacitor de placas paralelas, por exemplo, como mostrado na figura 2.2.10, é sabido que a capacitância (C) é dada por:

$$C=\frac{\varepsilon A}{d} \quad \text{onde:}$$

ε = constante dielétrica do material entre as placas do capacitor (no sistema SI em Faraday por metro – F/m)

A = área das placas do capacitor (expressa em metros quadrados – m^2)

d = distância entre as placas do capacitor (m)

C = capacitância em Faraday (F)

Figura 2.2.10 – Capacitor de placas paralelas.

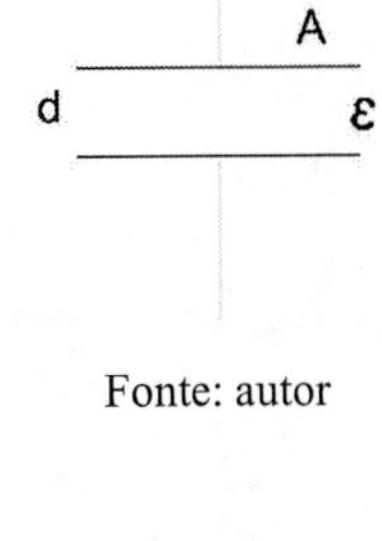

Fonte: autor

Assim os capacitores, funcionando como transdutores, poderão variar sua capacitância modificando a distância "d" entre suas placas, relacionando o deslocamento "x" das placas entre si com o valor da capacitância, como na figura 2.2.11(a), ou poderão alterar a sua capacitância alterando a área das placas paralelas, como na figura 2.2.11(b), ou modificando o material entre suas placas, como na figura 2.2.11(c).

As figuras 2.2.11(d)(e) apresentam formas de alterar a capacitância para capacitores de placas cilíndricas: variando a área das placas (figura 2.2.11(d)) ou a constante dielétrica (figura 2.2.11(e)).

Figura 2.2.11 – Formas de alterar a capacitância de um capacitor: (a) variando a distância entre as placas em capacitor de placas paralelas; (b) alterando a área útil das placas; (c) modificando a constante dielétrica; (d) modificando a área de capacitor de placas cilíndricas; (e) modificando a constante dielétrica.

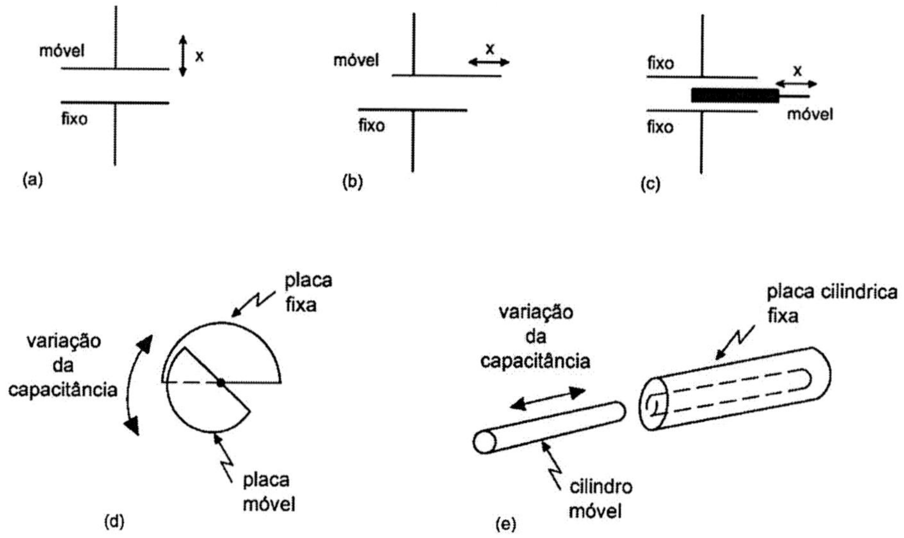

Fonte: autor

Os sistemas capacitivos encontram *utilização* quando associados a sensores de diferentes variáveis de processo como posição, pressão e nível. Um esquema construtivo utilizando transdutores capacitivos na medição de pressão está representado na figura 2.2.12.

Figura 2.2.12 – Medidor de pressão com transdutor capacitivo.

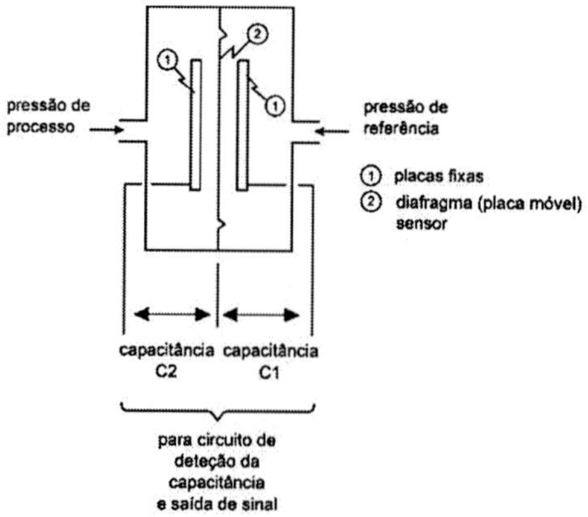

Fonte: autor

No esquema representado na figura 2.2.12, temos dois capacitores com uma placa comum, os chamados C1 e o C2. Cada uma das placas fixas, "1", compõe, junto com o diafragma móvel "2", um capacitor. A pressão é medida através da variação da diferença de capacitância entre estes dois capacitores que têm uma placa metálica comum móvel (diafragma sensor) e placas metálicas fixas, uma para cada capacitor. O diafragma que desempenha a função de placa móvel é um sensor de pressão.

A capacitância em cada um dos capacitores assim formados é a mesma quando as pressões P1 e P2, atuando em cada uma das faces do diafragma móvel (sensor) forem iguais (ver figura 2.2.13(a)). Esta capacitância dependerá basicamente da constante dielétrica do fluido entre as placas, da área das placas e da distância entre elas. Quando as pressões atuando em cada uma das faces do diafragma sensor se tornarem diferentes, as distâncias entre as placas dos dois capacitores variarão, aumentando em um deles e diminuindo no outro. Isto provocará a mudança do valor da capacitância em cada capacitor como representado na figura 2.2.13(b). A medida da diferença destas duas capacitâncias, através de circuitos eletrônicos adequados, é que vai permitir o conhecimento da diferença entre as pressões atuando no diafragma sensor.

Figura 2.2.13 – Esquema de funcionamento de transdutor capacitivo.

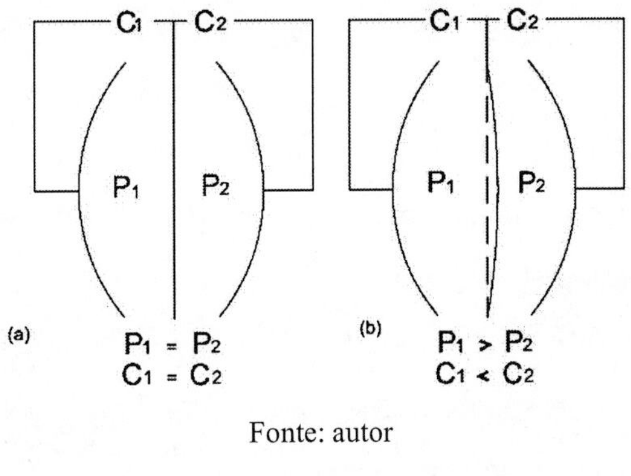

Fonte: autor

2.2.4 - transdutores indutivos: de proximidade, LVDT, RVDT e Hall

O *funcionamento* dos transdutores indutivos se baseia na modificação de alguma grandeza elétrica em função de modificações nas características de um indutor magnético (uma bobina, por exemplo) ou modificações no campo magnético, que induzam tensões elétricas variáveis em materiais sensíveis a estas modificações (semicondutores). De forma geral, são referenciados como ativos, quando geram energia no seu funcionamento, e passivos quando necessitam de alimentação elétrica para funcionar.

a) transdutores indutivos ativos ou autogeradores

Os *transdutores indutivos ativos ou autogeradores funcionam* como geradores elétricos, onde existe um movimento relativo entre um condutor e um campo magnético, o qual induz no condutor uma tensão elétrica.

Este princípio é utilizado, por exemplo, em tacômetros que medem velocidade angular, os quais são capazes de converter diretamente velocidade ou aceleração em sinal elétrico, bastando acoplá-los diretamente ao objeto cuja velocidade angular se deseja conhecer. Funciona como um gerador de corrente contínua, cujo rotor gira em torno dos polos de uma armadura (estator), conforme esquemas mostrados na figura 2.2.14. Nas montagens destes transdutores, o estator pode ser um imã permanente e o rotor a bobina, ou vice-versa, como esquemas das figuras 2.2.14(a) e (b).

Figura 2.2.14 - Tacômetro: (a) estator é um imã permanente; (b) rotor é um imã permanente.

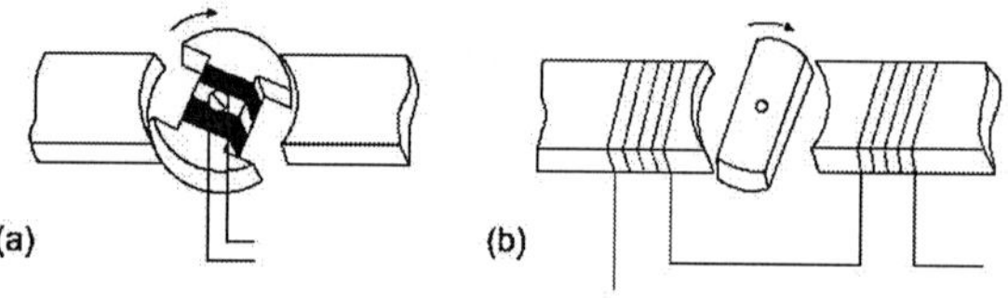

Fonte: autor

Nestes transdutores, a força eletromotriz induzida será proporcional à velocidade do rotor que tem relação com a velocidade do elemento acoplado ao rotor. O resultado da força eletromotriz medida pode ser lido em um voltímetro calibrado em RPM, permitindo a leitura direta da velocidade angular.

b) transdutores indutivos passivos

Na classe dos transdutores indutivos passivos estão os que têm alimentação elétrica e modulam, na maioria dos casos, uma tensão elétrica, seja pela mudança da indutância de bobinas ou alterações nos campos magnéticos em materiais semicondutores.

O *funcionamento* dos transdutores que modificam sua indutância tem como base o comportamento dos indutores tipo bobina que são dispositivos que se opõem às modificações na corrente que passa na sua fiação. A indutância (L) de uma bobina é expressa por:

$$L = \frac{N^2 \mu A}{d} \quad \text{onde:}$$

L = indutância expressa em Henries (H);

N = número de voltas do fio que constitui o indutor;

μ = permeabilidade do núcleo da bobina (H/m);

A = área da seção transversal da bobina (m^2)

d = comprimento do fio (m)

Desta forma, o transdutor indutivo com bobina poderá alterar sua indutância alterando a permeabilidade do núcleo, como no caso das chaves de proximidade, ou alterando o número de espiras expostas do núcleo da bobina, como é o caso dos LVDT e dos RVDT (figura 2.2.15).

Figura 2.2.15 – Funcionamento de transdutores indutivos com bobina: (a) variando a permeabilidade; (b) variando o número de espiras da bobina.

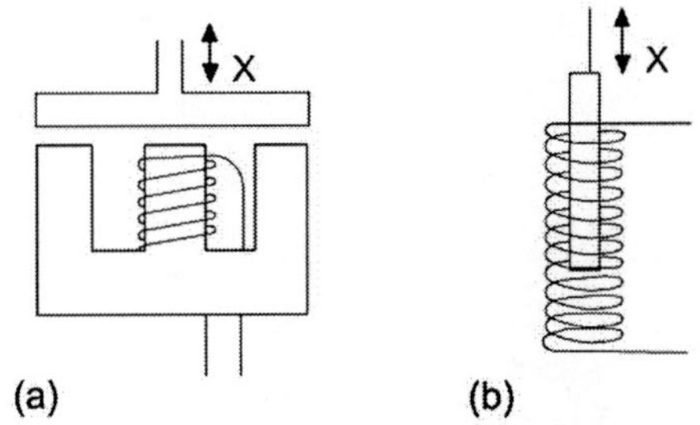

Fonte: autor

b1) transdutores indutivos de proximidade

Os *transdutores indutivos passivos* que trabalham alterando a *permeabilidade* do meio que envolve uma bobina, de forma geral, alteram a relutância magnética no entorno da bobina aproximando do campo gerado por ela, um corpo metálico (tem que ser metálico) cuja presença ou proximidade se quer detectar. Este funcionamento corresponde ao do esquema da figura 2.2.15(a).

Estes transdutores encontram *utilização* em medições de posição ou de velocidade linear de um eixo ou angular de uma roda girante. Nestes casos podemos, por exemplo, acoplar ao elemento que se move, ou cuja posição se quer detectar (roda ou eixo), uma barra dentada, do tipo cremalheira (para posição ou movimento linear) ou uma roda dentada (para posição ou movimento angular), de forma que toda vez que um dente passa pelo transdutor a relutância do campo magnético diminui, variando o fluxo magnético e induzindo assim, uma tensão variável, na forma de pulsos, na bobina captadora. Pulsos estes que serão associados à posição ou velocidade do eixo ou roda. Um esquema desta instalação está na figura 2.2.16.

Figura 2.2.16 – Roda dentada acoplada a um eixo para medida de rotação com um transdutor de proximidade.

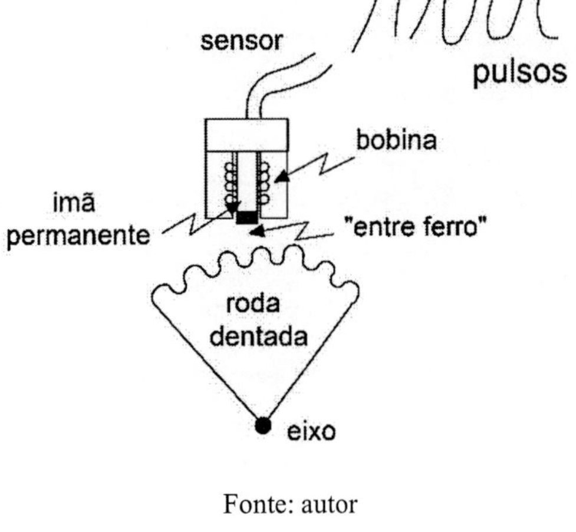

Fonte: autor

b2) transdutores do tipo LVDT (Linear Variable Differential Transformer) e os RVDT (Rotary Variable Differential Transformer)

Os transdutores do tipo LVDT e RVDT têm *funcionamento* semelhante a um transformador com uma bobina primária e duas secundárias, ou seja, têm um enrolamento primário que induz tensão em dois enrolamentos secundários. Além disto, têm um núcleo que se movimenta entre as bobinas, construído de material ferromagnético, como esquema da figura 2.2.17, onde temos representado um LTDV.

Figura 2.2.17 – Construção industrial dos LTDVs.

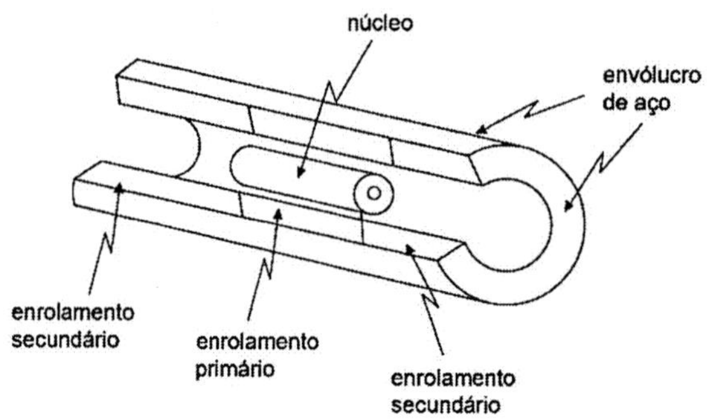

Fonte: autor

A tensão induzida nas bobinas secundárias dependerá do fluxo magnético, que por sua vez variará com a posição do núcleo magnético, o qual estará acoplado a um elemento externo que sente a variação da variável que se deseja medir (posição de um eixo, movimento de um diafragma, de forma geral, posição linear ou angular). Conforme figura 2.2.18(a), nos LVDTs os enrolamentos são posicionados de tal modo que o enrolamento primário é ladeado pelos enrolamentos secundários, numa ordenação linear. Nos RVDTs, a ordenação é circular, conforme figura 2.2.18(b). Como transdutores passivos, necessitam de uma fonte de excitação externa, a qual será modulada pelo transdutor.

Figura 2.2.18 – Esquema de funcionamento de transdutores passivos: (a) LVDT; (b) RVDT.

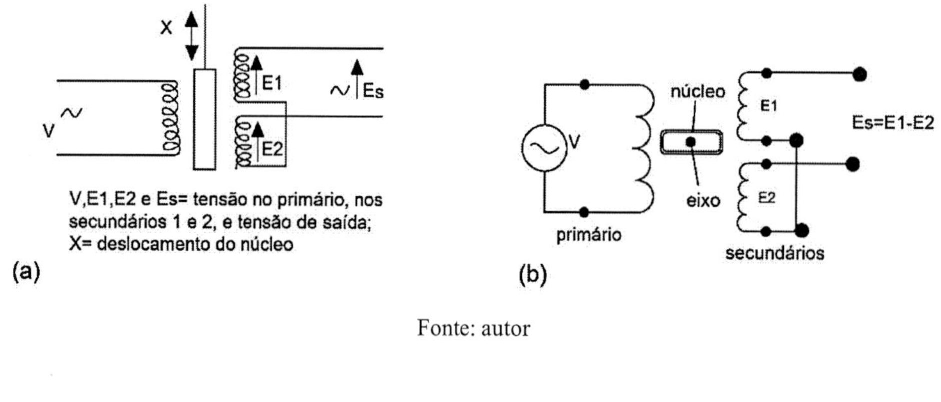

Fonte: autor

Como ilustrado para os LVDTs na figura 2.2.19, quando o núcleo se encontra centrado ou em posição simétrica às bobinas secundárias que são montadas em oposição de fase, estas terão as mesmas forças eletromotrizes induzidas em cada uma delas, não existindo qualquer tensão elétrica (Es) medida na saída, uma vez que os secundários estão em oposição de fase. Com o deslocamento do núcleo aparecerão tensões diferentes em cada um dos enrolamentos secundários (E1 e E2), cujo valor dependerá da posição do núcleo, posição esta associada à variável que se quer medir, quase sempre um deslocamento linear. Nos RVDTs, da mesma forma, a movimentação do rotor provoca a modificação da permeabilidade magnética nos enrolamentos secundários o que induz tensões diferentes em cada enrolamento. A medida da diferença entre estas tensões elétricas será proporcional à posição angular do rotor em relação ao ponto de equilíbrio, onde as tensões induzidas nos dois enrolamentos secundários são iguais.

Figura 2.2.19 – Funcionamento do transdutor LVDT com diferentes posições do núcleo magnético.

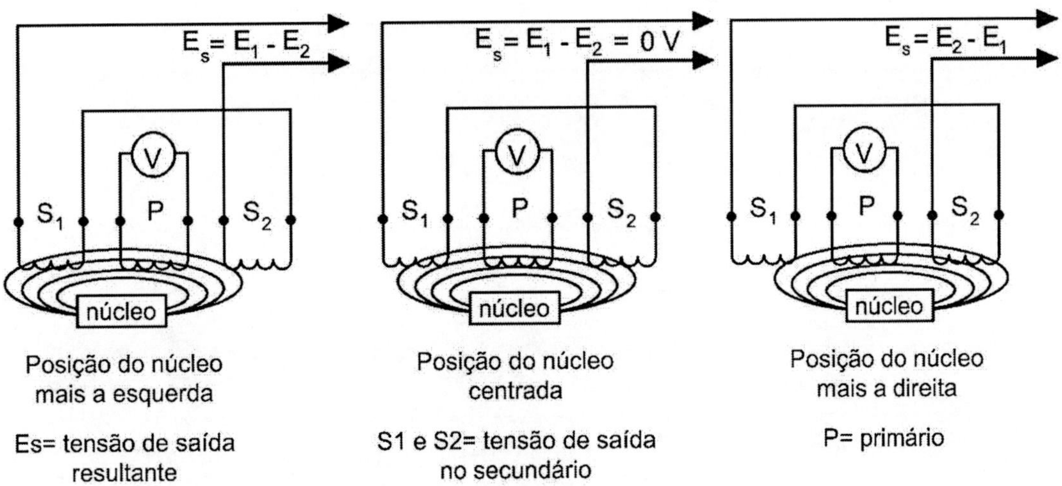

Fonte: autor

As características de boa exatidão da resposta, boa repetibilidade, baixo custo e construção compacta, além da alta confiabilidade na operação e precisão dos transdutores LVDT e RVDT permitem sua utilização em instrumentos voltados para a indústria aeroespacial, nuclear, em automação de manufatura, em equipamentos de ensaios, sistemas hidráulicos e dispositivos gerais de controle. Limitações de aplicações destes transdutores são impostas pela fonte do sinal de excitação utilizada, o que restringe o tempo de resposta do sinal de saída. Assim, por exemplo, se tivermos um destes transdutores alimentado por um sinal de 60 Hz e nesta situação o núcleo estiver se movendo algumas centenas de vezes por segundo, o sinal de saída do transdutor não se parecerá em nada com uma função senoidal, uma vez que o núcleo se moverá ao longo de todo um ciclo, de forma mais rápida que o sinal, não sendo neste caso, possível relacionar o nível de tensão com a posição do núcleo.

c) transdutores Hall

Os *transdutores Hall*[13] *funcionam* com base no efeito Hall. Este efeito provoca o aparecimento de um potencial elétrico num *semicondutor* quando ele é percorrido por uma corrente elétrica em direção perpendicular a um campo magnético. No esquema da figura 2.2.20(a), está representada uma placa sem a presença do campo magnético. Quando o campo é aplicado, como figura 2.2.20(b), aparece um potencial elétrico que terá direção perpendicular ao plano que contém o campo magnético e a direção do fluxo de corrente, potencial elétrico este que pode ser medido com um voltímetro no sentido transversal ao plano que contém a direção da corrente e do campo aplicado.

Tal fenômeno se deve ao efeito do campo magnético sobre o deslocamento das cargas que são transportadas por deslocadores positivos ou negativos de cargas através das junções N-P. O acúmulo dos portadores de carga no sentido transversal ao da corrente e do campo são os responsáveis pelo aparecimento desse potencial elétrico. Sem a presença de campos magnéticos externos a corrente atravessa o material com os portadores de carga se distribuindo de maneira uniforme e no sentido paralelo, não sendo detectada nenhuma tensão.

Figura 2.2.20 - Efeito Hall: (a) sem ação do campo magnético; (b) com ação do campo magnético.

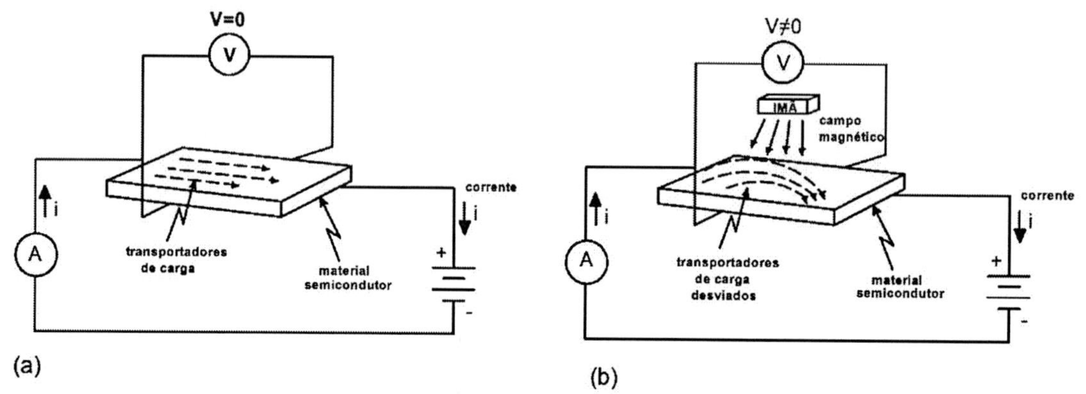

Fonte: autor

Outro fenômeno que se apresenta nesta situação é o da variação da corrente no semicondutor, no sentido longitudinal, o que pode ser medido por um amperímetro, o que corresponde a uma variação da resistência do material. A medida se torna mais sensível quanto maior a trajetória da corrente sob a ação do

[13] Ver exemplo de fabricante de transdutor por efeito Hall em HONEYWELL, [20--].

campo magnético, o que é conseguido por arranjos especiais para o material semicondutor, montados em zig-zag, por exemplo.

Nas aplicações práticas, como a tensão induzida e a resistência são proporcionais ao fluxo de corrente e ao valor do campo magnético, modificações nestas variáveis alterarão a tensão induzida no semicondutor. A mudança de campo, por sua vez, pode ser resultado da mudança do meio em que circula o fluxo magnético provocada pelo movimento de corpos, com a consequente variação da permeabilidade magnética do campo, como imãs fixados em eixos ou rodas cuja posição ou velocidade se quer medir ou por meio de modificações no valor do campo magnético provocadas, por exemplo, por uma coroa cilíndrica, como representado na figura 2.2.21, onde a interposição da parede da coroa entre um imã e o elemento Hall, provoca a modificação nas correntes circulantes.

Figura 2.2.21 - Esquema de medidor de rotação por efeito Hall.

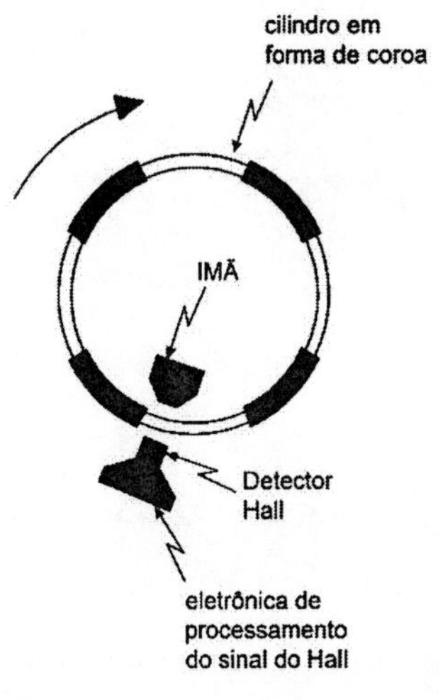

Fonte: autor adaptado de MTE-Thomson

2.2.5 – transdutores de cristal

O *princípio de funcionamento* dos transdutores de cristal é a alteração de suas características elétricas (como variação da sua frequência de oscilação) ou mecânicas (como a deformação), quando estes transdutores interagem com uma variável de interesse (força, tensão elétrica, etc.), a qual será a entrada do transdutor. As características alteradas terão relação com a variável que se deseja medir. Comentaremos brevemente aqui os transdutores piezoelétricos, os cristais ressonantes e os ultrassônicos.

a) transdutores piezoelétricos

O *funcionamento* dos transdutores piezoelétricos se baseia na propriedade que possuem alguns materiais cristalinos, quando extraídos do cristal de origem (cristal de quartzo, por exemplo) com cortes adequados, de gerarem uma diferença de potencial elétrico em duas de suas faces quando submetidos a uma tração ou compressão que provoque sua deformação. Esta propriedade é chamada de efeito piezoelétrico (piezo = força) e está ilustrada na figura 2.2.22(a).

Reciprocamente, como resultado de uma diferença de potencial aplicada numa direção particular, ocorrerá uma variação nas dimensões físicas do cristal (deformação), ao longo de um eixo do cristal (ver figura 2.2.22(b)), como se ele estivesse sendo submetido a forças de tração ou compressão nestas faces que se movem.

Figura 2.2.22 – Efeito piezoelétrico: (a) força produz tensão; (b) tensão produz deslocamento das faces opostas.

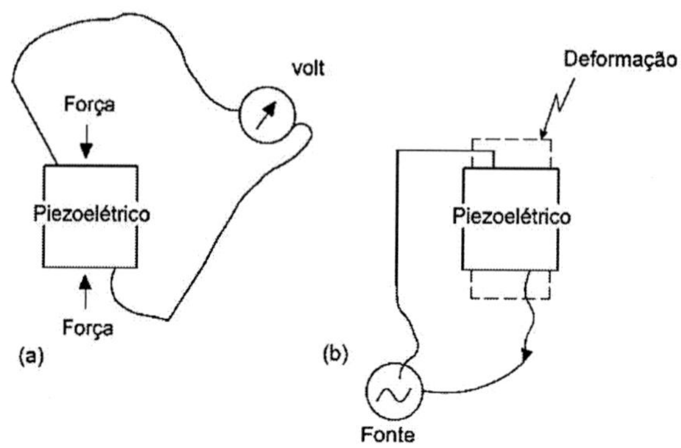

Fonte: autor

Inserindo eletrodos nestes cristais, como mostrado na figura 2.2.23, podemos medir a tensão resultante da aplicação dos esforços sobre o cristal ou, através dos eletrodos aplicar tensões para produzirmos vibrações no cristal. Os materiais que apresentam a propriedade piezoelétrica, mais comumente utilizados industrialmente são o cristal de quartzo, o sal de Rochelle e o titanato de bário.

Figura 2.2.23 – Construção do piezoelétrico para uso em circuitos eletrônicos.

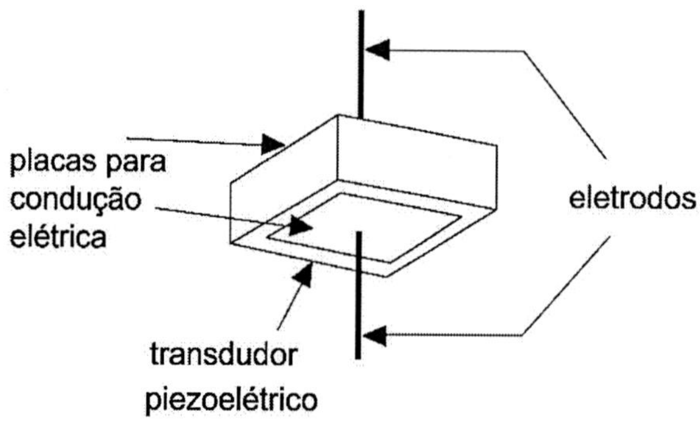

Fonte: autor

Os cristais piezoelétricos oscilam se usarmos uma corrente de alta frequência para excitá-lo, gerando ondas estacionárias na sua frequência de ressonância. Esta característica encontra grande *utilização* industrial, tornando estes elementos, chaves na construção de relógios de quartzo, na construção de circuitos controladores de tempos dos computadores (*clocks*), na geração de sinais ultrassônicos, na captação de microfones, transdutores em autofalantes e em aplicações de medição de variáveis de processos em instrumentação industrial, que é nosso interesse aqui, onde são utilizados, por exemplo, como excitadores dos transdutores de silício ressonante (ver item 2.2.5(b)), ou para medidas diretas de pressão e força, ou na geração de ondas ultrassônicas (ver item 2.2.5(c)). Por possuírem elevado módulo de elasticidade permitem trabalhos em largas faixas de valores de força. Adicionalmente, não sofrem deformações com o tempo, possuem boa linearidade e não são afetados pela presença de campos magnéticos, mantendo-se estáveis em altas temperaturas.

A figura 2.2.24 ilustra a aplicação de um transdutor piezoelétrico na medição de pressão. Ali o sensor de pressão tipo diafragma comprime um líquido de enchimento de uma câmara do instrumento que, uma vez comprimido, comprime o cristal o qual gera tensão elétrica. Esta tensão é função da pressão aplicada e será convertida, num circuito amplificador, em um nível de sinal conveniente.

Figura 2.2.24 - Transdutor piezoelétrico na medição de pressão.

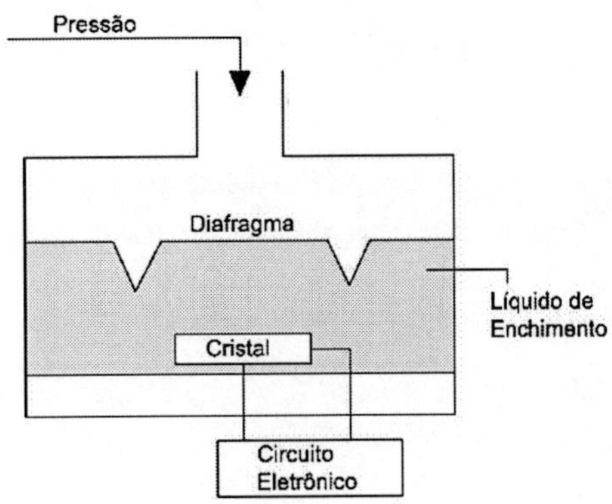

Fonte: autor

A característica dos materiais piezoelétricos de responderem somente às cargas variando no tempo direciona suas aplicações para cargas dinâmicas, como *variação* de pressão dentro de cilindros de motores de combustão, por exemplo.

b) silício ressonante

O silício ressonante é um dispositivo eletrônico que *funciona* modificando a sua *frequência de vibração natural* quando submetido a carregamentos diferentes. Estes carregamentos são resultados de esforços que sobre ele atuam e que podem ser produzidos por forças, pressões e acelerações, por exemplo. A relação entre a frequência e os carregamentos permitirá conhecer os valores destas cargas e, consequentemente, das variáveis de processo que as provocam.

Um circuito externo leva o cristal a entrar em frequência de ressonância. Para produzir sua vibração podem ser utilizados circuitos com cristais piezoelétricos, métodos eletrostáticos ou eletromagnéticos. Um circuito detector decodifica a frequência de saída do ressoador e outro, usualmente um amplificador, provê o *feedback* do detector para o excitador, como esquema da figura 2.2.25.

Figura 2.2.25 – Esquema de circuito detector da frequência do ressonador.

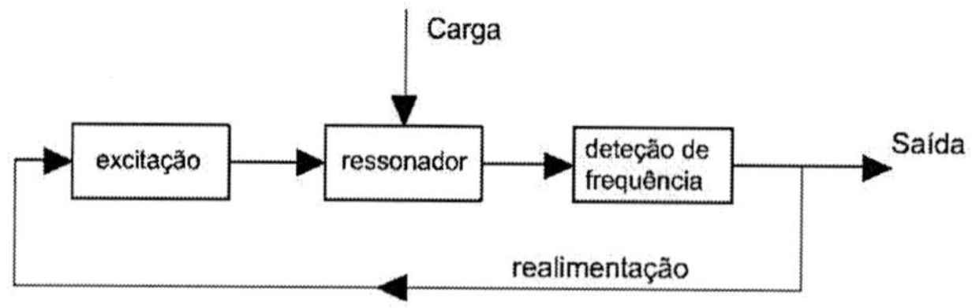

Fonte: autor

Os transdutores do tipo silício ressonante encontram *utilização* em medidores onde se pode obter uma força (carga mecânica) a partir da variável que se deseja medir. Assim, por exemplo, dois cristais ressonantes podem ser instalados em diferentes posições de um diafragma flexível, sujeito a um diferencial de pressão, como no esquema da figura 2.2.26(a).

Figura 2.2.26 – Cristal ressonante instalado em sensor de pressão do tipo diafragma: (a) construção; (b) resposta de frequência com a pressão diferencial.

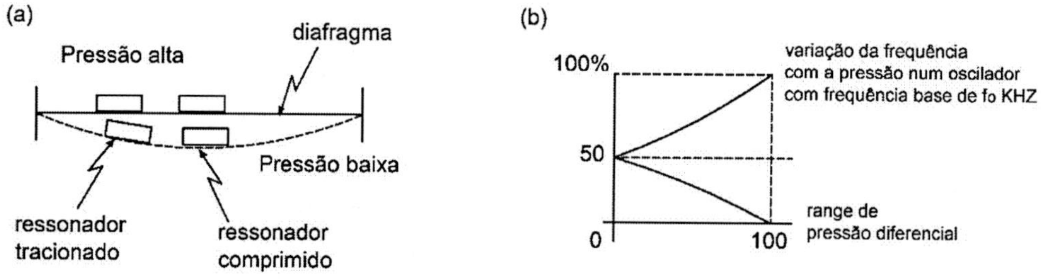

Fonte: autor com base em YOKOGAWA, 2021c.

Nestes medidores, dois cristais são fixados em uma base flexível, que se deforma sob a ação da diferença de pressão que atua em cada uma de suas faces. Como um dos sensores está localizado próximo ao centro do diafragma e outro mais na periferia, o do centro será comprimido enquanto o da periferia tracionado, conforme figura 2.2.26(a). Quando as pressões atuando em cada uma de suas faces forem iguais, os dois ressonadores oscilarão na mesma frequência.

Quando as pressões forem diferentes em cada face da base flexível, os ressonadores apresentação diferentes frequências de oscilação. Esta diferença está associada com as diferenças de pressão como exemplificado na curva da figura 2.2.26(b), onde f_o é a frequência quando as pressões são iguais. As variações de frequências serão proporcionais à pressão aplicada. Construções diversas, com base no mesmo princípio, podem ser feitas para outros medidores que tenham os cristais ressonantes incorporados a eles. Os transdutores ressonantes têm boa precisão uma vez que a sua variável de saída é a frequência, a qual é utilizada diretamente em circuitos eletrônicos que trabalham com frequência.

c) transdutores ultrassônicos

Ultrassom é a denominação geral para ondas de frequência acima da frequência sonora. O ouvido humano trabalha numa faixa de frequência sonora de cerca de 18 Hz a 18kHz. As ondas de menor frequência são ditas infrassônicas. De forma geral, por ultrassom designam-se as vibrações do som de frequência superior a 20 kHz.

As ondas ultrassônicas são geradas de duas formas básicas (ver figura 2.2.27):

a) por vibração magnética de uma membrana de metal que é vibrada por efeito de um campo magnético oscilante;

b) pela vibração de um cristal piezoelétrico excitado por um circuito eletrônico oscilante (método de geração de ondas ultrassônicas mais comum);

Figura 2.2.27 – Geradores de ultrassom: (a) magnético; (b) piezoelétrico.

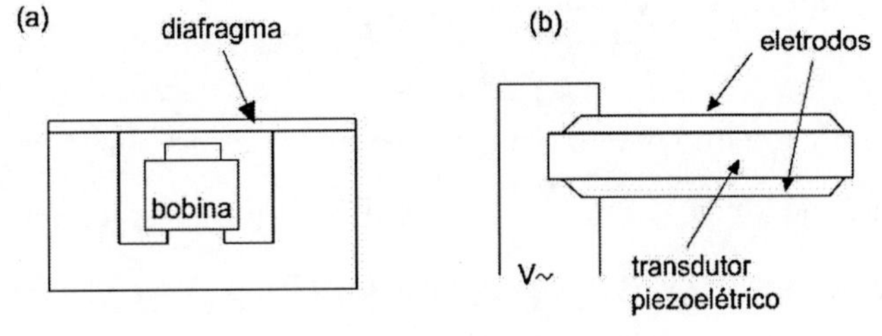

Fonte: autor

Os dispositivos ultrassônicos trabalham com um emissor e um receptor das ondas ultrassônicas, conforme esquema da figura 2.2.28. Em alguns casos, trabalha-se com emissão de feixe de ondas ultrassônicas que são refletidas e captadas pelo mesmo elemento que funciona como emissor e receptor. Neste caso as ondas são emitidas e interrompidas, o que pode ocorrer centenas de vezes por segundo.

Figura 2.2.28 – Emissão e recepção de ultrassom.

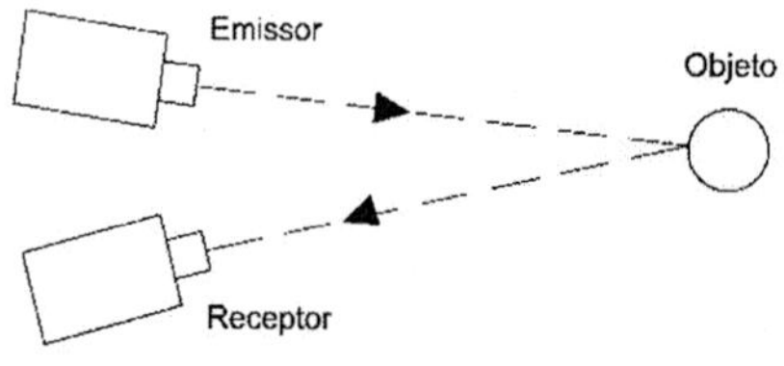

Fonte: autor

De forma geral, os transdutores ultrassônicos trabalham emitindo as ondas e verificando a diferença entre o tempo de ida da onda até um determinado objeto e o tempo para a onda refletida pelo objeto retornar até o receptor. A diferença entre esses tempos permitirá inferir a distância do objeto ao transdutor, a velocidade do objeto em relação ao transdutor e outras medições que possam ser relacionadas com a diferença entre o tempo de ida e retorno da onda ultrassônica.

Por não estarem sujeitos à interferência eletromagnética, os transdutores ultrassônicos encontram ampla *utilização* nas aplicações industriais onde essas estejam presentes. Por gerarem radiação limpa podem ser utilizados em aplicações em indústrias alimentícias e médicas sem preocupação com contaminações. Por propagarem ondas longitudinais nos meios físicos, sofrendo reflexão e refração, quando há mudança de densidade do meio, os transdutores ultrassônicos podem ser aplicados para medição de nível de líquidos em equipamentos industriais, permitindo que os sensores meçam sem ter contato com estes líquidos. Podendo operar de modo eficiente detectando objetos a curta distância (ordem de mm) até metros são utilizados para detecção de objetos em linhas de fabricação e montagem.

Uma vez que as ondas ultrassônicas estão sujeitas ao efeito Doppler, ou seja, reduzindo o comprimento da onda refletida quando o objeto em movimento, a ser detectado, se aproxima do transdutor e alongando esse comprimento de onda quando do afastamento do mesmo, conforme figura 2.2.29, sua utilização pode detectar objetos em movimento, determinando não só sua posição, mas também sua velocidade.

Figura 2.2.29 – Ultrassom incidindo em corpo em movimento: (a) se afastando da fonte emissora; (b) se aproximando da fonte emissora.

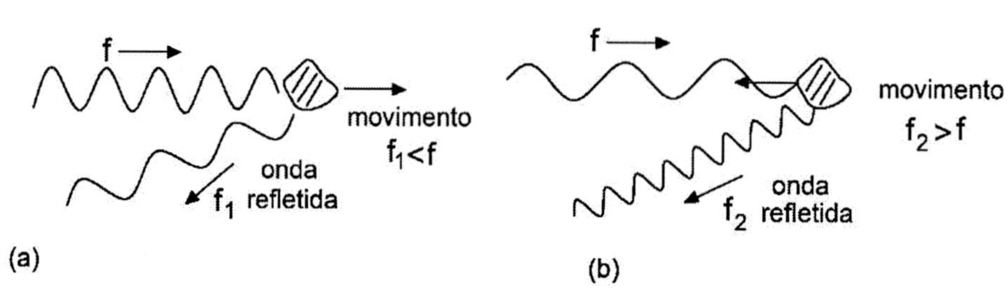

Fonte: autor

Sendo capazes de medir a velocidade de um fluido num canal fechado e, portanto, de diâmetro conhecido (tubulação), os transdutores ultrassônicos podem ser utilizados em processos de medição de vazão, como veremos no item 2.5. Construindo-se os transdutores ultrassônicos com materiais que variam suas propriedades de vibração de forma conhecida com a temperatura, podemos também detectar temperaturas em larga faixa de valores, sendo utilizados para aplicações criogênicas e para medidas de temperaturas muito elevadas. Como as ondas ultrassônicas se propagam bem através de meios líquidos, tecidos e sólidos podem ser utilizadas para detectar falhas em materiais e estruturas internas em corpos opacos, como ilustrado na figura 2.2.30.

Figura 2.2.30– Ultrassom utilizado na detecção de falhas.

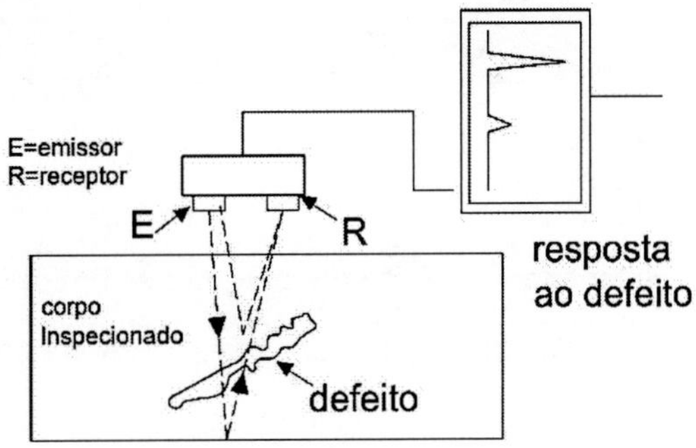

Fonte: autor

Outras utilizações dos transdutores ultrassônicos são em: limpeza de superfícies (de grande aplicabilidade na indústria eletrônica e médica); agricultura (os ultrassons são utilizados para medir a espessura de gordura na carne de porco e de vaca); são também utilizados na homogeneização do leite e no controle de pestes, incluindo a exterminação de insetos, em oceanografia (localização de submarinos, cardumes, etc.) e em medicina na imagiologia de tecidos humanos, com a vantagem de não ter as contraindicações, normalmente associadas aos raios-X.

2.2.6 - transdutores fotoelétricos

Os transdutores fotoelétricos são dispositivos que a partir da energia luminosa alteram o valor de alguma grandeza elétrica ou geram energia elétrica. Os *tipos* mais comuns de transdutores fotoelétricos são: os *fotocondutivos*, que variam a sua resistência quando iluminados; os *fotovoltaicos*, que geram uma tensão na saída quando submetidos a uma radiação luminosa; os *fotodiodos*, que permitem a passagem da corrente em uma direção e os *fototransistores*, onde a luz funciona como gatilho para a passagem da corrente elétrica.

O sinal gerado por um transdutor fotoelétrico pode ser binário (liga-desliga), como no caso dos relés tipo fotocélula, ou ter seu valor variando com a intensidade do fluxo luminoso incidente. O sinal elétrico assim gerado é processado em circuitos eletrônicos capazes de amplificá-lo e condicioná-lo de forma adequada.

Em geral, os transdutores fotoelétricos são de ampla utilização em automação, seja ela industrial, residencial e em estabelecimentos comerciais, dentre outras, funcionando como elemento sensor em sistemas de segurança patrimonial e pessoal, sistemas de controle de diferentes tipos de máquinas industriais, em equipamentos médicos, em diversas tecnologias eletrônicas embarcadas e como transdutores de diversos instrumentos, como por exemplo, os *decoders*, os quais utilizam fotodetectores para codificar os sinais relacionados à rotação ou posição.

a) transdutores do tipo fotocondutivos

Os tipos mais comuns destes transdutores são os Resistores Dependentes de Luz (*Light Dependent Resistors* - LDR). Os LDRs, também são conhecidos como fotoresistores ou células de sulfeto de cádmio.

Seu *funcionamento* se baseia na modificação da resistência elétrica de uma superfície sensível quando a intensidade luminosa nela incidente varia. É comum a superfície sensível ser de material à base de "sulfeto de cádmio" (CdS), conforme esquema da figura 2.2.31(a). A montagem do CdS representada na figura 2.2.31(a), em forma de ziguezague é feita de forma a maximizar a superfície sensível do transdutor, de forma a aumentar sua capacidade de trabalhar com correntes de maior magnitude. Nestes transdutores a variação da resistência é função da intensidade da luz incidente, se comportando de forma logarítmica, como representado na figura 2.2.32.

Na figura 2.2.31(b) está representada a simbologia elétrica destes dispositivos.

Figura 2.2.31– (a) esquema construtivo do LDR; (b) símbolo elétrico.

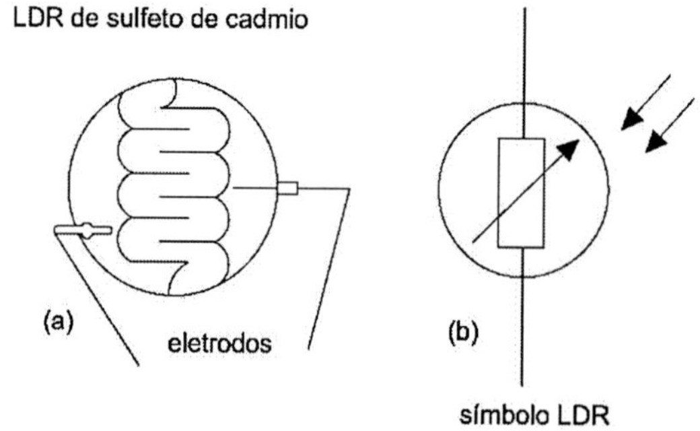

Fonte: autor

Figura 2.2.32 – Curva resistência x intensidade luminosa para um LDR.

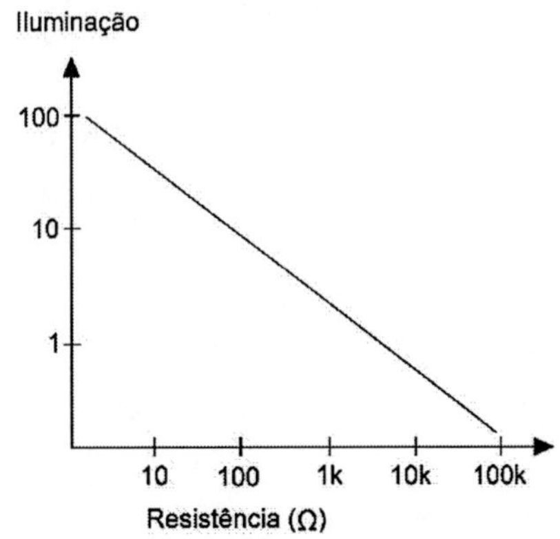

Fonte: autor

O LDR pode conduzir corrente nos dois sentidos, sendo um sensor bidirecional, podendo assim ser *utilizado* operando diretamente em circuitos de corrente alternada. Seu espectro de respostas (ver item 2.2.6(e)) é largo e maior que a da luz visível, permitindo aplicações fora deste espectro. Sendo um dispositivo lento é mais utilizado em aplicações de automação em função da presença ou ausência de luz, do que em aplicações com rápida variação da luminosidade. É um componente de custo muito baixo, muitas vezes utilizado em "*auto dimming*" (auto ajuste da iluminação), na detecção de ausência ou diminuição de luz (escuridão ou penumbra) para ligar sistemas de iluminação, trabalhando "*on*" e "*off*", e para aplicações que medem a exposição fotográfica.

Encontra aplicações amplas em sistemas automáticos de iluminação de ambientes e para detecção de objetos em linhas de fabricação. A aplicação do LDR em instrumentos de medida não é comum, em função de seu sinal de saída não ser linear com a intensidade luminosa, funcionando assim, mais como sensor do que transdutor.

b) transdutores fotovoltaicos

Os transdutores fotovoltaicos são dispositivos que geram uma tensão elétrica em terminais ligados ao material sensível à luz, em função da quantidade de luz que incide na superfície deste. São em geral referenciados como *fotocélulas ou células fotovoltaicas*.

Seu *funcionamento* é baseado na capacidade de condução de junções P-N dos semicondutores quando expostos a iluminação. Por serem transdutores ativos, ou seja, não necessitarem de fonte externa de alimentação para o seu funcionamento, o termo "transdutor" se aplica mais de perto a eles.

A junção P-N refere-se à estrutura constituinte dos chamados semicondutores. Uma junção P-N, em linhas gerais, é criada pela chamada dopagem do material base[14]. A dopagem permite ao semicondutor trabalhar com abundância de elétrons (tipo N) ou com abundância das chamadas lacunas, que transportam elétrons livres (tipo P).

As junções das células fotovoltaicas são, em geral, do tipo P-N de silício dopado, conforme esquema da figura 2.2.33(a). O símbolo elétrico destes transdutores está na figura 2.2.33(b).

Figura 2.2.33 – Transdutor fotovoltaico.

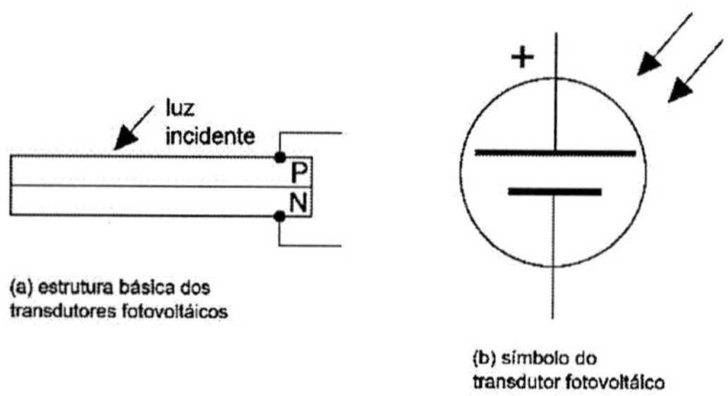

Fonte: autor

Com a incidência de luz nas junções semicondutoras portadoras de carga, dois fenômenos de utilidade prática se apresentam. O primeiro deles é o de diminuição da resistência, no sentido inverso da intensidade de luz na junção iluminada, e o segundo é o aparecimento de uma tensão nos extremos do dispositivo.

Os transdutores fotovoltaicos (células fotovoltaicas) se utilizam do segundo princípio, ou seja, da tensão gerada, para produzir energia elétrica. Quando iluminados, o deslocamento dos elétrons cria uma tensão elétrica nas extremidades da célula fotovoltaica, da ordem de 0,6 a 0,7 V (dependendo do material sensível utilizado) podendo, em função da presença de uma carga externa, gerar a circulação de corrente. A magnitude desta corrente será tanto maior quanto maior for a quantidade de fótons incidente na junção, o que está relacionada com a intensidade de luz incidente.

As células fotovoltaicas são capazes de gerar respostas com elevadas frequências, podendo operar com sinais luminosos modulados, sendo capazes de detectar rápidas variações da intensidade luminosa. Apesar disto são mais *utilizadas* para geração de energia do que em associação com sensores. Como sensores são *utilizadas* para detecção de passagem de pessoas e objetos, e em encoders (para encoders ver item 2.7.8).

c) fotodiodos

Os fotodiodos *funcionam* como diodos. Diodos são componentes eletrônicos que possuem dois terminais, o anodo (A) e o catodo (K), como na representação da figura 2.2.34(b). São, em geral, construídos

[14] Para detalhes sobre dopagem pode ser consultado SWART, 2008.

com semicondutores cristalinos (normalmente, silício ou germânio). A característica que os diferencia dos demais transdutores fotoelétricos é que eles permitem que a corrente os atravesse num sentido com muito mais facilidade do que no outro. O seu funcionamento se baseia na liberação de cargas das junções P-N dos semicondutores dopados, como comentado no item 2.2.5(b) para os transdutores fotoelétricos, ou seja, pela diminuição da resistência, ou pela geração de tensão elétrica nos extremos do dispositivo.

Estes fenômenos ocorrem quando a parte sensível dos fotodiodos é iluminada através de uma janela de passagem de luz ou por conexões com fibras óticas. Esta "iluminação" pode se dar também por raios ultravioletas ou raios-X. Se o fotodiodo se utilizar para funcionar, da variação da resistência inversamente com intensidade da luz, ele operará no modo chamado de fotocondutivo. Se ele utilizar a tensão gerada com a luz, diremos que ele operará no modo fotovoltaico. Assim, os fotodiodos podem ser utilizados tanto no modo fotocondutivo como fotovoltaico. De forma prática são utilizados os dois modos de funcionamento. Na figura 2.2.34(a) é apresentado o aspecto físico típico de um fotodiodo.

Figura 2.2.34 – Fotodiodos: (a) aspecto físico; (b) símbolo elétrico.

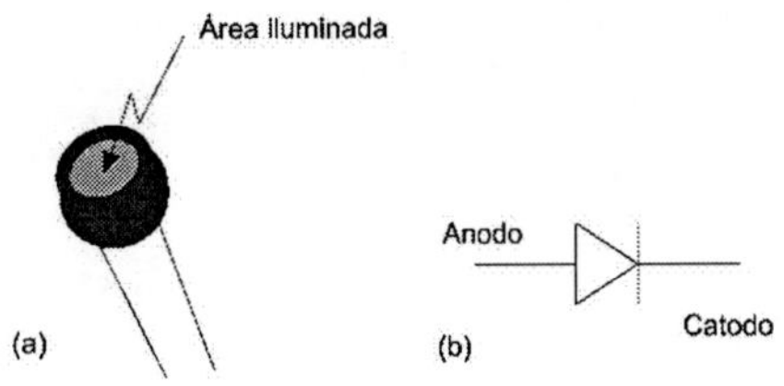

Fonte: autor

Um fotodiodo funciona ao contrário do LED, isto é, ao receber uma radiação luminosa na junção produzirá uma corrente que será proporcional à intensidade luminosa. Suas *utilizações gerais* são para detecção de intensidade luminosa, e deteção de posição, cor e presença de corpos. Como a velocidade de resposta dos fotodiodos é elevada, eles podem detectar pulso de luz e sombra que variem com grande rapidez, da ordem de centenas de megahertz. Desta forma, dentre as utilizações destes transdutores/sensores estão aquelas que exigem grande velocidade de resposta como recepção de sinais de luz modulados em *links* de fibras ópticas, encoders, sensores de rotação e posição, e leitoras de sombra e luz em geral.

A curva de resposta dos fotodiodos em relação ao comprimento de onda da radiação incidente é, assim como em outros dispositivos que têm por base o silício, sensível à radiação infravermelha, permitindo a utilização desses dispositivos em aplicações com essa radiação. Os fotodiodos, na sua maioria, apresentam respostas lineares numa ampla faixa de intensidades luminosas, o que os torna ideais para a utilização em fotômetros e instrumentos de medição que funcionem a partir de iluminação. Como a sensibilidade dos fotodiodos não é grande, quando esta for mais importante que a velocidade recomenda-se a utilização de fototransistores.

d) fototransistores

Um fototransistor funciona como um transistor, onde a base é alimentada pela luz em lugar de ser alimentada por uma tensão elétrica. Seu *princípio de funcionamento* é semelhante ao do fotodiodo, ou seja, funciona pela liberação de portadores de carga nas junções P-N com a incidência da luz. A estrutura construtiva dos fototransistores, no entanto, é maior, tendo mais camadas P-N, como representado na figura 2.2.35, sendo assim capazes de produzir correntes de valores maiores que os produzidos pelos fotodiodos, quando estimulados por um dado feixe de luz. Esta construção mais densa resulta em uma velocidade de resposta menor, mas em compensação, as correntes produzidas pelos fototransistores, diferentemente dos fotodiodos, podem ser amplificadas, ou seja, os fototransistores apresentam altos ganhos.

Figura 2.2.35 – Fototransistor: a) esquema construtivo; b) símbolo elétrico.

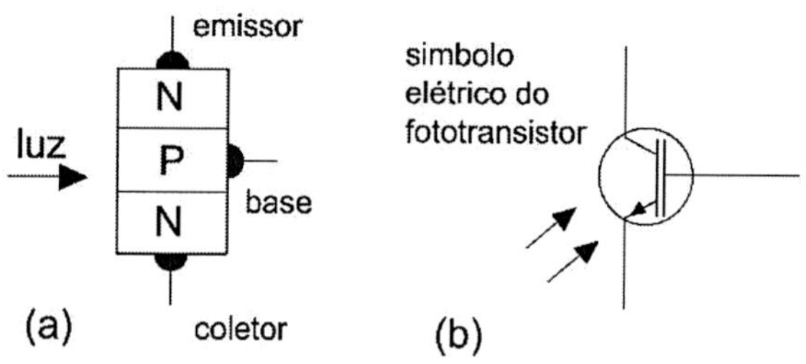

Fonte: autor

Os fototransistores são adequados a *aplicações* onde é exigida maior sensibilidade sem a necessidade de velocidades maiores que alguns megahertz. São adequados também onde se precisa de saídas amplificadas, como para acionamento direto de relés.

e) características gerais dos transdutores fotoelétricos

Os transdutores fotoelétricos, de forma geral, possuem algumas *características* que podem definir sua utilização nas diversas *aplicações*. As principais são: a sensibilidade, a resposta espectral e a velocidade de resposta.

- sensibilidade

A sensibilidade de um transdutor fotoelétrico indica como a intensidade da luz que incide no sensor provocará variações na grandeza elétrica de saída. Em geral, esta sensibilidade vai a valores de um fóton, ou seja, a incidência de um fóton no transdutor é suficiente para gerar resposta na grandeza de saída. A sensibilidade adequada dependerá do circuito no qual o transdutor fotoelétrico estiver inserido.

- resposta espectral

Grande parte dos transdutores fotoelétricos responde a um espectro de frequências maior do que o da luz visível, sendo sensíveis à radiações infravermelhas e ultravioletas. Na figura 2.2.36 temos a curva de resposta típica de alguns transdutores fotoelétricos em relação às frequências das radiações neles incidentes. O espectro ao qual o transdutor é sensível é importante para sabermos em que faixa de radiações ele pode operar.

Figura 2.2.36 – Espectro de radiações perceptíveis por alguns transdutores fotoelétricos: LDR (ver item 2.2.6(a)); fotocélula de silício (ver item 2.2.6(b)); fotodiodo (ver item 2.2.6(c)).

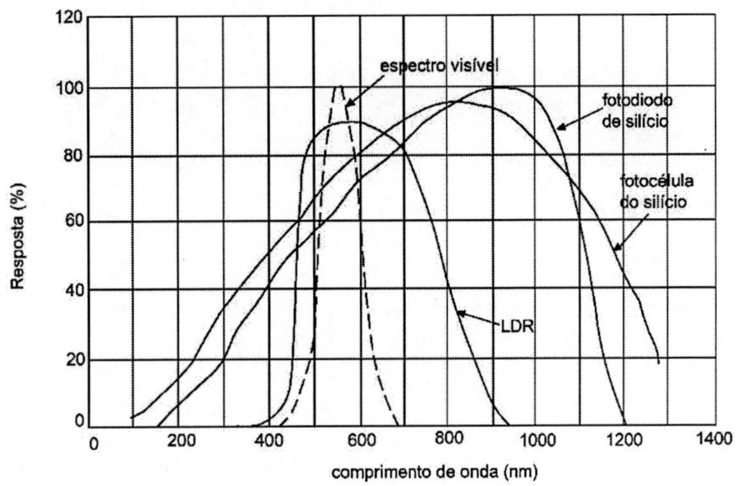

Fonte: autor adaptado de INSTITUTO NBC, 2012a

- *velocidade*

Outra característica importante é a velocidade de resposta do transdutor. Esta velocidade pode variar num *range* extenso da ordem de dezena de kHz a dezenas de MHz. A detecção de luz ou sombra de forma rápida pode ser o fator determinante na escolha do transdutor. Aplicações como leitura de código de barras, controles de velocidade de máquinas, encoders ópticos, *links* por fibra óptica, exigem rápidas respostas e, portanto, transdutores adequados. Outras aplicações por exigirem maiores valores nas grandezas de saída, como correntes mais altas, podem direcionar para transdutores mais lentos, mas com maior robustez na resposta.

2.2.7 – transdutores químicos e biológicos

São transdutores que modificam alguma grandeza química ou biológica em função da variação do valor da variável que se deseja medir. A grandeza pode ser, por exemplo, a quantidade de íons livres em uma solução ou a quantidade de micro-organismos que aderem a uma superfície, dentre outras grandezas químicas e biológicas. Estas variando suas quantidades provocam variações em sinais de saída gerados pelos transdutores, que geralmente são informações de natureza elétrica como capacitâncias, ou resistências, ou tensões elétricas. Uma vez medidos estes sinais elétricos, podemos conhecer as mudanças químicas ou biológicas ocorridas, que se relacionam com a variável cujo valor se quer em última análise conhecer como o teor de um gás, a acidez de uma substância, etc.

De forma geral, chamamos de *analito* a substância ou elemento de uma amostra que é objeto de análise e que permite a identificação da modificação no ambiente no qual ele está imerso. Esta modificação pode ser o teor de um gás, como o oxigênio e o CO, ou o pH de uma solução, dentre muitas outras. Estas modificações é que vão produzir as alterações no analito, que identificadas ou sentidas ou processadas por circuitos elétricos permitirão conhecer o valor ou a variação da variável que queremos conhecer.

O *funcionamento* dos instrumentos com transdutores químicos ou biológicos começa, portanto, na variação de alguma propriedade dos analitos e termina com o processamento dos sinais elétricos relacionados com a propriedade do analito em análise. Entre a variação da propriedade dos analitos e o processamento de sinal existem *hardwares e softwares* que permitem processar e identificar a relação da propriedade do analito com a variável de processo que se deseja conhecer (teor de gás, por exemplo). A propriedade do analito avaliada pode ser a identificação de partículas eletricamente carregadas (o chamado efeito eletroquímico), ou a mudança no espectro eletromagnético provocada pela presença de determinadas substâncias capazes de impactar este espectro, como ocorre nos cromatógrafos (ver item 2.8.10).

Assim, por exemplo, o óxido de zircônio conduz eletricidade a altas temperaturas através do movimento de íons de oxigênio carregados. Com esta propriedade pode-se conhecer o teor de oxigênio em uma mistura de gases, montando-se dentro de uma sonda mantida aquecida um disco de óxido de zircônio que tenha uma de suas faces em contato com o gás onde o teor de oxigênio deve ser medido e outra em contato com um gás de referência, como o ar. Conectando-se eletrodos nestas duas faces do disco pode-se medir o potencial elétrico gerado pelas diferentes concentrações de oxigênio em cada face do disco[15] e com isto conhecer a quantidade de oxigênio presente na amostra analisada.

Outros instrumentos, como os analisadores de pH possuem dois eletrodos, um de medição e outro de referência inserido em um meio com pH constante. Os dois eletrodos, funcionando como uma bateria, possuirão diferentes potenciais elétricos que variarão de acordo com a variação da acidez ou alcalinidade da solução cujo pH se deseja conhecer.

Medidores biológicos (biotransdutores) trabalham de forma similar, onde os bioelementos aderem na superfície de materiais adequados. Estes bioelementos são capazes de fornecer informações analíticas qualitativas ou semiqualitativas utilizando um receptor biológico com afinidade pelo elemento biológico, o

[15] Ver exemplo de fabricante de analisador de oxigênio em YOKOGAWA, 2021a.

qual desejamos conhecer, e que adere no transdutor (adere na superfície do receptor biológico) provocando, por exemplo, uma mudança de corrente elétrica que circula no transdutor. Temos, por exemplo, sensores de grafeno para identificação de presença de vírus em amostras[16], que variando propriedades elétricas permitem o conhecimento dos elementos de interesse.

De forma sumária, um transdutor químico pode ler a concentração de uma dada substância observada em um determinado meio e um transdutor biológico a concentração de um elemento biológico como uma organela, um anticorpo, um nucleotídeo ou um micro-organismo qualquer. O elemento cuja concentração é detectada é o denominado analito.

Os transdutores químicos e os biológicos têm tido *utilização* crescente em medições de condições ambientais e na área biomédica, onde a presença, quantidade ou concentração de substâncias vinculadas a doenças e condições de saúde dos organismos biológicos (animal ou vegetal) é a variável de interesse. Exemplos de *aplicações* são em instrumentos sensores de pH, concentração de gases em geral, como O_2, H_2 e CO_2, concentração de substâncias no sangue, toxinas presentes nos alimentos e teor de fumaça em ambientes.

Questões de síntese do conteúdo

2.2.1 – Como se pode classificar os transdutores considerando o princípio físico do seu funcionamento?

2.2.2 – Qual a característica dos transdutores resistivos? Cite três tipos de transdutores que podem ser enquadrados nesta classificação.

2.2.3 – Qual a vantagem de se fazer instalações com três fios em sensores resistivos, em relação à instalação com dois fios?

2.2.4 - Numa instalação com sensores que acionam um transdutor do tipo *strain gauge*, a resistência do transdutor faz parte de um dos ramos de um circuito do tipo ponte de Wheatstone, onde as outras três resistências da ponte têm valores A, B e C, medidas em ohms. Qual o valor da resistência associada ao *strain gauge*, em função de A, B e C, sabendo-se que a ponte está equilibrada?

2.2.5 - Explique o funcionamento das células capacitivas instaladas em medidores de pressão.

2.2.6 – Explique o funcionamento de um transdutor LTDV.

2.2.7 – Que tipo de sensor você utilizaria para monitorar o movimento de rodas de veículos com freio ABS?

---

[16] Informações mais detalhadas podem ser obtidas em VERMISOGLOU, [2020].

2.2.8 – Você poderia montar uma construção de um sensor de posição com um transdutor por efeito Hall, para medir a posição de uma peça que se desloque longitudinalmente ao sensor? Qual seria a variável que se modificaria com a mudança de posição da peça?

2.2.9 – O que é o princípio piezoelétrico? Cite duas variáveis que podem ser medidas com instrumentos de medição construídos com base nos transdutores piezoelétricos?

2.2.10 – Cite três aplicações dos transdutores ultrassônicos em medição de variáveis de processo, ou seja, cite três variáveis que os instrumentos construídos com estes transdutores podem medir (vazão, por exemplo).

2.2.11 – Cite três tipos de transdutores fotoelétricos, descrevendo o princípio de funcionamento e cada um deles.

2.2.12 – Cite três características importantes para a escolha do tipo de transdutor fotoelétrico a ser utilizado em uma determinada aplicação?

2.2.13 – Os circuitos representados na figura 2.2.37 são constituídos por fotodiodos que podem receber tensões de 5V ou 0 V, ou seja, podem estar *on* ou *off*, respectivamente. Lembrando que o fotodiodo só conduz corrente em uma direção (indicada pelo triângulo do seu símbolo), complete a terceira coluna da tabela verdade associada ao circuito com *on* ou *off*, demonstrando que o circuito (a) executa uma lógica "OU" e o (b) uma lógica "E" com saída negada. (Exemplo, com V1=0V e V2= 5V no circuito (b), o fotodiodo associado a V1 conduzirá corrente, pois estará sujeito a um diferencial de tensão de 5V, e o associado a V2 não conduzirá, uma vez que o diferencial de tensão sobre ele valerá 0V. Assim, a terceira coluna, que indica a situação do LED estará *on*).

Figura 2.2.37 – (a) circuitos com lógica "OU"; (b) circuito com lógica "E" com saída negada.

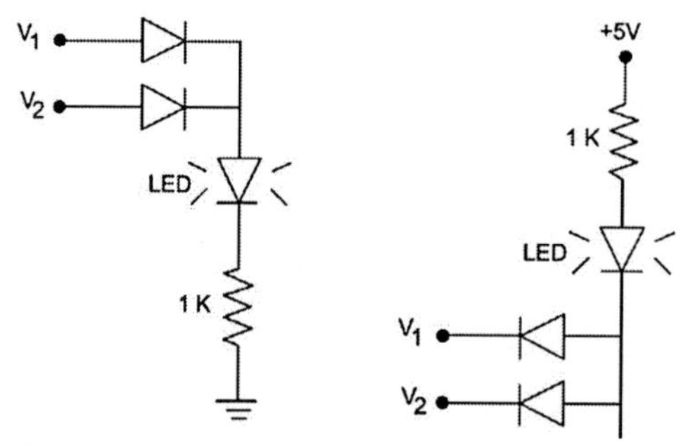

V_1	V_2	LED
0	0	
0	+5	
+5	0	
+5	+5	

(a)

V_1	V_2	LED
0	0	
0	+5	
+5	0	
+5	+5	

(b)

Fonte: autor

2.2.14 – Numa máquina ferramenta que tem um "carro" que se desloca lateralmente, deseja-se instalar um medidor da posição do carro da máquina, o qual tem um deslocamento da ordem de uma dezena de centímetros. Quais os transdutores que poderiam ser indicados para comporem um instrumento de medição da posição do "carro"?

2.2.15 – Pesquisando, identifique dois fabricantes que tenham em seus produtos transdutores/sensores indutivos.

2.2.16– Deseja-se instalar sensores para verificar o ângulo de rotação do eixo de uma máquina ferramenta. Considerando os transdutores apresentados neste capítulo, qual deles você indicaria para a instalação.

2.2.17 – Pesquisando, identifique dois fabricantes que tenham instrumentos de medida construídos com base em silício ressonante.

2.2.18 – Cite, pesquisando, um fornecedor para cada tipo de transdutor fotoelétrico apresentado no subitem 2.2.5 deste item 2.2.

2.2.19 - O que são transdutores químicos e transdutores biológicos? Cite, pesquisando, algumas aplicações destes transdutores.

2.3 - Medição de pressão

2.3.1 – conceituação de pressão absoluta e relativa

Na indústria, é usual medirmos pressão tomando como referência de medida ou o vácuo perfeito ou a pressão atmosférica. No primeiro caso teremos o que chamamos de *pressão absoluta.* As pressões absolutas terão sempre um valor positivo ou nulo. Quando a referência é a pressão atmosférica esta depende das condições existentes no local de medida e varia com a altitude em relação ao nível do mar e por isso mesmo não é um referencial absoluto. Pressões medidas em relação a este referencial são chamadas de *pressões manométricas*. Estas pressões poderão ser positivas ou negativas, conforme seus valores sejam maiores ou menores que o da pressão atmosférica vigente no local de medida (ver figura 2.2.1), sendo usual também nos referirmos às pressões menores que a atmosférica (negativas), como *vácuo.*

Figura 2.3.1 – Referências para medida de pressão.

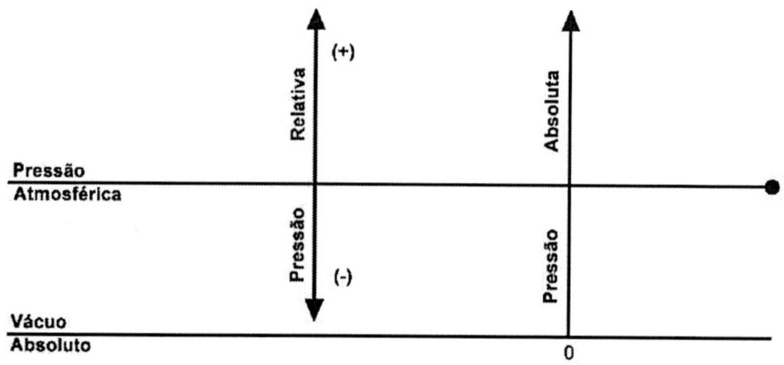

Fonte: autor

Pela definição de pressão absoluta (Pabs) e relativa (Prel), podemos estabelecer a relação entre elas, ou seja:

$$\text{Pabs} = \text{Pman} + \text{Patm}$$

O que chamamos *pressão diferencial* é a diferença entre duas pressões, as quais devem ser ambas ou manométricas ou absolutas.

2.3.2 – sensores e sistemas de medição

As formas mais usuais de sentir pressão envolvem a deformação de superfícies por efeito de diferenças de pressões, dentro do limite elástico dos materiais deformados, ou seja, os materiais submetidos à pressão se deformam, retornando a sua posição original após a retirada da pressão. Instrumentos que funcionam com base nestes sensores são referenciados como instrumentos que medem pressão por deformação elástica.

Neste item apresentaremos, brevemente, os medidores de coluna líquida, de uso restrito em automação industrial, e os sensores que medem por deformação elástica e alguns arranjos de instrumentos transmissores que associam transdutores (ver item 2.2) aos sensores por deformação.

2.3.3 - instrumentos que medem por coluna líquida

Embora sem interesse na automação, instrumentos de indicação local que medem por coluna líquida são muito encontrados em medições de baixas pressões (da ordem de milímetros de coluna d'água) em laboratórios e mesmo industrialmente, em aplicações onde o interesse seja somente a monitoração da pressão.

Os arranjos mais comuns nesta classe são os tubos em U (figura 2.3.2(a)). Outros arranjos menos comuns são os tubos com escala inclinada, os de câmara expandida e os em anel, representados nas figuras 2.3.2(b), (c) e (d), respectivamente.

Figura 2.3.2 – Formas mais comuns de tubos de instrumentos do tipo coluna líquida.

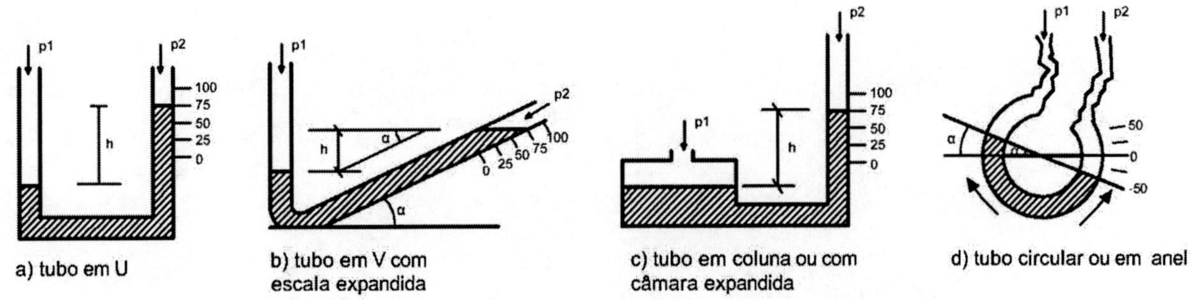

Fonte: autor

Os instrumentos desta classe são usualmente construídos com tubo de material transparente (vidro ou plástico) e com forma convenientemente definida (em U, em V, em anel, etc.). Cada extremidade do tubo estará sujeita a uma pressão que dependerá da medida de pressão que se deseja obter: absoluta, manométrica ou diferencial. Se desejamos medir pressão atmosférica, uma das extremidades estará aberta para a atmosfera, se pressão absoluta, uma extremidade estará sujeita a vácuo e se pressão diferencial, cada extremidade estará sujeita a uma das pressões cuja diferença se deseja conhecer.

A diferença entre a pressão em cada extremo do tubo (em cada tomada) será igual à diferença da altura do líquido contido em cada lado do tubo (h), multiplicada pelo peso específico (γ) do fluido no interior do tubo, ou seja:

$$p1 - p2 = \gamma\, h$$

onde p1 e p2 são as pressões em cada extremidade do tubo, conforme figura 2.3.2.

Das singularidades entre os diversos desenhos do tubo, podemos destacar que o tubo em "V" ou com escala expandida, apresenta melhor resolução de leitura que o tubo em U, uma vez que a leitura é feita não na vertical como no tubo em U, mas sim numa escala inclinada, ficando a leitura ampliada de um valor 1/ cos α como pode ser deduzido da observação da figura 2.3.2(b). O tubo em coluna ou câmara expandida, esquematizado na figura 2.3.2(c), por ter uma cuba com grande diâmetro (cerca de 10 vezes a área da coluna) permite que se coloque a escala de leitura na coluna, fazendo-se ou não compensações do desnível na cuba. No tubo circular ou em anel, representado na figura 2.3.2.(d), o ângulo de rotação (α) dependerá do diferencial de pressão, podendo este diferencial ser conhecido a partir daquele ângulo.

O mercúrio foi o fluido de enchimento utilizado por muito tempo, por ter alta densidade e é menos sujeito a perdas por evaporação, porém pelos riscos à saúde e ambientais, tem sido mais usual a utilização de fluidos coloridos, como água com anilina sendo os sistemas selados.

Estes medidores são *utilizados* raramente em processos industriais sendo encontrados em algumas monitorações de pressões de chaminés e câmaras de combustão de fornos e caldeiras, medidas de pressões em sistemas de insuflação de ar e associados a elementos de vazão do tipo pressão diferencial (placas, venturis, pitots, etc. – ver item 2.5), em aplicações de testes e laboratórios, principalmente pelo seu baixo custo e adequada precisão, em locais onde as condições operacionais (pressão, temperatura e tipo de fluido) o permitam e o medidor não seja imprescindível para a operação, uma vez que por ser frágil, corre continuamente o risco de sofrer danos mecânicos.

2.3.4 - instrumentos que medem por deformação elástica

Nesta classe de medidores se enquadram os instrumentos que têm como sensores dispositivos que se deformam sem sofrerem deformação permanente, ou seja, dentro do seu limite de elasticidade. Os sensores mais comuns nestes instrumentos são os diafragmas, os foles e os tubos bourdon. Os diafragmas são os sensores mais utilizados como parte dos transmissores de pressão, em geral acoplados a transdutores, como os discutidos no capítulo 2.2. O *diafragma* se apresenta, de forma mais comum como discos finos flexíveis os quais podem ser lisos ou corrugados (ver figura 2.3.3).

Figura 2.3.3 – Tipos de discos diafragmas: (a) liso; (b) corrugado.

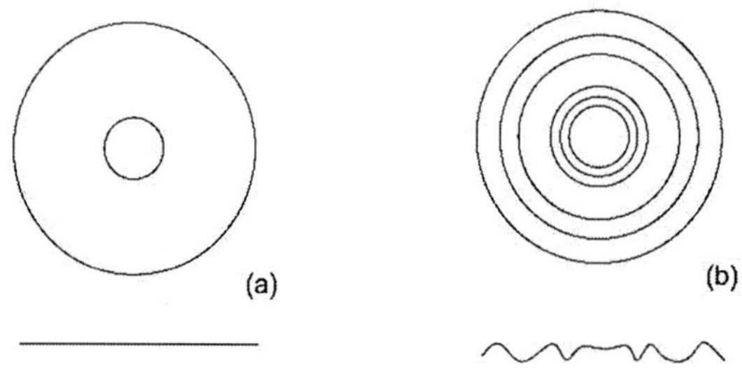

Fonte: autor

Quando em operação, as faces do diafragma ficam submetidas a diferentes pressões, “p1” e “p2” (ver figura 2.3.4). A diferença de pressão entre as faces do diafragma, atuando na superfície de área “A”, gera uma força F = (p1 – p2)*A, a qual produz a deformação “x” do diafragma. Esta deformação mantém relação com o diferencial de pressão permitindo, portanto, através da sua medida, o conhecimento da diferença entre as pressões p1 e p2.

Figura 2.3.4 – Princípio de funcionamento dos diafragmas.

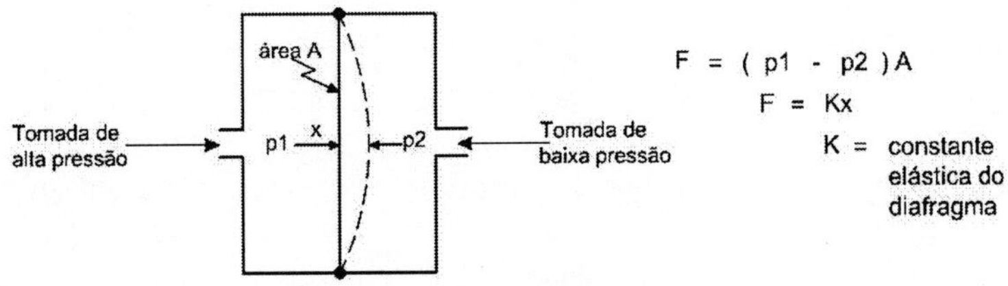

Fonte: autor

Se quisermos medir pressão manométrica, a pressão p2 deverá ser igual à pressão atmosférica (face do diafragma à pressão p2 se comunicando com a atmosfera). Se quisermos medir pressões absolutas, muito próximas do vácuo absoluto, é comum submetermos uma das faces do diafragma ao vácuo total (p2 = 0 bar abs). Se p2 é diferente da pressão atmosférica e do vácuo absoluto teremos, medindo a deformação "x", a medida do diferencial (p1 – p2).

Os diafragmas podem ser construídos de diversos materiais, dependendo da sua aplicação. Materiais comuns são Bruna-N, nylon, teflon, inconel, bronze-fosforoso, inox 316, cobre-berílio, monel, tantalum e hasteloy.

Dependendo de suas dimensões (área submetida à pressão) podem sentir pressões em cada uma de suas faces com diferenças que podem variar desde algumas dezenas de mm de H_2O até centenas de bar. As temperaturas de trabalho limites destes sensores dependerão do tipo de material de construção. Como valores de referência podemos tomar os ranges de (- 45 a 120°C) para o bronze fosforoso, (- 250 a 135°C) para o aço inox 316 e (- 180 a 540°C) para o inconel. A temperatura de 200°C pode ser tomada como valor de referência para materiais sintéticos como a buna-N, nylon e teflon. Os instrumentos com sensor diafragma apresentam boa precisão da ordem de $\pm$ (0,5 a 1%) do *span*. Para condições adequadas de trabalho, consultar sempre o fabricante do instrumento[17]. Os diafragmas são comumente usados como sensores em transmissores e na construção de manômetros e chaves de pressão (pressostatos).

Algumas *aplicações* que, devido à baixa pressão vão exigir diafragmas para as medições são: medições de pressões de chaminés e câmaras de combustão de fornos e caldeiras, pressão na sucção e descarga de ventiladores industriais, medidas de pressão em dutos de ar condicionado, medida de pressão em sucção de compressores, medida de pressões diferenciais geradas por elementos primários de medição de vazão como placas de orifício, venturis e tubo de pitot (ver capítulo 2.5), medida de diferencial de pressão através de filtros industriais e medidas de pressões geradas por colunas líquidas que, por produzirem pressões baixas (algumas de ordem de poucos mm de H_2O), exigem sensores de baixa pressão.

[17] Ver exemplo de fabricante de sensor tipo diafragma em WIKA, c2021b e SMAR, c2021a.

Outro tipo de sensor que mede por deformação elástica é o *fole*. Os *sensores do tipo fole* têm uso industrial limitado. Estes são elementos sensores de pressão que se comprimem ou se distendem, conforme a pressão reinante em seu interior seja menor ou maior, respectivamente, que a exterior. Um esquema do fole movimentando um ponteiro ou alavanca está representado na figura 2.3.5.

Figura 2.3.5 – Esquema de fole acionando alavanca onde as pressões medidas são equilibradas pelas forças elásticas do fole.

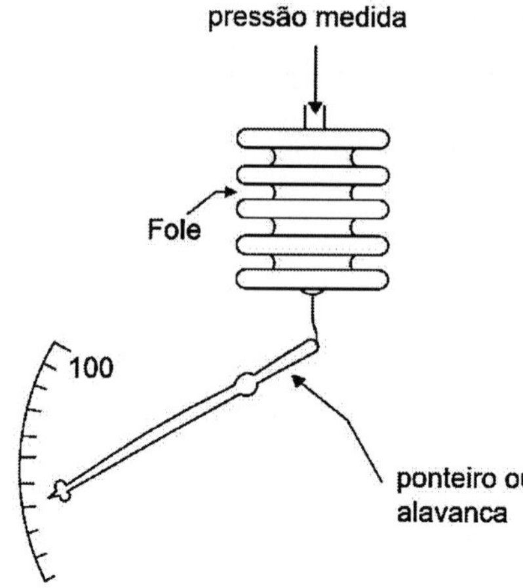

Fonte: autor

A sensibilidade dos foles cresce com o seu diâmetro e o deslocamento de seu extremo livre é maior que o dos diafragmas. Por esta razão é que vamos encontrar foles em transmissores que têm elementos acionados mecanicamente, em alguns posicionadores de válvulas de controle (ver item 2.11.10) e como parte integrante de dispositivos pneumáticos, compondo circuitos de instrumentos pneumáticos[18].

Os foles podem ser encontrados também como sensores de manômetros e chaves de pressão (pressostatos) com movimentos mecânicos na sua construção. As aplicações mais comuns dos instrumentos com sensores tipo fole são: chaves de temperatura com sensores do tipo "sistemas com enchimento de fluido pressurizado" (ver item 2.4.6) e nas mesmas aplicações citadas para os diafragmas respeitados os *ranges* de trabalho e a resistência à agressividade dos fluidos de processo.

Alguns materiais usuais de construção dos foles são o bronze, o aço inox, o cobre-belírico e o monel sendo usualmente construídos a partir de finos tubos sem costura. São adequados a aplicações em *ranges* que vão de dezenas de mm de coluna de H_2O até algumas dezenas de bar, sendo limitados também em temperaturas medianas da ordem de 90° C, por exemplo, com o uso de fole de bronze. A precisão dos instrumentos com foles é adequada à maioria dos processos industriais, podendo ser tomada como referência a precisão de $\pm$ (0,5 a 1%) do *span*, devendo sempre ser consultado o fabricante do instrumento[19].

---

[18] Ver exemplo de fabricante de transmissor pneumático em YOKOGAWA, c2021b.
[19] Ver exemplo de fabricante de manômetros em PRISMA, c2021.

A última classe relevante de sensores que medem por deformação elástica são os *tubos de Bourdon*, ou simplesmente tubos bourdon. Estes têm seu uso cada vez menor e são, em geral, utilizados na construção de manômetros em medidas de pressões mais elevadas.

Os tubos bourdon são encontrados em três tipos de conformações: C-bourdon, espiral e helicoidal (ver figura 2.3.6). Em qualquer uma das construções, um corte radial no tubo bourdon, conforme o corte AA na figura 2.3.6, apresentará uma geometria aproximadamente elítica, como representado na figura 2.3.6(d).

Figura 2.3.6 – Conformações típicas para tubos bourdon: (a) "C" bourdon; (b) bourdon em espiral; (c) bourdon em hélice; (d) corte da seção reta de um tubo bourdon.

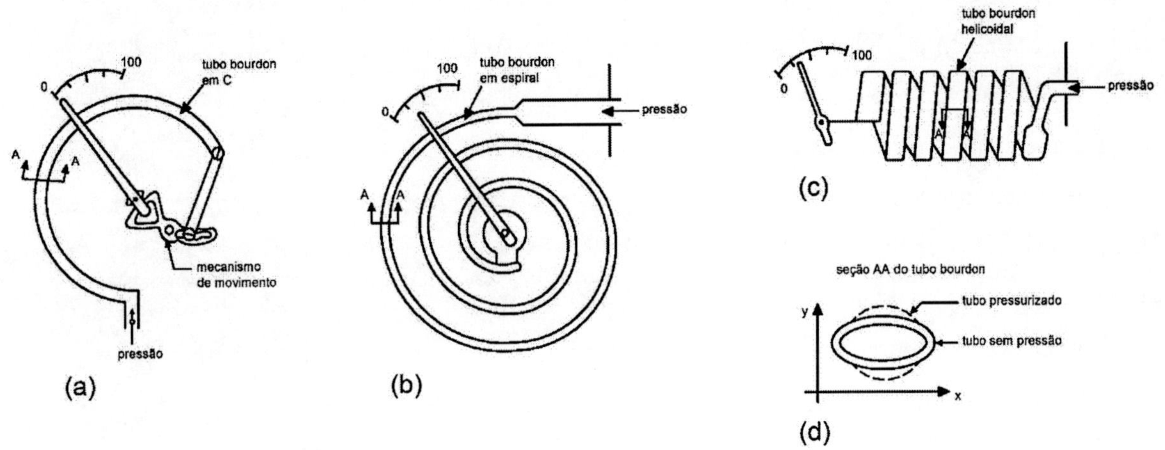

Fonte: autor

O funcionamento dos tubos bourdon é simples. Eles são abertos na extremidade que se conecta ao processo cuja pressão se quer medir e vedados na outra. Esta última extremidade pode se deslocar livremente. Quando os tubos bourdon são conectados ao processo ficam com sua parte interna inteiramente submetidos à pressão que se deseja medir. Devido à geometria da seção reta do tubo ser elíptica, as paredes internas do tubo ficam submetidas a maiores forças na direção do eixo y da figura 2.3.6(d) que na do eixo x (maior área exposta à pressão na direção do eixo y). Isto tende a tornar a seção elítica mais "circular". Este efeito tende a retificar o tubo bourdon e com isto provocar o deslocamento do extremo livre. Contra esta tendência à retificação age a própria força elástica do tubo. O deslocamento do extremo livre é função da pressão no interior do bourdon, permitindo assim, através do conhecimento deste deslocamento o conhecimento da pressão que o provoca.

Um "C bourdon" como o representado na figura 2.3.6(a) apresenta em geral um arco de 250º e com isto tem um deslocamento pequeno do seu extremo livre, exigindo muitas vezes mecanismos com engrenagens para ampliar este movimento e transmiti-lo aos circuitos dos instrumentos que têm o bourdon como sensor. Esses mecanismos conhecidos como "mecanismos de movimento" servem também para tornar linear a relação entre a saída do instrumento e a pressão no C-bourdon.

Os tubos em espiral e em hélice (figura 2.3.6(b) e (c)) tendem a simplificar ou dispensar os mecanismos de movimento apresentando assim, maior sensibilidade e melhor precisão que o C-bourdon. O bourdon em hélice apresenta em geral melhor precisão que os outros tipos tendo *span* e *ranges* semelhantes ao C-bourdon, podendo suportar maiores sobrepressões (pressões excedendo o fim do range), sem sofrer deformações permanentes.

Os bourdons são construídos com materiais metálicos como o bronze-fosforoso, aços ligas, inox 316 e 403, cobre-berílio e monel. Como precisões de referência para os tubos bourdons, podemos considerar: $\pm$ 0,25% (para bourdon em hélice) a $\pm$ 5% do *span*, sendo um valor comum para referência $\pm$ 1% do *span*. Estes valores são também afetados pelas variações de temperatura no bourdon. Temperaturas elevadas de trabalho facilitam danos nos sensores. *Ranges* de referência vão de -1 a 1 bar até 0 a 700 bar. Os tubos bourdons podem trabalhar com alguma sobrepressão (valor acima da pressão máxima), na ordem de 20% acima do limite superior do range. Para valores corretos para cada aplicação consultar sempre o fabricante[20].

Os bourdons encontram *utilização* como sensores em manômetros e chaves de pressão (pressostatos). As aplicações industriais mais comuns dos instrumentos com sensores do tipo bourdon são: descargas de bombas e compressores, pressões em tubulações e equipamentos industriais pressurizados, pressão em sistemas hidráulicos e pneumáticos em geral e pressão em balões acumuladores de gases (nitrogênio, hidrogênio, etc.).

2.3.5 - instrumentos que utilizam transdutores associados

Nesta classe de instrumentos estão aqueles que têm um sensor de pressão, em geral da classe de *deformação elástica, associado a um transdutor*. Dependendo do tipo de transdutor teremos diferentes denominações para a tecnologia de medição de pressão, utilizada principalmente em transmissores de pressão.

Os transdutores mais comumente associados a sensores de pressão são[21]:

- *strain gage* (extensômetros);
- capacitância variável (capacitivos)
- piezoelétrico
- piezorresistivo
- ressonante

[20] Ver exemplo de fabricante de instrumentos com tubo bourdon em WIKA, c2021a.

[21] Para funcionamento e exemplo de transdutores utilizados em medidores de pressão ver Di Salvio, 2008 e Yokogawa, c2021f.

- indutivos
- potenciométrico
- indutância variável
- óptico

Os tipos mais utilizados em automação industrial são o *strain gauge*, os piezo-elétricos, os capacitivos e aqueles com cristais ressoantes.

a) medidores com transdutores tipo strain gauges (ou extensômetros)[22]

Os transdutores do tipo *strain gauge* já foram apresentados no item 2.2.2(b). Os medidores de pressão tipo *strain gauge* têm o sensor de pressão conectado a um transdutor *strain gauge*, deformando-o conforme a pressão varia.

Os *strain gauges* associados a medidores de pressão são comumente construídos com finas linhas metálicas que se deformam por efeito das forças provocadas pela pressão. Estas forças atuam, em sensores de pressão de deformação elástica, em geral do tipo diafragma nos quais são fixados os *strain gauges*, que se deformam junto com o diafragma. Uma das montagens de instrumentos deste tipo está apresentada na figura 2.3.7.

Figura 2.3.7 – Montagem do *strain gauge* em diafragma sensor de pressão.

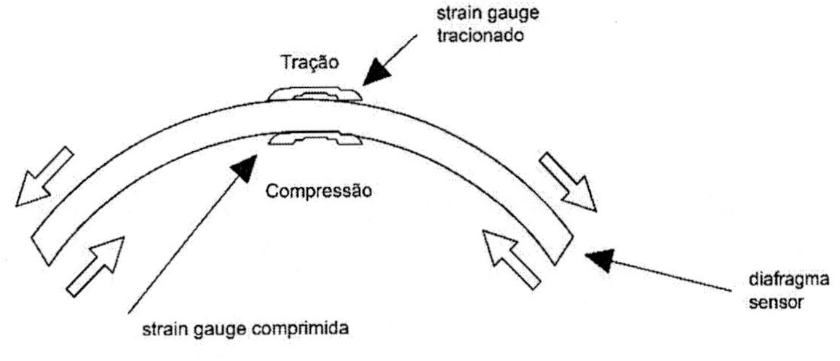

Fonte: autor

Nesta montagem quando instalado na parte inferior do diafragma sensor (sensor por deformação) o *strain gauge* será comprimido se deformando e alterando o valor da sua resistência. Se montado na parte superior do diafragma será tracionado e igualmente deformado alterando a resistência. Comparando-se as deformações devidas à compressão e à tração pode-se inferir a pressão que as provoca.

Para se conseguir que os *strain gauges* sejam sensíveis à compressão e à tração é usual colar o material cuja resistência varia num substrato de baixa resistência como o plástico ou material a base de epóxi ou mesmo uma base de silício, substrato este que é efetivamente tracionado ou comprimido, tracionando ou comprimindo, respectivamente, o *strain gauge* nele colado. Um esquema de um *strain gauge* em forma de

[22] Para maiores detalhes sobre *strain gauge* ver ISA RP 37.3 (1982b).

lâmina colada está na figura 2.3.8. Neste caso, a lâmina é enrolada em "n" voltas para garantir maior comprimento "L", comprimento este que dará mais sensibilidade ao transdutor.

Figura 2.3.8 – *Strain gauge* colado à base.

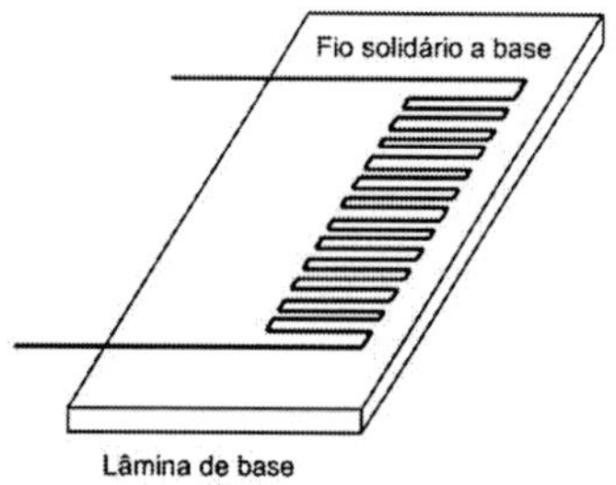

Fonte: autor adaptado de SMAR, [201-?]

Na prática, como as variações de resistência elétrica dos transdutores "*strain gauges*" são pequenas, instrumentos precisos são exigidos para medi-las com boa precisão. A ponte de Wheatstone (figura 2.2.9) discutida no item 2.2.2(f), é a configuração mais comumente usada para medir as variações da resistência com a pressão, onde a resistência do *strain gauge* entra como uma das quatro resistências da ponte.

Figura 2.3.9 – Ponte de Wheatstone na medida de resistência do *strain gauge*.

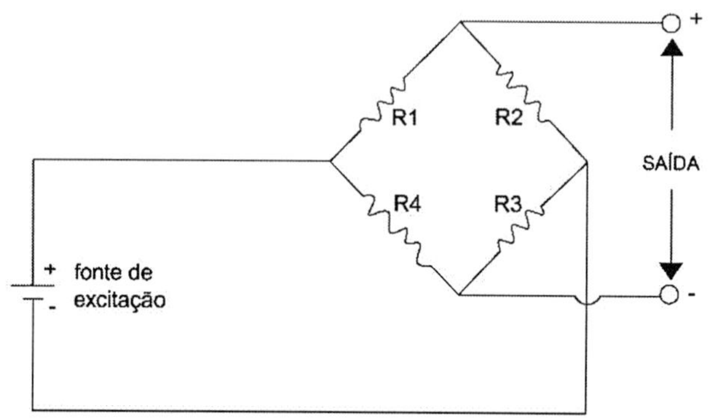

Fonte: autor

As lâminas dos transdutores dos sistemas com *strain gauges* são construídos com ligas de cromo e níquel ou metais puros como a platina. Os instrumentos de medida de pressão com transdutor *strain gauge* trabalham em *ranges* de pressão na faixa de referência dos diafragmas em medida de pressões manométricas, absolutas ou diferenciais, com *spans* de referência da ordem de 750 mmH2O até 14.000 bar, em função do seu tipo construtivo. Suportam temperaturas da ordem de 315°C, com valores normais de operação entre -50 a 120°C. Possuem boa exatidão devido às pequenas deformações sofridas pelos sensores, sendo referência a faixa de + 0,2 e + 0,5% do *span*. Em linhas gerais, os transdutores tipo *strain gauge* apresentam boa linearidade, estabilidade e repetibilidade. As características destes instrumentos são informadas pelos fabricantes[23]. Os medidores de pressão com transdutor do tipo *strain gauges* são, em sua maioria, transmissores de pressão.

b) instrumentos com transdutores do tipo capacitivo

O princípio de funcionamento dos transdutores capacitivos foi discutido no item 2.2.3. Ali foi apresentado o esquema de funcionamento dos transmissores de pressão capacitivos. O esquema de instrumentos para medida de pressão utilizando o princípio capacitivo está ilustrado na figura 2.3.10.

Figura 2.3.10 – Esquema de sistema de medição de pressão com transdutor capacitivo.

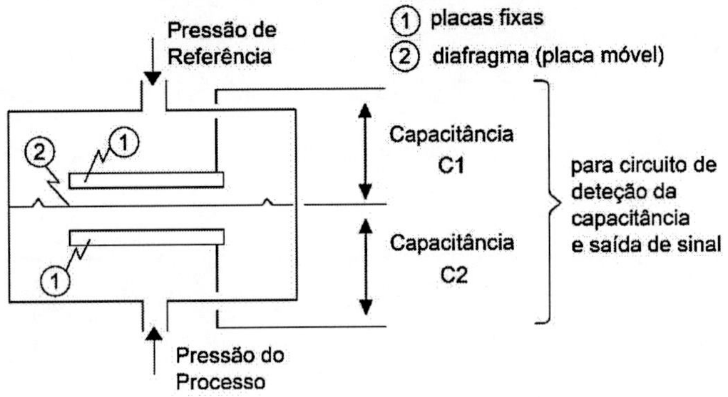

Fonte: autor

No esquema da figura 2.3.10 pode ser observado um diafragma sensor de material metálico, indicado pelo número 2 e duas placas metálicas fixas, indicadas pelo número 1. Cada uma destas placas fixas compõe, junto com o diafragma sensor, um capacitor.

Os capacitores estão indicados na figura por C1 e C2. Temos, portanto, dois capacitores com uma placa comum que é o diafragma sensor móvel. A capacitância em cada um dos capacitores será a mesma, quando a pressão em cada uma das faces do diafragma sensor for a mesma. Quando as pressões atuando nas faces dos diafragmas se tornam diferentes, o diafragma sensor, que funciona como placa comum dos dois capacitores, se deforma modificando a distâncias entre as placas dos dois capacitores, aumentando a capacitância em um deles e diminuindo no outro, ou seja, provocando uma mudança do valor da capacitância em cada capacitor, C1 e C2. A relação entre C1 e C2 é usada para variar a frequência de um oscilador ou para atuar como elemento em uma ponte de capacitores e se relaciona com os valores das pressões atuando em cada face do diafragma sensor. Através de circuitos eletrônicos adequados é gerado o sinal de saída do instrumento (digital ou analógico) proporcional à diferença das pressões atuando em cada face do diafragma sensor.

[23] Ver exemplo de fabricante de transdutores tipo *strain gauge* em HBM, [c20—a].

Na sua forma construtiva usual os medidores capacitivos vêm com um isolamento que evita o contato do fluido de processo com as placas dos capacitores. O isolamento é feito através de dois diafragmas externos (diafragmas de processo) que impedem a entrada de fluido de processo no interior do instrumento, como esquematizado na figura 2.3.11. Entre os diafragmas de isolamento (externo ao instrumento) e o diafragma sensor (interno ao instrumento) existe um fluido de enchimento que além de transmitir o movimento dos diafragmas de isolamento para o sensor, funciona como o fluido que preenche o espaço entre as placas dos capacitores.

Quando as pressões atuando em cada um dos diafragmas externos de isolamento são diferentes, aquele submetido à maior pressão se desloca em direção ao diafragma sensor e o submetido à menor pressão dele se afasta. Com isto o diafragma sensor se desloca de sua posição de equilíbrio se aproximando de uma das placas fixas e se afastando da outra. Com este movimento teremos C1 diferente de C2. A partir da diferença entre C1-C2 podemos inferir a diferença entre as pressões p1 e p2. A figura 2.3.11 esquematiza um medidor de pressão diferencial[24]. Esta construção é conhecida como "célula capacitiva".

Figura 2.3.11 – Construção física de um transmissor de pressão com transdutor capacitivo (célula capacitiva).

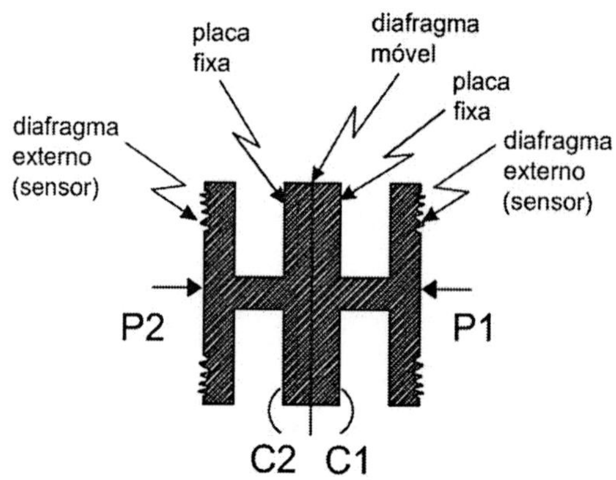

Fonte: autor

Na construção dos sistemas de medição de pressão com células capacitivas são comumente utilizados o aço inox, o monel e o hastelloy C para o diafragma de isolamento; o aço carbono, aço inox para o corpo do transmissor e o aço inox para o diafragma sensor. O fluido de enchimento é, usualmente, óleo silicone.

Os *ranges* de trabalhos dos sistemas capacitivos têm como referência valores entre 0 a 125 mmH_2O e 0 a 400 bar. As células capacitivas podem resistir a elevadas sobrepressões e a temperaturas da ordem de 40

[24] Ver exemplo de fabricante de medidor de pressão diferencial em SMAR, c2021b.

a 105°C, apresentando precisão na faixa de ± 0,25% do *span*, sendo este valor afetado pela temperatura de operação do instrumento.

c) instrumentos de pressão com transdutores que atuam por efeito piezoelétrico[25]

O efeito piezoelétrico, como visto no item 2.2.5(a), é a característica que apresentam alguns materiais de constituição cristalina, de produzirem uma tensão elétrica proporcional à força a eles aplicadas em duas de suas faces, paralelas entre si.

Quando os transdutores piezoelétricos sofrem uma deformação física, eles acumulam cargas elétricas em certas áreas de sua estrutura cristalina, por ação da força que atua na área do cristal, e no caso dos instrumentos medidores de pressão, em função da pressão que queremos medir. Com isto é gerado um campo elétrico, sendo possível a medição do gradiente desse campo nas extremidades do cristal. Esta diferença de potencial elétrico sendo proporcional à força, no caso produzida pela pressão exercida sobre o cristal piezoelétrico, permitirá conhecer a pressão que a provoca.

Nos instrumentos de pressão, como já descrito nos anteriores, os sensores de deformação atuam comprimindo ou tracionando o material piezoelétrico. Um esquema de montagem dos materiais piezoelétricos nos instrumentos de pressão, onde este material será comprimido pelo fluido cuja pressão se deseja medir, no caso de aumento de pressão, está representado na figura 2.3.12, onde temos um sensor de pressão tipo diafragma transmitindo os esforços de pressão para o transdutor de cristal piezoelétrico.

Figura 2.3.12 – Esquema de montagem de instrumento com transdutor piezoelétrico.

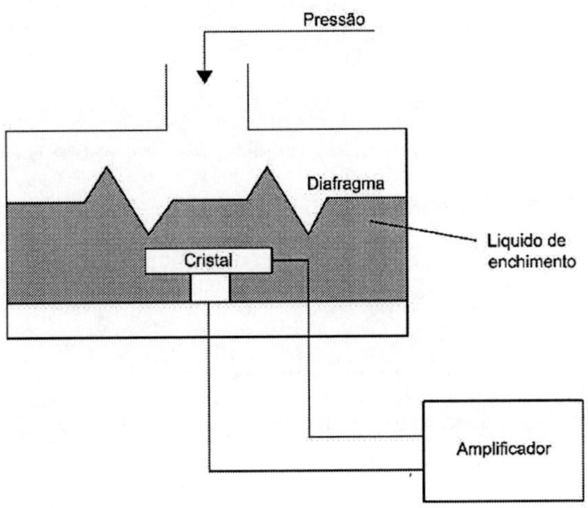

Fonte: autor

Os materiais de uso mais comum que apresentam o efeito piezoelétrico são os cristais de quartzo, o sal de Rochelle, o titânio de bário, e a turmalina. As cerâmicas piezoelétricas fabricadas por meio da sinterização de pós cerâmicos conformados via prensagem ou extrusão são também utilizadas e em alguns

[25] Para maiores detalhes sobre os transdutores piezoelétricos ver ISA RP 37.2, (1982a).

casos apresentam melhores propriedades que os cristais, depois de polarizadas, podendo ser fabricadas em geometrias e dimensões flexíveis.

Os transdutores piezoelétricos cobrem faixas de medição muito grandes, podendo os instrumentos de pressão com base nesta tecnologia serem usados para medir pressões baixas e altas, na ordem de 0,7 kPa a 70 MPa. Para valores adequados a cada aplicação os fabricantes devem ser consultados[26].

Uma vez que o sinal elétrico gerado pelos sensores de pressão piezoelétricos diminui em curto espaço de tempo, estes transdutores são mais adequados às medidas de pressões dinâmicas, do que de pressões estáticas. Por apresentarem tempo de resposta pequeno, da ordem de microssegundos, os piezoelétricos permitem sua aplicação em medidas de alta frequência de variação de pressão, como pressão de câmara de combustão de motores.

Os materiais piezoelétricos apresentam como desvantagens a pouca adequação para a medição de pressões estáticas uma vez que há um decaimento da tensão com a permanência da pressão, ou seja, quando a pressão é aplicada a um cristal ele é elasticamente deformado e essa deformação resulta em um fluxo de carga elétrica, o qual dura por alguns segundos. A deformação dos materiais piezoelétricos é insignificante devido a sua alta rigidez, permitindo a construção de instrumentos de pressão com ótima exatidão.

O cristal piezoelétrico é um elemento transdutor ativo, pois gerando carga elétrica devido a sua deformação, não necessita de energia auxiliar. Assim pode-se dispensar a fonte externa de alimentação o que permite obter uma grandeza elétrica para referência em circuitos elétricos decodificadores do sinal dos piezoelétricos com mais simplicidade.

A saída de sinal do material piezoelétrico é conectada à entrada de um amplificador para ser enviada a indicadores de pressão, atuar pressostatos ou ser convertida em um sinal de saída para transmissores.

d) instrumentos de pressão com sensor tipo piezorresistivo

Como vimos no subitem 2.2.2(c), o sensor de pressão piezorresistente opera com base na variação da resistividade de um material de silício quando este é tensionado.

De forma geral, um sensor de pressão piezorresistivo consiste de resistores de silício interligados entre si e fixados em um diafragma sensor, que em geral é também feito de silício. O silício permite construir filmes finos no formato de diafragma, o qual sofre deflexão quando submetido à pressão diferencial entre suas faces. Resistores são implantados por difusão nestes filmes durante o processo de fabricação, como esquema da figura 2.3.13.

---

[26] Ver exemplo de fabricante de transdutores piezoelétricos em HONEYWELL, c2021e.

Figura 2.3.13 – Fabricação do sensor piezo-resistivo com transdutores implantados em diafragma de silício.

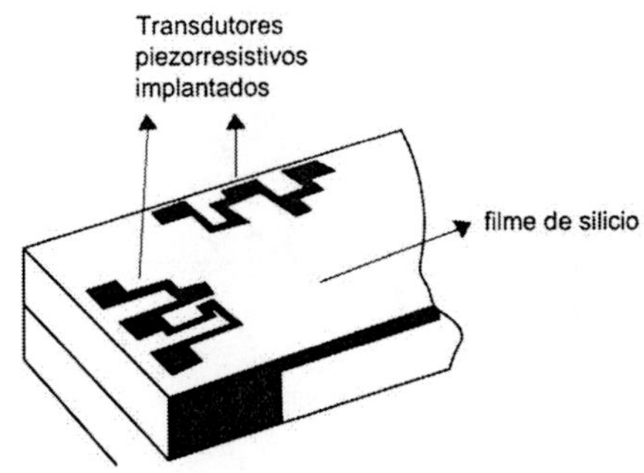

Fonte: autor

Como características gerais de instrumentos com a tecnologia piezorresistiva temos: maior sensibilidade; baixa histerese de pressão e temperatura; resposta rápida; maior linearidade; baixo custo; sistema compacto; alta estabilidade no ciclo de carga em função da não ocorrência de fadiga; medição afetada pela variação de temperatura.

O sensor de pressão piezorresistente é sensível às mudanças de temperatura e onde os efeitos de variação de temperatura sejam relevantes, estes devem ser compensados. Sua faixa de trabalho é extensa tendo como valores extremos de referência 0,2 a 1000 bar.

e) sensor de pressão indutivo

Alguns projetos de sensores de pressão são baseados em fenômenos magnéticos como variação de indutância, relutância e geração de correntes parasitas. A indutância é a propriedade de um circuito elétrico que expressa a quantidade de força eletromotriz (fem) induzida por uma determinada taxa de mudança de fluxo de corrente no circuito. A relutância é a resistência ao fluxo magnético, ou seja, a oposição oferecida por uma substância magnética ao fluxo magnético.

Assim, podemos usar sensores de pressão por princípio indutivo, associados a transdutores tipo LVDT, como ilustrado na figura 2.3.14. Movimentos do sensor de pressão alteram a posição do núcleo de material ferromagnético móvel. A posição assumida tem relação com a pressão que se deseja medir. Um sensor de pressão do tipo indutivo com uso de LVDT tem boa precisão (da ordem de 0,5% da escala total), faixas amplas de medida, da ordem de 0 a 30 psi (0-210 kPa) a 0 a 10.000 psi (0 a 70 MPa), podendo detectar pressões absolutas, ou diferenciais. Por sua natureza construtiva medidores tipo LVDT são passíveis de desgaste mecânico, sensíveis à vibração e estão sujeitos à interferências magnéticas.

Figura 2.3.14 – Sensor de pressão por princípio indutivo com uso de LVDT.

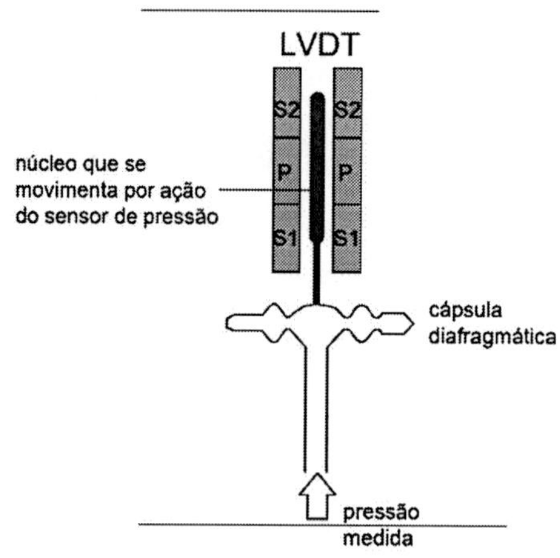

Fonte: autor

Outros medidores indutivos se baseiam na modificação da relutância (resistência à variação do campo magnético). Estes têm, de forma geral, um sinal de saída muito alto (da ordem de 40 mV/volt de excitação), devendo ser excitados por tensão alternada. São muito utilizados em aplicações onde é desejada alta resolução em uma faixa relativamente pequena. Eles podem cobrir faixas de pressão da ordem de 1 pol. H_2O a 10.000 psig (250 Pa a 70 MPa), tendo precisão típica da ordem de 0,5% da escala total.

f) medidores com transdutores ópticos

Um sensor de pressão com transdutor óptico é composto caracteristicamente de um diodo emissor de luz (LED) e de uma pequena palheta que se interpõe entre o caminho da luz para um receptor da radiação. A palheta ligada a sensores de pressão se movimenta com o movimento destes, permitindo a detecção dos efeitos de movimentos minúsculos devido às mudanças na pressão do processo e gerando um sinal de saída eletrônico correspondente, como ilustrado na figura 2.3.15.

Figura 2.3.15 – Sensor de pressão com transdutor óptico.

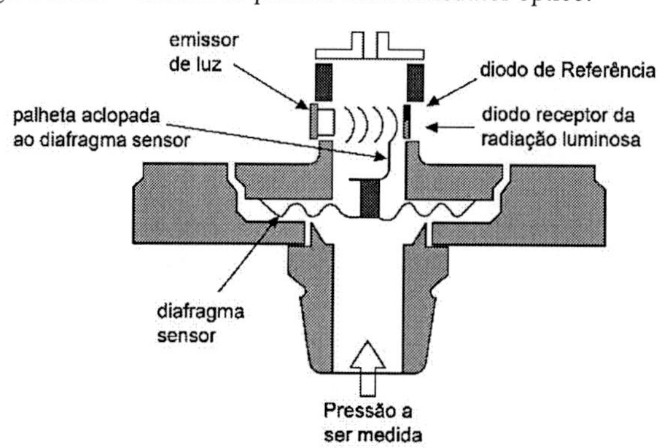

Fonte: autor

Como o movimento necessário para se realizar a medição é muito pequeno (menos de 0,5 mm), os erros de histerese e de repetibilidade são quase nulos. Instrumentos de pressão com transdutores ópticos de pressão exigem pouca manutenção e têm excelente estabilidade, sendo adequados a usos de longa duração. Como referência pode-se considerar sua faixa de trabalho da ordem de 5 a 60.000 psi (0,35 a 4000 bar) e precisão da ordem de 0,1% da pressão medida,

g) instrumentos de pressão com transdutor tipo cristal ressonante

Os transdutores a base de cristal ressonante foram discutidos no item 2.2.5(b).

Sensores ressonantes de pressão medem a variação na frequência de ressonância de cristais de quartzo quando sob ação de força aplicada sobre eles, força esta relacionada com a pressão que se deseja medir. Nos instrumentos que utilizam este transdutor, o cristal ressonante é mantido em oscilação na sua frequência de ressonância. Variações no valor da pressão provocam modificações do valor da força aplicada sobre eles, com a consequente modificação da sua frequência de vibração. Assim, o sensor de silício ressonante modifica sua frequência de ressonância, conforme é tracionado ou comprimido.

Uma construção bastante difundida de transmissores de silício ressonante utiliza dois cristais de silício fixados em um diafragma sensor. Numa instalação típica, um dos cristais é instalado na parte central de um diafragma sensor e outro em local previamente estudado de forma a garantir que o cristal da parte central é comprimido e o outro tracionado (ver figura 2.3.16(a)), provocando assim, um aumento da frequência de ressonância em um dos cristais e a redução em outro. A diferença entre as duas frequências será proporcional à diferença de pressão em cada face do diafragma que serve de base para os cristais ressonantes, como representado no gráfico da figura 2.3.16(b).

Figura 2.3.16 – Medidores com cristal ressonante: (a) montagem de ressonadores em sensores de pressão tipo diafragma; (b) curva de pressão diferencial x frequência para cada ressonador.

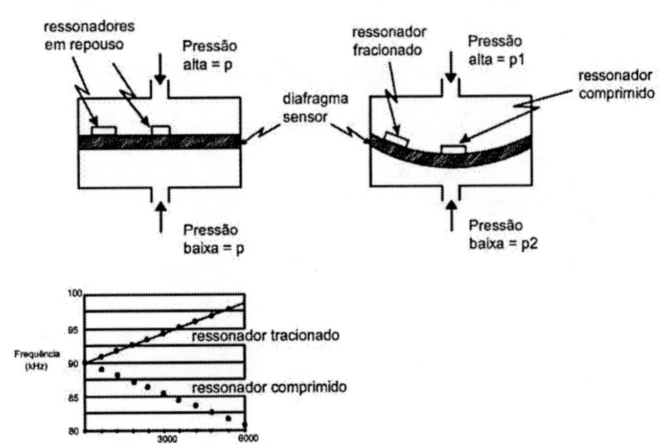

Fonte: autor

Os instrumentos com transdutores de cristais ressonantes são utilizados para medição de pressão absoluta, relativa e diferencial em *ranges* de referência de 0-1 bar a 0-600 bar, rangeabilidade (relação entre a maior e menor pressão medida pelo instrumento) em torno de 1000:1, exatidão de cerca de ± 0,2% e pressões estáticas admissíveis no diafragma em torno de 300 bar. Para informações técnicas, consultar sempre o catálogo dos fabricantes[27].

Os instrumentos de medição de pressão com ressonadores são utilizados em transmissores de pressão diferencial para medições de pressão, para medição de nível de tanques e vasos de pressão, onde o nível é associado à pressão da coluna líquida, e para medir a pressão diferencial gerada pelos elementos primários de medida de vazão que apresentaremos no item 2.5 (placas de orifício, tubos venturi, tubos de pitot e os demais que medem vazão através da medição de pressão diferencial).

2.3.6 - recomendações para seleção e instalação de instrumentos de medição de pressão

Em aplicações industriais deve-se selecionar instrumentos com boa repetibilidade, o que significa boa precisão, sensores com boa linearidade e baixa histerese. A escolha de um sensor de pressão deve levar em conta o *range* desejado para a medição, a precisão necessária na medição e possíveis ocorrências de sobrepressão, contra a qual o instrumento deve ser protegido.

Para se ter boa precisão é recomendável que se escolha instrumentos cujo *range* seja tal que mantenha a pressão operacional normal em torno do meio do intervalo. Recomenda-se, que os valores normalmente lidos de pressão se situem na faixa de melhor linearidade dos sensores, que é aquela situada nos dois quartos intermediários da escala (entre 25 e 75% da escala) e de preferência no segundo terço do *span*, e buscando sempre situar o valor mais usual de pressão que possa ocorrer, no centro da escala do instrumento, conforme figura 2.3.17.

---

[27] Ver exemplo de fabricante de transmissor de pressão com cristal ressonante em YOKOGAWA, c2021d.

Figura 2.3.17 – Recomendação para escolha de faixa recomendada para trabalho, pressões máximas e mínimas em instrumentos de pressão.

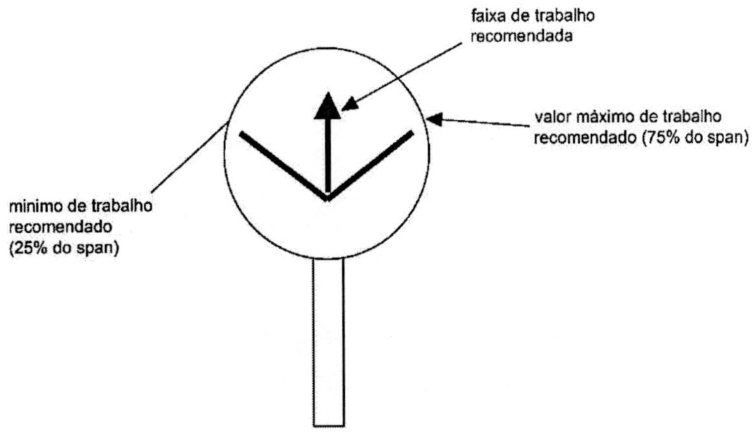

Fonte: autor

Alguns cuidados básicos nas instalações dos instrumentos de pressão devem ser tomados, como a colocação de válvulas de bloqueio entre o instrumento e o processo cuja pressão se mede. Tais válvulas permitem a remoção do instrumento para manutenções sem a necessidade de parada do processo, e o isolamento deste em caso de necessidade. De forma a poder despressurizar as tubulações de tomada de pressão, válvulas de dreno e respiro, também são recomendadas nas instalações. A de dreno para despressurizar e remover produtos da tubulação de conexão do instrumento ao processo e a de respiro para aliviar a pressão e remover gases retidos na tubulação de conexão do instrumento. Esquemas de instalação destas válvulas estão nas figuras 2.3.18(a) e (b).

As figuras 2.3.18 (a) e (c) representam ainda outros acessórios encontrados nas instalações de instrumentos de pressão para garantir a sua durabilidade, segurança e boa performance, quais sejam:

- *protetores de sobrepressão*: estes dispositivos evitam que o instrumento seja submetido a pressões elevadas e capazes de causar danos aos seus mecanismos. Como referência podemos considerar as sobrepressões admissíveis em torno de 50% do limite superior do *range*. Esses protetores satisfazem a maioria das aplicações funcionando bem também onde pressões mais altas são esperadas e sua natureza é temporária (picos de pressão de curta duração – segundos ou menos). Se for esperada sobrepressão de duração mais longa, recomenda-se a instalação de dispositivos de alívio de pressão, como a válvula de alívio representada na figura 2.3.18(a).

- *amortecedores de pulsação*: em instalações onde possam ocorrer variações frequentes ou bruscas nas pressões, como é o caso de instrumentos instalados em descarga de bombas alternativas, recomenda-se a instalação de amortecedores de pulsações, os quais são, basicamente, restrições ao fluxo do fluído, obtidas com a instalação de orifícios de pequenos diâmetros antes da entrada dos instrumentos. Estas fazem com que o fluido cuja pressão está sendo medida entre e saia do instrumento vagarosamente evitando flutuações bruscas, mesmo que as pressões no processo oscilem bruscamente (ver figura 2.3.18(a)).

- *diafragmas de isolamento*: estes dispositivos evitam o contato direto do fluido de processo com o sensor de pressão. São instalados entre o processo e o instrumento, como representado na figura 2.2.18(a). A utilização dos diafragmas é recomendada ou onde os fluidos de processo são corrosivos, ou podem sofrer congelamento dentro dos instrumentos, ou para fluidos viscosos que podem ficar retidos dentro dos sensores, ou para fluidos muito quentes que podem danificar os internos dos instrumentos.

- *sifão*: no caso de termos vapor em alta temperatura e que se condense na temperatura ambiente, pode-se usar, em alternativa aos diafragmas de isolamento, o sifão (ver figura 2.2.18(c)). Estes são tubos circulares inseridos antes dos instrumentos, os quais retêm o vapor que vai se condensando, criando um selo de condensado que fica retido na curva e que impede o contato do vapor diretamente com o sensor.

- *aquecimento com vapor ou elétrico, com isolamento térmico*: quando as temperaturas ambientes são muito baixas ou se deseja manter o instrumento aquecido para evitar solidificação do fluido de processo no seu interior são instalados aquecedores elétricos ou a vapor em torno do instrumento de medida. Nestas situações é comum isolarmos o instrumento para evitar perda de calor.

- *caixas de proteção*: no caso de instrumentos que trabalham energizados, como transmissores e chaves, o invólucro do instrumento deve ser selecionado para atender à classificação da área elétrica[28] no local da instalação. Este atendimento pode ser conseguido colocando o instrumento dentro de caixas à prova de explosão ou fazendo o uso de purgas ou usando projetos intrinsecamente seguros.

- *proteção contra corrosão*: a proteção contra corrosão também deve ser considerada levando em conta tanto o respingo de líquidos corrosivos quanto a exposição a gases corrosivos na parte externa da carcaça do instrumento, bem como a exposição do sensor de pressão a materiais de processos corrosivos. Os requisitos de corrosão da instalação são atendidos pela seleção de materiais resistentes à corrosão, revestimentos e pelo uso de isoladores que evitam o contato com os fluidos de processo.

---

[28] Para recomendações de áreas de classificação elétrica ver ABNT NR-10 (1978). Ver também SOUZA, c2021.

Figura 2.3.18 – (a) esquema de instalação e instrumento e pressão com amortecedores de pulsações, diafragma de isolamento e válvulas de bloqueio, dreno e respiro em instrumentos de pressão; (b) esquema típico de instalação de transmissores de pressão diferencial, com válvula de bloqueio e respiro; (c) instalação de instrumento de pressão com sifão, para retenção do condensado do vapor, onde este faz a selagem do instrumento.

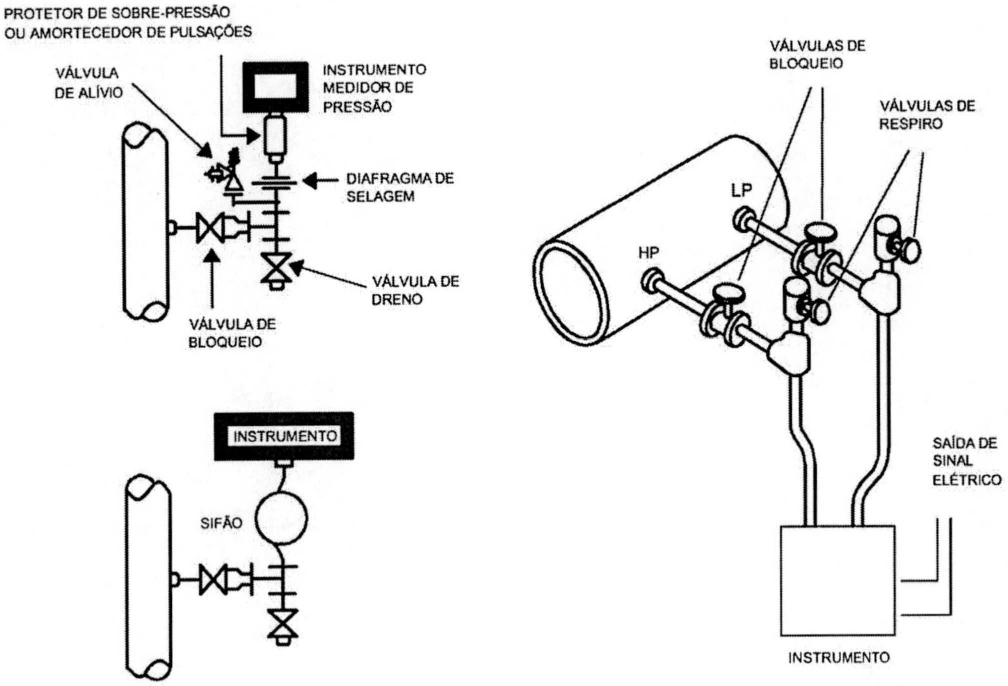

Fonte: autor

2.3.7 - recomendações de uso

Os sensores usualmente encontrados em cada tipo de instrumento estão listados no quadro 2.3.1. As condições operacionais são determinantes na seleção e é nos catálogos dos fabricantes que se pode encontrar os *ranges* disponíveis e as condições operacionais de trabalho permitidas para cada sensor.

De forma geral, sensores com transdutores capacitivos têm sido muito utilizados em instrumentos secundários de medida de vazão (ver item 2.5.3) e medidas de nível através da medida de pressão de coluna líquida gerada pelos líquidos cujo nível se deseja medir. Onde se deseja medir variações rápidas na pressão, transdutores piezoelétricos encontram aplicações mais adequadas. Sistemas que exijam grande rangeabilidade na medição da pressão podem demandar instrumentos com transdutores tipo cristal ressonante.

De forma geral sistemas de coluna líquida são aplicados apenas em indicações locais, em casos excepcionais, principalmente em atividades experimentais e onde não existe requisito de segurança e confiabilidade maior, assim mesmo em pequenos *ranges* de trabalho, não sendo usuais em sistemas de automação.

Da mesma forma, os indicadores industriais instaladas no campo e algumas chaves de pressão (pressostatos) têm como sensor elementos de deformação elástico. Os elementos utilizados em transmissores variam muito em função do fabricante escolhido, uma vez que muitas vezes sintetiza a tecnologia própria deste.

Quadro 2.3.1 – Tipos de instrumentos em que os sensores são em geral mais utilizados.

	INDICADORES	TRANSMISSORES	CHAVES
tubo em U, V, etc	X		
diafragma, fole e bourdon	X		X
sistemas com strain-gauges, piezoelétricos, peizorresistivos, ópticos, indutivos, capacitivos e cristal ressonante.		X	X

Fonte: autor

Questões de síntese do conteúdo

2.3.1 – O que se entende por pressão absoluta, manométrica e pressão diferencial? A pressão manométrica é uma pressão diferencial?

2.3.2 – Qual a vantagem dos medidores de coluna líquida em "V" em relação aos medidores em "U"? Cite 4 tipos construtivos de medidores por coluna líquida. Quais as limitações nas aplicações destes medidores?

2.3.3 – Qual o princípio geral de funcionamento dos sensores de deformação? Quais os principais sensores desta classe?

2.3.4 – Cite algumas aplicações para os medidores que têm sensores do tipo diafragma e aplicações típicas para sensores do tipo fole.

2.3.5 – Descreva o funcionamento dos instrumentos que têm como sensor o tubo bourdon? O que pode ocorrer com o sensor se este trabalhar acima das sobrepressões admitidas pelos seus materiais de construção?

2.3.6 – Qual dos sensores de deformação elástica é mais comumente encontrado na construção de transmissores acoplados aos diversos tipos de transdutores de pressão?

2.3.7 – Dê uma descrição geral dos instrumentos que trabalham com transdutores do tipo *strain gauge*. Idem para os que trabalham com cristais ressonantes.

2.3.8 – Qual a limitação dos medidores com transdutores piezoelétricos no que se refere às variações na pressão que medem? Cite uma aplicação adequada para instrumentos com este tipo de sensor.

2.3.9 – Explique resumidamente o funcionamento dos transmissores capacitivos. Cite algumas aplicações destes em processos industriais.

2.3.10 – Que dispositivos são utilizados para proteger instrumentos de pressão contra: a) pressões pulsantes; b) contato com fluidos quentes; c) contato com vapor aquecido?

2.3.11 – Por que utilizamos válvulas de bloqueio entre o instrumento de medida de pressão e o processo e para que serve a válvula de dreno ou alívio instalada junto àquelas?

2.4 - Medição de temperatura

2.4.1 – classificação dos instrumentos de temperatura

Para fins de estudo, separaremos os instrumentos de medição de temperatura em três classes:

a) sistemas elétricos, que são aqueles que relacionam grandezas elétricas (resistência, tensão, etc.) com a temperatura:

- sistemas resistivos de detecção térmica (*Resistence Temperature Detector* - RTD)
- sistemas com termopares
- termistores (semicondutores)

b) sistemas de dilatação que são aqueles que relacionam a temperatura com a dilatação de algum material por efeito daquela:

- sistemas bimetálicos
- sistemas com enchimento de fluido pressurizado (*filled systems*)

c) sistemas *que medem através da radiação térmica*

- pirômetros por radiação

2.4.2 – sistemas resistivos de deteção térmica (RTD - *Resistence Temperature Detector*)

a) funcionamento

Os sistemas resistivos de detecção térmica são aqueles que têm como elemento sensor os chamados bulbos de resistência ou bulbos termorresistivos. Os bulbos de resistência ou termorresistivos, também conhecidos como RTD (*Resistence Temperature Detector*) consistem de fios metálicos, em geral de níquel ou platina, enrolados em um suporte, formando uma resistência elétrica. Os detectores construídos com platina, também são referenciados como *Pt 100*, por apresentarem resistência de 100 Ω, à temperatura de 0 °C.

Quando o bulbo de resistência é submetido à diferentes temperaturas o seu valor varia[29]. Para alguns metais puros, esta variação é proporcional à temperatura, dentro de certa faixa (*range*) de temperatura. A variação da resistência com a temperatura é expressa, de forma bem aproximada, pelo coeficiente termorresistivo (α). Para o bulbo termorresistivo podemos escrever:

$$R = R_o (1 + \alpha \Delta T)$$

onde:

R - resistência em ohms na temperatura T;

R_o – resistência em ohms para uma temperatura de referência T_o;

$\Delta T = T - T_o$

Precisamente, a variação da resistência com a temperatura apresenta normalmente outros coeficientes de um valor tão pequeno em relação a α que podemos desprezá-los.

A figura 2.4.1 apresenta um esquema construtivo comumente utilizado para bulbos resistivos (RTD).

Figura 2.4.1 – Esquema construtivo de bulbo resistivo (RTD).

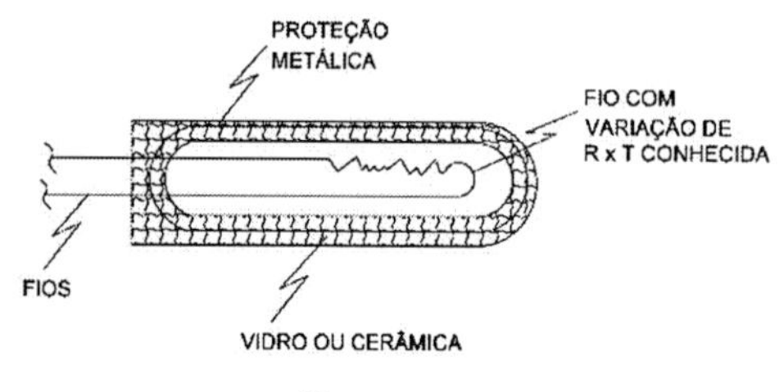

Fonte: autor

Os bulbos resistivos aparecem em geral envoltos numa capa de vidro ou de plástico ou ainda de material cerâmico de alta pureza que lhe dá uma selagem hermética. Sobre esta selagem, que evita contaminações do sensor e o isola eletricamente, aparece uma capa de aço que protege o conjunto contra as ações químicas e mecânicas.

A medição dos valores de resistência do bulbo é usualmente feita com o auxílio de uma ponte de Weathstone, como já comentado no item 2.2.5(f), na qual uma das resistências da ponte é o sensor (bulbo resistivo).

---

[29] Para norma relativa aos RTD ver DIN, 1968.

A figura 2.4.2 apresenta o arranjo usado para a medição de temperatura. Se a ponte representada estiver equilibrada, ou seja, medindo no voltímetro "zero" volts teremos que r.A = S.B. Qualquer mudança no valor da temperatura medida provocará uma modificação do valor de "r" (resistência sensor), o que desequilibrará a ponte fazendo aparecer uma tensão "V" diferente de zero. Esta tensão pode ser diretamente relacionada com o valor da temperatura na resistência "r", a qual neste caso, terá relação direta com a temperatura medida.

Figura 2.4.2 – Esquema de medição do valor da resistência nos bulbos resistivos (RTD) com ponte de Wheatstone.

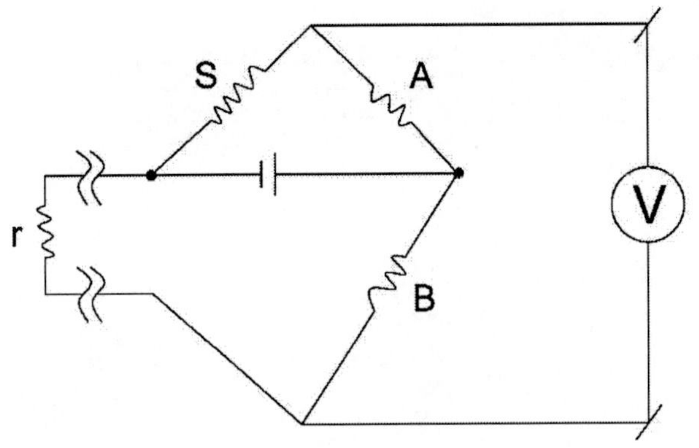

Fonte: autor

b) características construtivas e operacionais do RTD

Os metais mais comumente utilizados na fabricação dos bulbos resistivos são a platina (nos bulbos também chamados de Pt 100), o níquel, o cobre, o ferro-níquel e o tungstênio. Destes o mais comum é a platina, que apresenta relação linear entre a resistência e a temperatura, e o níquel, o qual apresenta uma grande variação de resistência com a temperatura (alto coeficiente de resistência com temperatura). Estes fios são normalmente utilizados com diâmetros muito pequenos, da ordem de 0,05mm, a fim de minimizar a massa a ser aquecida e com isto se conseguir respostas mais rápidas.

Como valores de referência para o *range* de operação temos -250 a 700°C. Os RTDs apresentam boa exatidão, na ordem de + ou – 0,25% do valor medido, apresentando alta estabilidade, boa repetibilidade e pequeno tempo de resposta. Para características operacionais os catálogos dos fabricantes devem ser consultados[30].

c) recomendações de uso

De forma sumária, podemos dizer que os bulbos de resistência são indicados onde se deseja a instalação do instrumento de medida em local distante do de medição da temperatura. O sensor que pode substituir os RTDs é o termopar, analisado no item 2.4.3.

[30] Exemplos de características do Pt 100 podem ser encontrados em OMEGA, c2015c.

Os bulbos termorresistivos (RTD) têm aplicações limitadas pelo seu estreito *range* de trabalho, na faixa de -250 a 700°C, o qual é inferior ao *range* dos sensores que concorrem com ele, os termopares (ver item 2.4.3) os quais têm valores de referência da ordem de -190 a 1450°C.

A instalação típica para sistemas com bulbos resistivos (RTD) está mostrada na figura 2.4.3. Nesta figura se destacam o sensor (bulbo termorresistivo), os fios de extensão e o instrumento de medida com função de controle e/ou monitoração e/ou proteção.

Os *fios de extensão* levam a informação do campo para o local onde será processada (sala de controle ou transmissor de campo). Estes fios são de cobre, enquanto os termopares exigem fios de extensão de materiais especiais.

Os RTDs, de uma forma geral, se mostram mais frágeis e com respostas mais lentas que os termopares, sendo indicados para aplicações sem choques e vibrações e em locais onde o tempo de resposta seja menos crítico.

Figura 2.4.3 – Instalação típica para sistemas com bulbos termorresistivos.

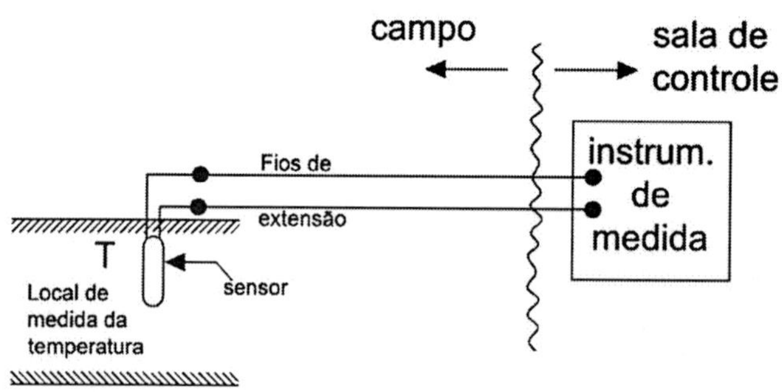

Fonte: autor

Em comparação com os termopares, os bulbos de resistência são preferíveis, em resumo, nos seguintes casos:

- quando for desejada medição com *span* menor que 30°C;

- quando desejarmos melhor precisão na medida da temperatura, que a conseguida com os termopares;

- quando a soma do custo do sensor com o custo do fio de extensão para os sistemas com bulbo termorresistivo for inferior à soma análoga para os sistemas com termopares (os sensores termopares são em geral mais baratos que os bulbos termorresistivos, porém, os fios de extensão exigidos pelos termopares são mais caros).

2.4.3 – Sistemas com termopares

a) funcionamento

Os sistemas com termopares são aqueles que têm como elemento sensor de temperatura os chamados termopares. Estes são constituídos por dois fios de metais diferentes, unidos entre si em uma das suas extremidades (ver figura 2.4.4).

Figura 2.4.4 – Termopar.

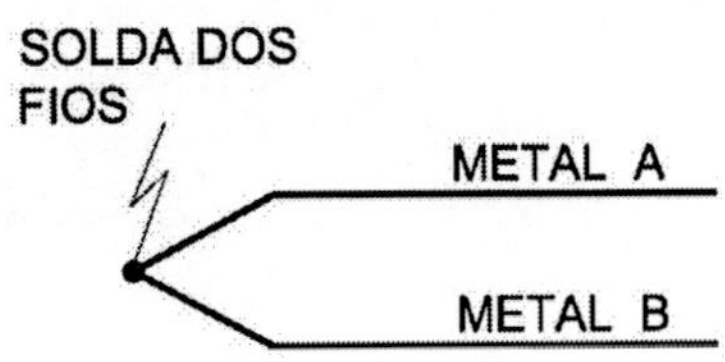

Fonte: autor

O sensor assim construído, com fios adequadamente especificados, produz uma tensão elétrica que pode ser medida na extremidade onde os fios não estão unidos, como representado na figura 2.4.5. Esta tensão (mV) pode ser considerada proporcional à diferença entre as temperaturas dos dois extremos do termopar (T_{JQ} e T_{JF}). Chamamos de junta quente (JQ) a extremidade do termopar que está em contato com a temperatura que queremos medir, e de junta fria (JF) a extremidade onde a tensão elétrica é medida. Assim:

$mV=K(T_{JQ}-T_{JF})$ onde:

-mV é a milivoltagem medida pelo voltímetro;

- K é a constante termoelétrica que depende dos metais de constituição do termopar;

- T_{JQ} é a temperatura da Junta Quente;

- T_{JF} é a temperatura da Junta Fria

Figura 2.4.5 – Funcionamento do termopar.

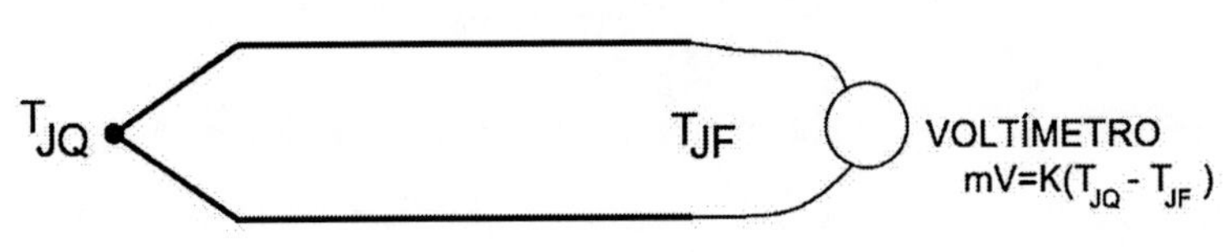

Fonte: autor

O esquema geral de um sistema termoelétrico está mostrado na figura 2.4.6. Nele podemos distinguir o sensor propriamente dito, os fios de extensão que conduzem o sinal elétrico do sensor até um receptor, e o receptor em si, o qual é dividido em três partes básicas: o medidor da tensão gerada, o compensador da temperatura da junta fria e o circuito elétrico gerador de informação de saída, o qual processará o sinal compensado, produzindo em função dele ou um sinal de transmissão, ou uma indicação, ou um registro, ou um sinal para controle de temperatura, ou outras saídas desejadas.

Figura 2.4.6 – Sistema termoelétrico.

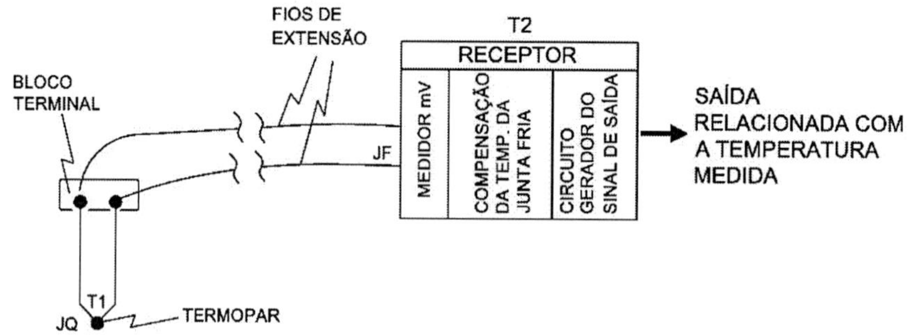

Fonte: autor

O *circuito compensador da temperatura da junta fria* (T_{JF}) é um circuito eletrônico associado a um sensor de temperatura simples (do tipo RTD) o qual mede a temperatura da junta fria, ($T_{JF}=T_2$). Este circuito gera uma tensão de compensação (V_C) igual a KT2, ou seja, Vc = KT2, onde K é a constante termoelétrica do termopar.

Como o medidor de tensão do esquema da figura 2.4.6 mede a tensão V=K(T1-T2), variações na temperatura da Junta Fria, T2, modificarão o valor da milivoltagem, "mV" medida, impedindo a determinação precisa da temperatura T1, que é a temperatura que desejamos medir. O circuito compensador, gerando a tensão Vc=KT2, vai somá-la à tensão "mV", de tal forma que a tensão final que será recebida pelo circuito eletrônico do gerador de informação final será:

$$V= KT1- KT2+KT2 = KT1$$

e, portanto, independente da temperatura da junta fria, T2, ou seja, a medida não será afetada pelas variações da temperatura da Junta Fria.

Os *fios de extensão* (ou de compensação) associados aos termopares (ver figura 2.4.6) devem ser construídos com materiais tais que, se submetidos ao mesmo diferencial de temperatura (T1-T2) que o termopar, gere a mesma tensão que este sensor. Em outras palavras, os fios de extensão devem ter a mesma constante termoelétrica que o termopar sensor. Caso isto não ocorra, a medição da temperatura será alterada, caso ocorra variação da temperatura do ponto de conexão elétrica do sensor com o fio de extensão. A validade desta afirmação pode ser verificada pela análise da figura 2.4.7, onde está representado o sensor e o fio de extensão, com a suposição de que estes são de materiais deferentes. Assim sendo, o sensor terá uma constante termoelétrica K1 e os fios de extensão, K2.

Figura 2.4.7 – Circuito do sensor mais o fio de extensão do termopar

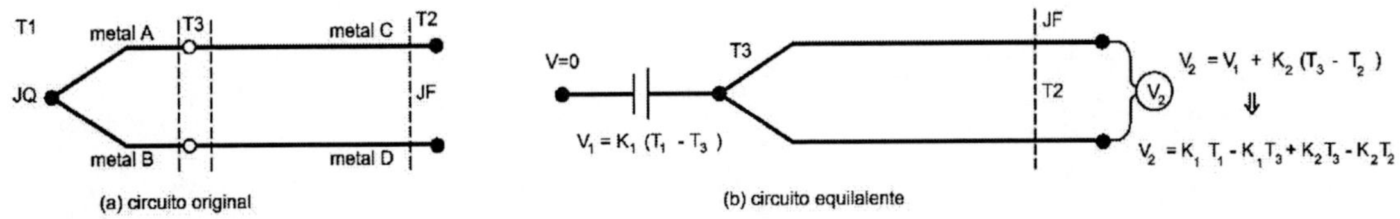

Fonte: autor

Na figura 2.4.7(b) o sensor foi substituído pela bateria geradora de tensão V1 igual à gerada pelo sensor. O circuito da figura 2.4.7(b) é análogo ao da figura 2.4.7(a). A tensão V2 medida na Junta Fria (JF) pode ser escrita como:

$$V2=V1+K2(T3-T2) = K1(T1-T3) + K2(T3-T2)$$

onde T3 é a temperatura do ponto de conexão elétrica do sensor com os fios de extensão.

Da expressão anterior podemos concluir que a tensão V2 medida será função de T3 a menos que K1 seja igual a K2=K, quando então teremos:

$$V2=KT1-KT3+KT3-KT2=K(T1-T2)$$

e, portanto, V2 será somente função dos materiais do sensor, ou seja, de K, e de T1 e T2, ficando independente de T3. Logo, para termos K1=K2=K as constantes do sensor e dos fios de extensão devem ser iguais.

Caso queiramos usar fios de extensão de cobre, por exemplo, é necessário mantermos T3 constante e de preferência igual a T2, o que dificulta a instalação. Podemos também instalar no campo um conversor mV/corrente (milivoltagem para corrente) ou outro qualquer de campo, que recebendo o sinal de mV do sensor gere um sinal de saída padronizado (0 a 100%, 4 a 20mA, por exemplo) linear com a temperatura. Neste caso, a tensão gerada pelo termopar será proporcional à temperatura do processo menos a temperatura do ponto de conexão do termopar ao conversor de sinal. Para ligarmos o conversor com a sala de controle pode-se, neste caso, utilizar fio de qualquer material, uma vez que o sinal transmitido do conversor não será afetado pela temperatura ambiente.

b) características construtivas e operacionais

A tabela 2.4.1 mostra os materiais mais usados industrialmente para fabricação dos termopares. Nesta tabela aparece o fio positivo e o negativo. As normas ASTM (2017) e IEC (2021b) padronizam as cores dos fios dos termopares associando determinadas *letras* a cada tipo de termopar. O "tipo" do termopar dependerá do material usado em cada um dos seus fios. Assim temos termopares tipo E, J, K, etc. (ver coluna "tipo" da tabela 2.4.1).

A tabela 2.4.1 apresenta também valores de referência para a faixa recomendável de trabalho (*range* de trabalho), a faixa máxima de trabalho (*range* máximo), a precisão e o *range* da tensão gerada, para os principais tipos de termopares. A faixa máxima de trabalho estabelece os limites dentro dos quais o sensor pode trabalhar sem perder sua linearidade e sem sofrer danos físicos por efeito da temperatura. Além desta faixa não se garante a precisão listada na tabela 2.4.1.

Tabela 2.4.1 – Tipos mais comuns para termopares com dados de utilização.

TIPO	*RANGE* RECOMENDÁVEL DE TRABALHO °C	*RANGE* MÁXIMO DE TRABALHO °C	PRECISÃO NO *RANGE* DE TRABALHO RECOMENDÁVEL	VOLTAGEM MEDIDA NO *RANGE* DE TRABALHO mV
E	-200 a 0 0 a 900	-270 a 1000	1,7° C ou 1,0% 1,7° C ou 0,5%	-9,835 a 76.373
J	>0 a 750	-210 a 1200	2,2 °C ou 0,75%	-8,095 a 69,553
K	-200 a 0 >0 a 1250	-270 a 1372	2,2° C ou 2,0% 2,2° C ou 0,75%	-6,458 a 54,886
R	0 a 1450	-50 a 1768	1,5° C ou 0,25%	-0,226 a 21,101
S	0 a 1450	-50 a 1768	1,5° C ou 0,25%	-0,236 a 18,693
T	-200 a 0 >0 a 350	-270 a 400	1,0° C ou 1,5% 1,0° C ou 0,75%	-6,258 a 20,872

Fonte: autor com base em OMEGA, 2020

c) recomendações de uso

Os termopares são usados, em geral, quando se deseja envio de sinal relacionado com a temperatura para ponto remoto ao local de medição a fim de se fazer a monitoração, o controle ou a proteção de sistemas industriais, de forma semelhante aos RTD citados no item 2.4.2.

São comuns aplicações de termopares para medição de temperatura de parede de equipamentos industriais (paredes de tubos de fornos, por exemplo), mancais de máquinas rotativas, óleo de lubrificação de máquinas e outras inúmeras aplicações onde os termopares, pela sua simplicidade e pouco volume dos sensores, aparecem como solução adequada para as medições.

Seu substituto mais próximo, o RTD, apesar da boa precisão, suporta baixos valores de temperatura máxima, o que torna o termopar, praticamente, a única solução para medidas de temperaturas em valores acima de 800°C, desde que os seus limites de uso (ver tabela 2.4.1) não sejam ultrapassados.

A seguir estão listadas algumas características de cada tipo de termopar, identificados por sua denominação por letra (J, K, etc.), que orientam a sua escolha para determinados serviços:

- Tipo "T" (cobre-constantan): estes termopares se adéquam muito bem para medições em baixas temperaturas (abaixo de 0°C) indo até temperaturas de -200°C sem perda de suas características e precisão. Em altas temperaturas, entretanto, acima de 350°C, o cobre fica sujeito a oxidação intensa, o que desaconselha a utilização deste termopar para temperaturas maiores.

-Tipo "J" (ferro-constantan): este termopar tem sido de grande utilização industrial devido à faixa de temperatura ser adequada a grande parte das aplicações.

Apresenta boa resistência em atmosferas redutoras, porém em atmosferas oxidantes, onde há presença de oxigênio livre, o ferro fica altamente sujeito à oxidação, a qual aumenta rapidamente com a temperatura.

-Tipo "K" (cromel-alumel): apresenta boa resistência a atmosferas redutoras e oxidantes, até temperaturas tão altas quanto 850°C. Com a utilização de fios mais grossos (acima de 8,4 mm^2) pode-se chegar a temperaturas de 1250°C. O cromel é atacado por atmosfera contendo enxofre, o que aconselha cuidados nestes casos para uso deste tipo de termopar.

- Tipo "R" e "S" (Platina Rhodio-Platina): estes termopares construídos de materiais nobres apresentam boas características de precisão, sendo usados (o tipo "S" principalmente) na calibração de outros termopares. Resistem a altas temperaturas (cerca de 1500 °C) apresentando, porém, facilidade de se contaminarem, principalmente em atmosferas contando gases redutores, em temperaturas maiores que 500°C. Por esta razão, recomenda-se a instalação destes termopares com tubos de proteção (poços – ver item 2.4.9) que evitam o seu contato com os gases de processo.

- Tipo "E" (cromel-constantan): apresentam boa resistência em atmosferas oxidantes e redutoras, podendo trabalhar em temperaturas próximas a 900°C. Deve-se ter cuidado com o ataque do cromel pelas atmosferas contendo enxofre. Este termopar apresenta a maior ralação mV/°C dentre os termopares padronizados.

Os termopares apresentam respostas mais rápidas que os RTDs sendo muito utilizados na indústria de plástico, farmacêutica, no processo de produção de açúcar e álcool, na indústria de óleo e gás e na indústria automotiva.

2.4.4– Termistores

a) funcionamento

Os termistores são sensores de temperatura construídos a base de semicondutores, que relacionam variações de temperatura com variações no valor da resistência elétrica destes materiais semicondutores. Apresentam-se com dois tipos de comportamentos quanto a forma da resistência variar com a temperatura:

a) aqueles que possuem o coeficiente de temperatura positivo, ou seja, onde um aumento da temperatura aumenta o valor da resistência, chamados positivos (PTC);

b) aqueles que possuem o coeficiente de temperatura negativo, ou seja, diminuem o valor da resistência com o aumento da temperatura, chamados negativos (NTC).

b) características construtivas e operacionais

Os de uso industrial mais comum são os *NTC*, os quais são construídos com semicondutores degenerados, baseados na sinterização (processo de mistura, compactação e aquecimento até a proximidade da fusão dos materiais) de uma mistura de óxidos metálicos tais como de Mn, Ni, Co, Cu ou Ur.

Os PTC são ótimos sensores de temperatura entre 60°C e 180°C. São aplicados, por exemplo, na proteção de enrolamentos em motores elétricos e transformadores, como fusível de estado sólido para proteção contra níveis de correntes excessivas, protegendo, por exemplo, fontes de alimentação e sistemas de controle de arrefecimento de automóveis. Os NTC são normalmente muito estáveis, suportando temperaturas em ranges e referência de 0 a 300 °C[31].

Em termos comerciais, a apresentação do produto pode se dar de diferentes formas, como na de “gota/pérola” onde os fios de platina (Pt) terminais são ligados ao corpo cerâmico do termistor, por sinterização, ou na forma de superfícies de contato metalizadas, com cabos de ligação radiais ou axiais ou mesmo sem cabos de ligação, para os casos de montagem superficial destes num dado circuito (ver figura 2.4.8).

Figura 2.4.8 – Termistores: (a) NTC com a forma de gota; (b) NTC de superfície metalizada.

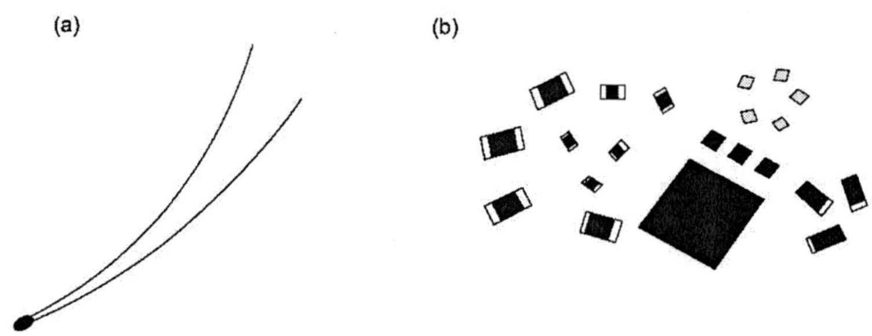

Fonte: autor com base em OMEGA, [20--?a].

[31] Ver exemplo de fabricante de termistores ver OMEGA, c2015d.

2.4.5– Sistemas bimetálicos

a) descrição do funcionamento

Por sistemas bimetálicos entendemos os instrumentos que têm como sensor um bimetal. Estes instrumentos são em geral indicadores locais de temperatura (termômetros bimetálicos) ou chaves de temperatura (termostatos bimetálicos).

Um bimetal é um dispositivo formado por duas lâminas metálicas unidas entre si por soldagem ou caldeamento (ver figura 2.4.9). A dilatação de cada metal componente do bimetal, segue a expressão geral para dilatação linear, ou seja:

$$l_T = lo\,(1 + \alpha\,\Delta T), \text{ onde}$$

T = temperatura do metal em °C

To = temperatura de referência do metal em °C (normalmente 0°C)

lo = comprimento do metal à temperatura de referência

lT = comprimento do metal à temperatura T em °C

α = coeficiente de dilatação linear (1/ °C)

$\Delta T = T - To$

Como diferentes materiais têm diferentes coeficientes de dilatação, quando o bimetal for levado de uma temperatura T_0 a uma temperatura T_1, o bimetal se curvará na direção do metal de menor coeficiente de dilatação (ver figura 2.4.9).

Figura 2.4.9 – Princípio de funcionamento do sensor bimetálico.

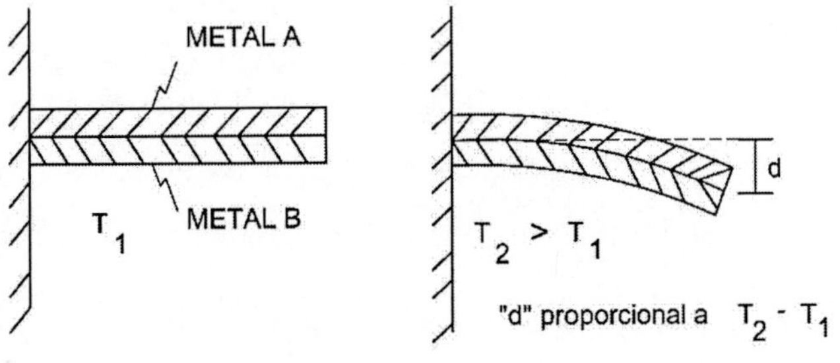

Fonte: autor

Pode-se considerar que o extremo livre do bimetal sofrerá um deslocamento “d”, que para pequenas deformações, ou seja, pequenas relações “d/l”, pode ser considerado proporcional à variação de temperatura sentida pelo bimetal. Desta forma, pode-se determinar a temperatura (ou variação de temperatura) a que o bimetal está submetido (ou foi submetido) através da medida do deslocamento do seu extremo livre (ver figura 2.4.9).

Como é desejado um deslocamento "d" grande do extremo livre do bimetal a fim de que se consiga acionar mecanismos de indicação, ou outro qualquer relacionado com a temperatura, procura-se aumentar o comprimento "l", ou seja, manter uma deformação "d/l" pequena. Sendo assim, os bimetais de uso industrial devem ter um comprimento inicial relativamente grande a fim de produzirem grandes deslocamentos do extremo livre para pequenas deformações. Para se conseguir grandes comprimentos do bimetal em pouco espaço, os bimetais que funcionam como sensores dos termômetros e de chaves de temperatura são construídos em forma de hélice ou em espiral. Os bimetais em hélice (ver figura 2.4.10) são de uso industrial mais comum, sendo os bimetais em espiral mais utilizados em medições de temperatura ambiente e para acionamento de termostatos de ar condicionado.

A figura 2.4.10 ilustra o aspecto de um termômetro bimetálico em hélice. Desta figura nota-se que a conexão entre o bimetal e o ponteiro de indicação pode ser direta, sem a utilização de engrenagens ou outros dispositivos de transmissão de movimento. Isto confere aos termômetros bimetálicos uma grande facilidade construtiva.

Figura 2.4.10 – Aspecto do termômetro bimetálico.

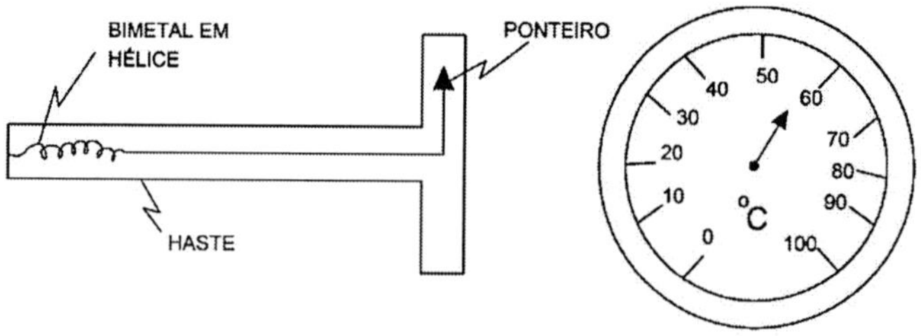

Fonte: autor

b) características construtivas e operacionais

Na construção dos bimetais um dos metais deve ser de baixo coeficiente de dilatação e outro de alto coeficiente. Como metal de baixo coeficiente é comumente utilizado o invar (36% Ni e 64% Fe). Como metal de alto coeficiente de dilatação é utilizado o ferro-níquel com adição de cromo ou magnésio e o latão.

Os sensores bimetálicos são acondicionados em cilindros ocos de pequenos diâmetros, em geral com 6mm (1/4") chamados de haste, em geral, construídos de aço inox. Na construção de termostatos pode-se trabalhar com a lâmina distendida fulcrada numa extremidade ou nas duas, conforme figura 2.4.11.

Figura 2.4.11 – Esquema de montagem para acionamento de chaves com sensores bimetálicos.

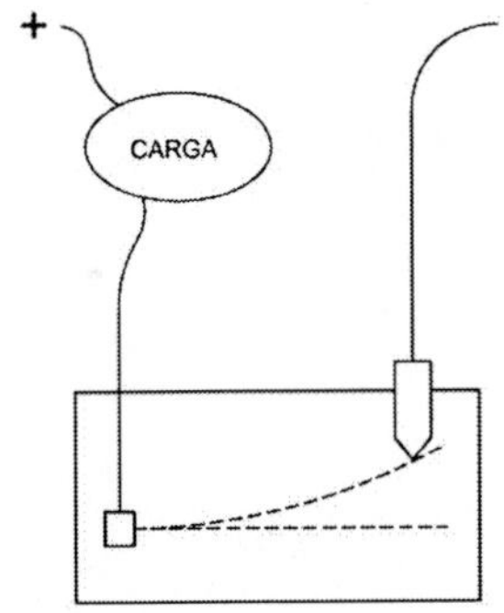

Fonte: autor

Como valores de referência para o *range* pode-se adotar -50 a 450 °C. A precisão e a exatidão podem ser significativamente afetadas pelos erros de leitura (erros de paralaxe) em indicadores e erros de instalação nos instrumentos em geral, podendo ser adotado como referência + ou – 1% do *span*. Para valores corretos para cada aplicação os fabricantes devem ser consultados[32].

Como principais vantagens dos instrumentos com sensores bimetálicos podemos citar a robustez e as grandes forças capazes de serem desenvolvidas que vão permitir que eles atuem diretamente em termostatos (chaves de temperatura) ou contatos elétricos de resistências de aquecimento. Como desvantagem destes instrumentos temos a dificuldade de se conseguir indicação remota.

2.4.6 - Sistemas com bulbo pressurizado (*filled systems*)

a) funcionamento

Os sistemas com bulbos pressurizados (ou sistema com enchimento de fluido, ou sistemas cheios, ou *filled systems*) são constituídos de quatro partes básicas (ver figura 2.4.12): (1) o bulbo sensor, que trabalha imerso no meio cuja temperatura se quer medir; (2) o tubo capilar, o qual conecta o bulbo a um elemento de medida de pressão; (3) o elemento sensor que vai perceber qualquer variação de pressão no sistema constituído por ele, pelo capilar e pelo bulbo; (4) os mecanismos, que acionados pelo sensor de pressão, vão permitir a transmissão da informação da temperatura ou o acionamento de contatos em termostatos ou outro qualquer acionamento.

[32] Ver exemplo de fabricante de chaves de temperatura (termostatos) com sensor bimetálico ADD THERM, [2020a].

Figura 2.4.12 – Esquema construtivo dos sistemas com enchimento de fluido (*filled system*).

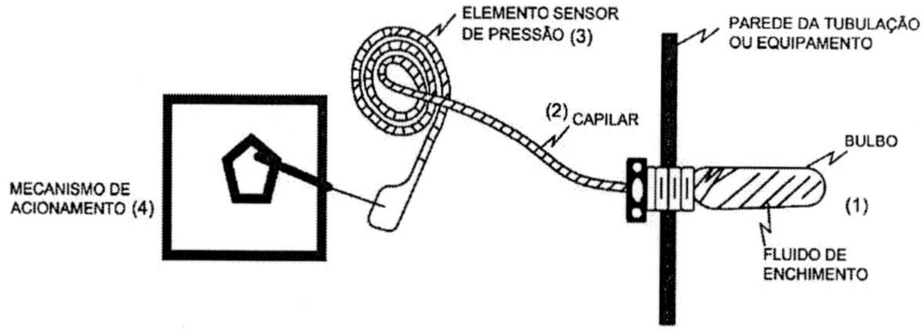

Fonte: autor

Nos sistemas com bulbos pressurizados (*filled systems*), o bulbo, o capilar e o sensor de pressão (na figura 2.4.12 temos representado um tubo bourdon em espiral) são cheios de um determinado fluido que pode ser um líquido, um gás ou um líquido mais o seu vapor em equilíbrio bifásico. Quando a temperatura no bulbo variar, o volume do fluido também variará, modificando a pressão no sistema, a qual será sentida pelo sensor de pressão (em geral um tubo bourdon ou fole ou diafragma) que a relacionará com a temperatura no bulbo.

b) características construtivas e operacionais

- tipos de sistemas com enchimento de fluido pressurizado

Os sistemas cheios foram classificados pela antiga SAMA (*Scientific Apparatus Makers Association*) em quatro classes: I, II, III e V (não há classe IV), as quais são diferenciadas entre si pelos fluidos de enchimento.

As normas SAMA se tornaram obsoletas com o fim da instituição e suas normas foram conservadas pela MCAA[33]. Estas normas, no entanto, ainda servem de referência para os "*filled systems*", embora outros padrões tenham sido desenvolvidos[34].

Pela presença de fluido de enchimento nos capilares de conexão do bulbo com o sensor da pressão do sistema, os sistemas pressurizados podem apresentar erros devido às variações na temperatura ambiente, as quais tendem a expandir ou contrair o fluido contido no interior do capilar e no sensor de pressão. Assim sendo, mesmo que a temperatura do processo (temperatura medida) não varie o seu valor, a pressão no interior do sistema cheio pode variar por efeito da variação da temperatura ambiente, falseando a medida da temperatura do processo (introduz erros). Os sistemas têm construções para evitar este tipo de erro[35].

O sensor da pressão do fluido de enchimento é em geral, de aço inox ou latão. O capilar pode ser fabricado de aço carbono flexível, aço inox, de cobre nu ou revestido com plástico PVC. O bulbo é normalmente de inox. Os comprimentos máximos dos capilares, os *ranges* e os *spans* máximos e mínimos de

[33] Ver MCAA, c2021.
[34] Ver FCI, 1993.
[35] Ver MCAA, 1963b.

trabalho dos sistemas cheios vão depender do tipo de fluido de enchimento. Os capilares variam na faixa de 10 a 50 m, os *ranges* podem ir de -200 a 800 °C os *spans* mínimos-máximos de 14 a 200 °C e a exatidão fica em torno de + ou - 0,5%, devendo sempre ser consultados os fabricantes para valores corretos[36].

Os sistemas cheios, embora de pouco uso industrial, ainda encontram aplicações em medições locais de temperaturas em equipamentos industriais, onde desejamos situar o indicador a curta distância do sensor, sem que o indicador esteja acoplado ao equipamento. Um exemplo típico deste caso de utilização é a indicação de temperatura em painéis locais de controle de máquinas (bombas e compressores). Estes instrumentos são também usados para indicação local onde os termômetros bimetálicos não atinjam o alcance desejado. Encontramos ainda os sistemas pressurizados acionando chaves de temperatura (aplicação comum em máquinas de refrigeração e aparelhos de ar condicionado).

2.4.7 – Pirômetros

a) funcionamento

Qualquer corpo com temperatura acima do zero absoluto (-273,15 °C) emite radiação. Radiação é a emissão de energia pela matéria e seu transporte não exige a presença de qualquer meio material. Esta se transmite de forma dual, como ondas eletromagnéticas e, ao mesmo tempo, como matéria (fótons).

Olhando a radiação como onda, podemos identificar suas grandezas físicas características: a frequência (ν) e o comprimento de onda (λ). A frequência multiplicada pelo comprimento de onda fornece a velocidade da onda.

A radiação apresenta algumas características que permitem a construção de instrumentos de medição de temperatura, os quais têm a particularidade de não necessitarem ter contato direto com o corpo cuja temperatura se deseja medir, bastando que estes instrumentos recebam as radiações emitidas pelo corpo e identifiquem características destas como a frequência (ou comprimento de onda) e a quantidade de radiação emitida. Estas características serão relacionadas com a temperatura do corpo emissor da radiação.

Com a primeira característica, frequência, são construídos os *pirômetros* conhecidos como *ópticos*. Com a segunda, a quantidade de radiação, são construídos os *pirômetros de radiação*.

b) pirômetros ópticos

Vejamos primeiramente como funcionam, de forma geral, os pirômetros ópticos. Estes trabalham geralmente percebendo a radiação emitida dentro do *espectro da luz visível*, o que significa radiações numa faixa de comprimento de onda (frequência) variando de 0,4 microns (4,28 x 10^{14} Hz) e 0,7 microns (7,5 x 10^{14} Hz). Nos limites desta faixa de comprimento de onda estão as cores extremas, violeta e vermelha. Em

---

[36] Ver exemplo de fabricante de sistemas com enchimento de líquido pressurizado, em ADD THERM, [202-b].

comprimentos de onda maiores que 0,7 microns, indo até 10^3 microns, estão as radiações infravermelhas. Nos comprimentos de onda menores que 0,4 microns, indo até 10^{-3} microns, estão os comprimentos de ondas ultra violeta. A figura 2.4.14 representa a faixa de espectros de radiações, incluindo a ultravioleta e a infravermelha.

Figura 2.4.13 – Espectro de radiações.

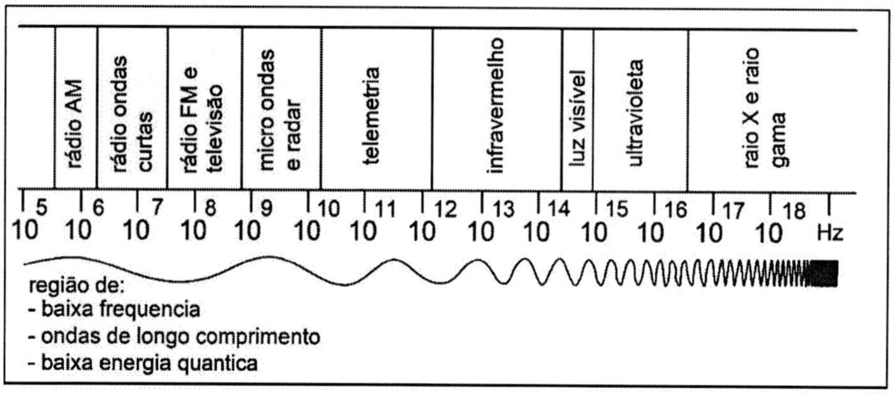

Fonte: autor

Experimentalmente pode-se determinar a curva que relaciona a potência de radiação com a temperatura[37]. Exemplos de curvas que estabelecem esta relação estão representados na figura 2.4.14. Observa-se destas curvas, que para diferentes temperaturas, os corpos (qualquer corpo) apresentam uma frequência na qual ocorre o pico da potência da radiação. Esta frequência de pico estará, quando dentro do espectro visível, relacionada com uma cor do corpo aquecido. Assim, corpos mais frios têm uma coloração mais avermelhada. Conforme são aquecidos passam para a coloração mais laranja e, aquecendo-os mais, para uma tonalidade esbranquiçada até atingirem a coloração de tom azulada. A radiação emitida varia continuamente com o comprimento de onda (ou frequência), aumentando seu valor com o aumento da temperatura, num determinado comprimento de onda.

As curvas exibem picos (intensidades máximas de radiação) em certos comprimentos de onda, sendo que estes picos se deslocam para a esquerda (comprimentos de onda menores) à medida que a temperatura aumenta. Assim sendo, em um instrumento devidamente calibrado, pode-se conhecer a temperatura do corpo emissor da radiação colorida pelo comprimento de onda da radiação de pico recebida no anteparo do instrumento de medição, bastando que o instrumento tenha memorizado uma escala relacionando comprimentos de onda e temperatura. Este é o *princípio básico do funcionamento dos pirômetros ópticos*.

[37] Estas curvas podem também ser conhecidas pela lei de Planck.

Figura 2.4.14 – Curvas de potência da radiação em função do comprimento de onda, para diferentes temperaturas.

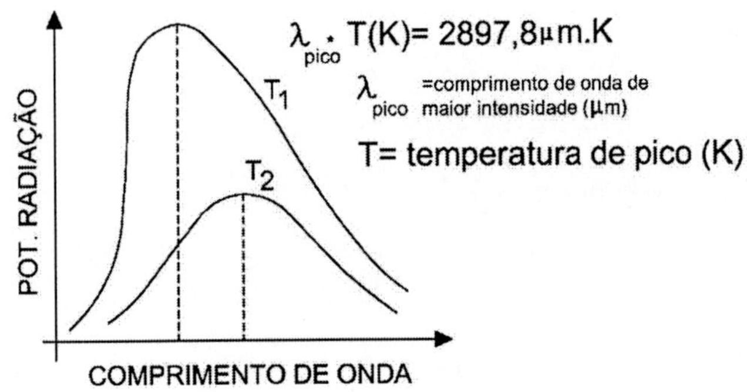

Fonte: autor

Para os *corpos negros*, que são idealizações dos corpos reais, onde se considera que quando em equilíbrio térmico emitem uma quantidade de radiação igual a que recebem, ou seja, não absorvem radiação nestas condições, os comprimentos de onda nos quais ocorrem os picos de radiação podem ser determinados pela lei de Wien:

$$\lambda pico.T = 2897{,}8\ \mu m.K$$

onde

λpico é a frequência onde ocorre o pico de potência da radiação em μm;

T é a temperatura em graus Kelvin (K)

Esta "lei" relaciona o comprimento de onda onde se situa a máxima emissão de radiação eletromagnética (pico das curvas da figura 2.4.14) com a temperatura do corpo emissor destas radiações.

O princípio de funcionamento dos pirômetros ópticos é, portanto, a relação existente entre o comprimento de onda (frequência) das radiações dominante no espectro de radiação e a temperatura do corpo emissor deste espectro.

c) pirômetros de radiação

Os *pirômetros de radiação* podem trabalhar fora do espectro de luz visível, mas no campo da radiação térmica. A radiação térmica se distingue de outros tipos de radiação, como ondas de rádio e raios-x, pelo fato destas últimas não se propagarem como consequência da temperatura do corpo. O espectro, isto é, a banda de comprimento de ondas, (ou frequências), da radiação térmica pode ser considerada como indo de 0,1 μm a 100 μm (3 x 10^{15} Hz e 3 x 10^{12} Hz, respectivamente), como representado na figura 2.4.13, abrangendo o espectro infravermelho e o da luz visível.

O princípio de medição da temperatura envolve a determinação da radiação total emitida pelo corpo, o que consiste em determinar a emitância do corpo e, através desta determinação, o cálculo da sua temperatura. A emitância, ou emitância do corpo aquecido, é a energia emitida pela superfície de um corpo, por segundo e por unidade de área, ou seja, traduz a quantidade de energia radiante emitida por unidade de área (Watt/m^2 no sistema SI). A emitância total de um *corpo negro* é proporcional à área sob cada curva de temperatura da figura 2.4.14 e aumenta rapidamente com o aumento da temperatura.

A razão entre as emitâncias de um corpo real (não negro) e de um corpo negro é o que se denomina de *emissividade* do corpo real. A emissividade depende de algumas variáveis, como o tamanho do corpo, seu formato, sua rugosidade, do ângulo de observação, do material do qual é feito, dentre outros. Os medidores por radiação comerciais normalmente incluem um ajuste para a emissividade com uma faixa de variação de 0,2 a 1,0.

O princípio físico de funcionamento dos pirômetros de radiação é, portanto, baseado na relação entre a temperatura do corpo (T) e a sua emitância (E). A relação entre temperatura e energia radiante, expressa pela sua emitância, pode ser determinada através da lei de Stefan-Boltzmann, que já considerando a emissividade do corpo real, pode ser descrita pela equação:

$$T = (E / \varepsilon \sigma)^{1/4}$$

onde

T= temperatura corpo emissor (K);

E = emitância medida pelo sensor de radiação (W/m^2);

ε = emissividade do corpo real (adimensional);

σ = constante de Stefan-Boltzman ($5{,}669 \times 10^{-8}$ W/m^2.K^4)

Com dados experimentais e definindo-se *ranges* adequados de trabalho para cada pirômetro de radiação, pode-se ajustar a emissividade dos corpos cuja temperatura se deseja medir, ou mesmo se considerar a emissividade constante e ajustá-la no pirômetro, permitindo que a calibração feita no instrumento possa se adequar à diferentes materiais que não foram utilizados para calibração.

Nos pirômetros, a radiação emitida é calculada pelos seus efeitos em um sensor instalado no pirômetro, de preferência já ajustada para a emissividade real do corpo. A radiação recebida do corpo cuja temperatura se deseja medir é focada neste sensor o qual gera sinais elétricos que permitem medir os efeitos da radiação.

O esquema geral construtivo de um pirômetro de radiação está na figura 2.4.15. A radiação emitida pelo corpo cuja temperatura se deseja medir é filtrada e focalizada sobre o sensor de radiação o qual é impactado por esta.

Figura 2.4.15 – Esquema de um pirômetro de radiação.

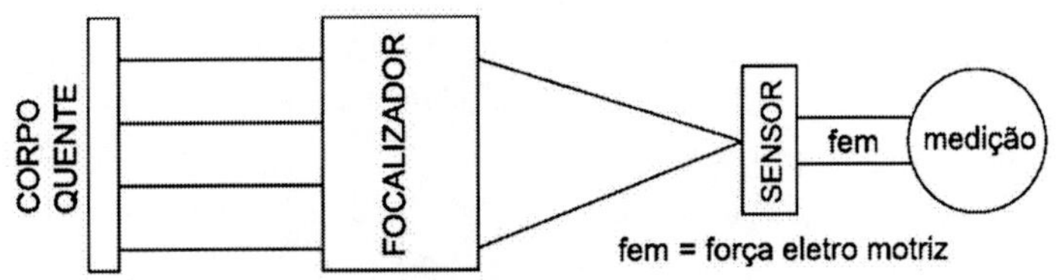

Fonte: autor

Os sensores mais comuns para detecção da radiação são os que capturam os fótons emitidos pela radiação e os térmicos. Dentre os que capturam fótons estão os dispositivos de carga acoplada, CCD (*Charged Coupled Device*) e os semicondutores metal-óxido complementar, CMOS (*Complementary Metal Oxide Semiconductor*). Ambos são feitos de silício e funcionam de maneira semelhante, baseada no efeito fotoelétrico.

Os sensores CMOS contêm fileiras de fotodiodos, que convertem a luz (fótons) em carga elétrica (elétrons). Um circuito faz uma varredura, lendo as fileiras de fotodiodos uma a uma, e enviando os dados para um processador que calcula a radiação total. O CCD é formado por uma matriz de microcapacitores os quais acumulam uma carga elétrica proporcional à intensidade da luz incidente. Cada capacitor (*pixel*) que compõe a matriz do sensor é atingido pela luz e armazena sua intensidade. O sensor de radiação recebe a informação vinda de cada fileira de fotodiodos, amplificando o sinal. O último capacitor no conjunto de fileiras envia sua carga a um amplificador de carga, que a converte em voltagem.

O outro tipo de sensor é o térmico. Nos sensores térmicos a determinação da emitância é feita através do efeito direto que esta provoca aquecendo uma superfície, na qual temos fitas metálicas enegrecidas muito finas, de forma a absorver o máximo da radiação incidente. Pelo fato de serem muito finas, a capacidade térmica é mínima, permitindo desempenho satisfatório em regime transiente, isto é, tempo de resposta rápido.

A detecção da temperatura da fita, a qual traduz a energia radiante recebida pelo sensor, pode ser feita por uma termopilha, a qual é constituída por vários termopares ligados em série, ou por detectores térmicos de resistência (RTD). No RTD, a temperatura da fita é relacionada com a variação de sua resistência, que é medida por um circuito apropriado (como por exemplo, a ponte de Wheatstone).

No caso da termopilha, esta é aquecida pela radiação incidente e produz, em função deste aquecimento, uma força eletromotriz de saída, a qual é medida por um medidor que a relaciona com a temperatura do corpo aquecido, como esquematizado na figura 2.4.16.

Figura 2.4.16 - Termopilhas utilizadas como sensores de pirômetros de radiação.

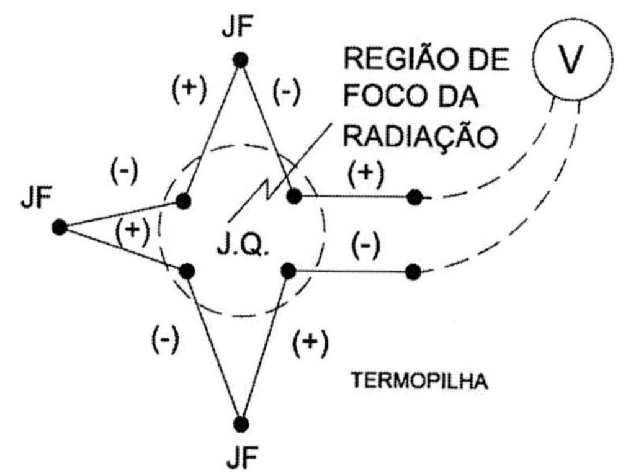

Fonte: autor

Os termômetros de radiação infravermelha constituem uma família dentro dos pirômetros de radiação, pois medem uma faixa específica de radiação, que vai de 0,7 a 20 μm de comprimento de onda.

d) características construtivas e operacionais dos pirômetros

Como valores de referência para o *range* dos pirômetros podemos adotar algumas dezenas de graus Celsius negativos, até temperaturas da ordem de alguns milhares de graus Celsius, dependendo da faixa de comprimento de ondas que se deseja medir. A exatidão destes instrumentos pode chegar à faixa de +ou- 0,5 a 1% do valor medido. As características de operação devem sempre ser obtidas com os fabricantes[38].

Os pirômetros de radiação são usados industrialmente para medidas de altas temperaturas (em geral acima de 1500°C), onde os termopares não podem trabalhar. Estão quase sempre associados à indicação local e à transmissão de informação da temperatura.

Os pirômetros manuais, embora não interagindo diretamente com os sistemas de automação, são usados em monitorações de processo feitas por operadores (em geral monitoração de fornos). São casos típicos de aplicação de pirômetros as medidas de temperatura de fornalhas e fornos siderúrgicos. Os pirômetros infravermelhos são também usados para o acionamento de chaves para atuação em sistemas de proteção e de controle de processos.

Os pirômetros ainda encontram aplicações quando o contato com o local ou corpo cuja temperatura se quer medir não é viável, pois, como ele recebe radiação não necessita de contato físico com o local ou o corpo. Não havendo contato entre instrumento e o sistema físico que será medido, o tempo de exposição é muito menor e a medição é muito mais rápida, pois não exige equilíbrio térmico.

Os pirômetros de radiação vão sofrer erros devidos à absorção de energia pelo meio ambiente entre o emissor e o pirômetro. A absorção de gases como o oxigênio e o nitrogênio pode ser desprezada. A absorção de gases como o dióxido e monóxido de carbono deve ser considerada.

[38] Ver exemplo de fabricante de pirômetros em OMEGA, [20–] e KELLER, [20--].

Outro aspecto importante que devemos realçar aqui é a necessidade de que o campo de visão do pirômetro esteja totalmente preenchido com a radiação do emissor. Os termômetros infravermelhos, por exemplo, medem a temperatura em um ponto de uma superfície (na verdade, uma área relativamente pequena determinada pela relação D (distância do instrumento ao ponto de medição) dividido por S (área visível pelo medidor). Estes geralmente projetam um ponto vermelho visível para o centro da área que está sendo medida.

2.4.8 – Guia de seleção

O quadro 2.4.1 apresenta um sumário de características gerais dos sensores de temperatura de maior utilização na indústria.

Quadro 2.4.1 – Sumário de características gerais dos sensores/medidores de temperatura.

MEDIDOR	**USADO EM**			RANGE DE REFERÊNCIA (^{o}C)	EXATIDÃO DE REFERÊNCIA (% *SPAN*)	APLICAÇÕES TÍPICAS
	INDICAÇÃO	TRANSMISSÃO	CHAVES			
Termorresistência		X		-250 a 750	0,25	Envio de informação à sala de controle
Termopar		X		-190 a 1450	0.25 a 1,5	idem
Termistor		X	X	0 a 300	0,5	Temp. em transformadores, motores e grandes equipamentos
Bimetais	X		X	-50 a 450	0,5	Indicação em tubos e máquinas de pequeno porte
Bulbos pressurizados	X		X	-250 a 820	0,5	Indicações em painéis secundários de máquinas
Pirômetros óticos	X	X	X	500 a 4000	0,5 a 1	Fornos industriais e siderúrgicos
Pirômetros de radiação	X	X	X	650 a 2800	0,5	idem

Fonte: autor com base em informações de fabricantes.

De forma geral, os termômetros bimetálicos são baratos e servem para monitorar do campo equipamentos e processos que são controlados automaticamente. Os RTDs são precisos em uma faixa ampla de temperaturas. Os termopares são de fácil leitura por um equipamento auxiliar (no caso, o leitor de milivoltagem) podendo ser utilizados em campo, são duráveis e exigem calibração. Os pirômetros permitem leituras remotas, têm em geral custo elevado e exigem conhecimento das características da superfície emissora para terem boa precisão. Tem suas medições também afetadas pela absorção/emissão do material entre a fonte emissora e o medidor.

2.4.9- Cuidados na instalação

Os instrumentos de temperatura que trabalham por condução da energia térmica, são, sempre que possível, inseridos em *poços termométricos* de forma a evitar seu contato com o fluido de processo.

Os poços termométricos são como "canudos" de metal fechados em uma das extremidades, usualmente de aço inox, que são fixados às tubulações ou equipamentos por meio de flanges, rosca ou solda. Um modelo de poço típico está mostrado na figura 2.4.17[39].

Figura 2.4.17 – Poços termométricos

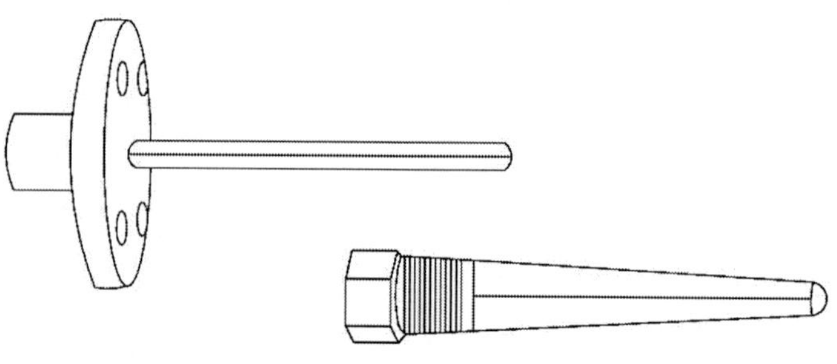

Fonte: autor

A utilização de poços termométricos na instalação objetiva permitir a retirada do instrumento para manutenção sem necessidade de paralisação do fluxo através da tubulação ou equipamento onde o sensor estiver instalado. Deve-se observar que a introdução de poços, também protege o instrumento. O uso de poços, no entanto, introduz um atraso na resposta do sensor devido à resistência ao fluxo térmico que ele cria, o que em caso de mudanças de temperaturas bruscas e contínuas introduz erros consideráveis nas medições.

Outro cuidado na instalação de instrumentos de temperatura é assegurar que o sensor esteja totalmente imerso no fluido cuja temperatura se quer medir. Assim, no caso de termômetros bimetálicos, por

[39] Informações sobre poços termométricos podem ser encontradas em MCAA, 1963a.

exemplo, cerca de 5 cm da parte inferior da haste do termômetro, (região onde se aloja o sensor) deve estar na região banhada pelo fluido de processo. Igualmente termômetros com enchimento de fluido pressurizado (*filled system*) devem ter o bulbo totalmente banhado pelo fluido de processo.

A figura 2.4.18 esquematiza formas de instalação de sensores de temperatura em poços termométricos.

Figura 2.4.18 – Instrumento de temperatura instalado em poço termométrico.

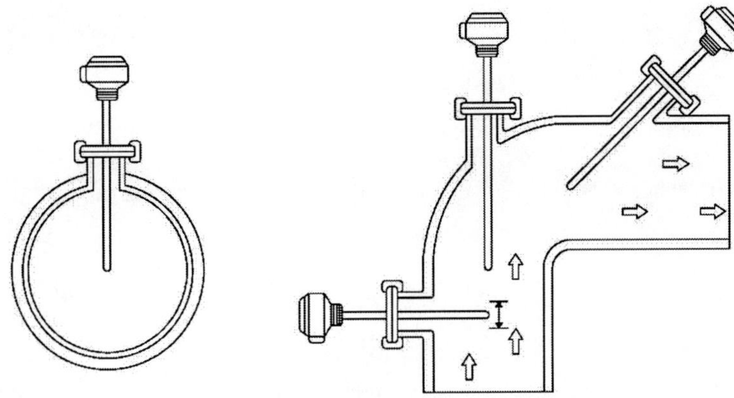

Fonte: autor

Observemos da figura 2.4.18 algumas técnicas de instalação. Quando o comprimento do bulbo é maior que o diâmetro interno da tubulação, por exemplo, fazemos a instalação do poço inclinada ou em curvas da tubulação, de forma a termos o sensor totalmente inserido no fluido de processo. Além disto, sempre que possível, o sensor deve ficar na parte central em tubulações, de forma a medir a temperatura mais representativa do processo. Informações para diversos tipos de medidores podem ser obtidas na MACC (2021).

Questões de síntese do conteúdo

2.4.1 – Quais os tipos de medidores/sensores de temperatura mais comumente utilizados na indústria?

2.4.2 – Quais os sensores mais comuns para acionamento de termostatos de campo?

2.4.3 – Quais os sensores mais utilizados para transmissão de sinal para sala de controle?

2.4.4 – Descreva brevemente o funcionamento dos termopares, dos RTDs e dos termistores.

2.4.5 – Cite duas situações onde os termopares sejam especificados como sensores de temperatura no lugar dos termômetros de resistência (RTD). Em que situações o RTD é preferível ao termopar?

2.4.6 – Qual o tipo de termopar recomendável para uma aplicação em atmosfera oxidante?

2.4.7 – Por que é adequada a instalação de RTDs com 3 fios (ver item 2.2.2(f) para discussão sobre instalações com 3 fios).

2.4.8 – O que é um Pt 100?

2.4.9 – Um termopar tem temperatura da junta quente de 300 °C e uma constante termoelétrica de 0,045 mV/°C. Qual a temperatura da junta fria deste termopar se a milivoltagem medida no voltímetro instalado na sua junta fria é de 11,25 mV?

2.4.10 – Qual a tensão gerada pelo sistema de compensação da junta fria de um sistema termoelétrico que tem como sensor um termopar com constante termoelétrica de 0,045mV/°C e foi calibrado em 0°C, quando a temperatura da junta fria for de 50 °C? Este valor de tensão deve ser somado ou subtraído da tensão gerada pelo termopar com a junta fria em 50 °C?

2.4.11 – Quais os tipos básicos de pirômetros e em qual classe se enquadram os pirômetros infravermelhos?

2.4.12 – Descreva o funcionamento geral dos pirômetros ópticos. Que tipo de pirômetro seria mais adequado para medir uma radiação de comprimento de onda de 10 μm?

2.4.13 – Cite duas situações de processos a serem automatizados onde um pirômetro seria escolhido como medidor em lugar de um termopar.

2.4.15 – O que são poços termométricos, quais as razões para sua utilização e quais os problemas ocasionados nas medições pelo seu uso? Por que os pirômetros não são instalados em poços termométricos?

2.5 – Medição de vazão

2.5.1 – Conceituação de vazão

Vazão, fluxo ou taxa de escoamento é a grandeza que exprime a quantidade de um fluido que passa em determinada superfície de controle por unidade de tempo. A vazão é medida normalmente em unidades de volume por tempo ou unidades de massa por tempo (algumas vezes usam-se unidades de peso por tempo).

A conversão de vazão mássica (W) para vazão volumétrica é feita multiplicando-se a vazão volumétrica (Q) pela massa específica (ρ) nas mesmas condições de pressão e temperatura em que é medida a vazão "Q" do fluido, ou seja,

$$W=\rho.Q$$

A vazão volumétrica pode ser conhecida nas condições de operação (Qo) ou em condições normalizadas (Qn) tendo nesta situação fácil equivalência com a massa.

A transformação de um valor em outro é feita pela aplicação da expressão: $Qn=Qo.(Go/Gn)$

onde:

Go é a densidade do produto nas condições de operação.

Gn é a densidade do produto nas condições normalizadas.

2.5.2 – Tipos de medidores de vazão

Podemos classificar os medidores de vazão levando em conta o princípio utilizado na medição e/ou alguma característica construtiva do medidor.

(a) medidores que associam uma pressão diferencial com a vazão ou simplesmente, *medidores do tipo pressão diferencial.*

- exemplos: medidores com restrição do tipo placa de orifício, tubo venturi, bocal de vazão; e medidores que medem a pressão dinâmica no escoamento como o tubo de Pitot;

(b) medidores que associam a vazão à frequência de formação de vórtices (vortex) no escoamento ou simplesmente medidores tipo vórtice;

(c) medidores eletromecânicos que relacionam a vazão com grandezas elétricas ou mecânicas

- exemplos: eletromagnéticos, ultrassônicos

(d) medidores por impacto

- exemplos: turbinas, hélices e disco medidor

(e) medidores mássicos

- exemplos: coríolis e térmico

(f) medidores de deslocamento positivo

- exemplos: disco nutante, palhetas girantes, pistão oscilante, medidor de lóbulos e medidor com foles

(g) medidores de área variável

- exemplo: rotâmetros

(h) medidores em canais abertos

- exemplos: calhas e vertedores

Neste capítulo estudaremos os medidores mais usuais na indústria.

2.5.3 – Medidores do tipo pressão diferencial

a) medidores que causam restrição no escoamento

O arranjo básico para se medir vazão de um fluido em uma tubulação com medidores do tipo pressão diferencial está esquematizado na figura 2.5.1.

Figura 2.5.1 – Arranjo básico para medição de vazão com medidores do tipo pressão diferencial.

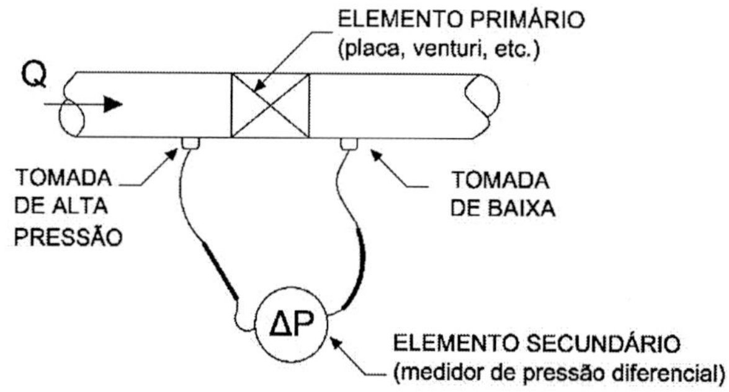

Fonte: autor

Nestas instalações existirá sempre um dispositivo instalado na tubulação que produzirá, no seio do fluido em escoamento, um diferencial de pressão (Δp). Este dispositivo é conhecido como *elemento primário* de medida de vazão. O diferencial de pressão produzido pelo elemento primário é medido por um medidor de pressão diferencial que é conhecido como *elemento secundário* de medida de vazão.

Os *elementos primários* causam restrições ao escoamento do fluido, provocando uma variação no perfil de pressão, como representado na figura 2.5.2. Os elementos primários mais comuns que funcionam desta forma são as placas de orifício, os tubos venturi e os bocais de vazão. Quando uma restrição é inserida em uma tubulação, ela provoca um aumento da velocidade do fluido que escoa através dela e com isto um abaixamento de pressão na região de aumento de velocidade.

Como se observa nesta figura 2.5.2 para uma placa de orifício, a pressão do fluido em escoamento vai diminuindo progressivamente até atingir seu valor mínimo no ponto onde o escoamento atinge a maior velocidade. Este ponto de mínima pressão é conhecido como ponto de "*vena contracta*" e se situa entre 0,35 a 0,80 vezes o diâmetro interno da tubulação a jusante da placa de orifício. Sua localização dependerá da vazão fluindo no tubo, do número de Reynold e da relação entre o diâmetro do orifício (d) e o diâmetro interno da tubulação (D). Esta relação "d/D" é conhecida como β (beta). Após a *vena contracta* há uma gradativa recuperação da pressão até um valor p2 um pouco inferior que o valor p1 a montante da placa. Esta diferença entre p1 e p2 se deve a perdas por atrito durante o escoamento[40].

[40] Informações mais práticas sobre dispositivos que medem por pressão diferencial podem ser obtidas em DELMÉE, 2003.

Figura 2.5.2 – Variação de pressão próximo à placa de orifício.

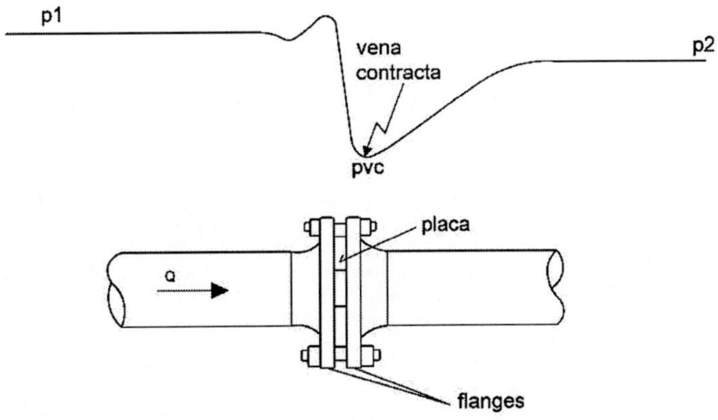

Fonte: autor

O elemento primário de medida de vazão de uso mais comum é a placa de orifício.

Os elementos secundários são medidores de pressão diferencial comuns nas instalações industriais (ver item 2.3), como os transmissores de pressão diferencial com sensores tipo diafragmas associados a células capacitivas, *strain gauges* e cristais ressonantes. No caso de indicações provisórias para testes, os tubos em U encontram utilização.

Qualquer que sejam os elementos primários e secundários usados, a relação entre a vazão volumétrica que se quer medir (Q) e o diferencial de pressão (h), gerado pelo elemento primário e medido pelo elemento secundário será da forma:

$$Q = K\sqrt{h}$$

onde K é uma constante que depende do tipo de elemento primário, suas características geométricas e do tipo de fluido em escoamento[41].

Assim, se quando passa por uma placa de orifício uma vazão de líquido de 1000 m^3/h e, nesta situação, o medidor de pressão diferencial indica um valor de 2500 mm H_2O, o fator K será igual a: $K=Q/\sqrt{h} = 1000/\sqrt{2500} = 20$ m^3/h / mm H_2O. Assim, se a pressão diferencial medida pelo elemento secundário for de 5000 mm H_2O a vazão que estará passando pela placa (pela tubulação consequentemente) será dada por:

$$Q=K.\sqrt{h} = 20m^3/h \,/\, mmH_2O \times \sqrt{5000}\, mmH_2O = 1414\, m^3/h.$$

b) elementos primários de vazão que causam restrição no escoamento

[41] Detalhes sobre o dimensionamento e requisitos para os elementos primários que causam restrição ao escoamento ver ISO, 2003a.

– placas de orifício[42]

As placas de orifício são os elementos primários mais comumente usados industrialmente para produzir o diferencial de pressão necessário para medidas de vazão com os medidores de vazão do tipo pressão diferencial. Na sua forma construtiva usual, consistem de uma chapa (em geral de aço inox 304 ou 316) de forma circular com um furo, pelo qual escoa o fluido cuja vazão se quer medir (ver figura 2.5.3).

Figura 2.5.3 – Placa de Orifício.

Fonte: autor

As placas de orifício são em geral instaladas entre flanges da tubulação como mostrado nos esquemas da figura 2.5.2. As razões para a grande utilização industrial das placas são principalmente seu baixo custo de fabricação, a facilidade de instalação e remoção, aliados a uma precisão bem adequada às exigências industriais (± 0,25 a ± 5% do valor máximo do range).

A localização das tomadas para medição da pressão diferencial dependerá da pressão diferencial que se deseja medir. Este diferencial pode ser entre a pressão na *vena contracta* e a pressão à montante da placa, ou seja, p1 menos pvc na figura 2.5.2, ou a perda de carga permanente gerada pela placa, p1 menos p2, na figura 2.5.2. No primeiro caso, se buscará locar a *tomada de medida da pressão baixa* junto ao ponto de ocorrência da *vena contracta* e no segundo, em posição que sinta a pressão à jusante da placa, após a estabilização da pressão.

Os pontos de ocorrência da *vena contracta* são aproximados por tomadas 1" antes e 1" depois para tubulações com diâmetros nominais entre 2" e 12". Estas tomadas de pressão caem, em geral nos flanges de fixação da placa, pelo que são chamadas de tomadas nos flanges (*flange taps*). Tomadas junto às faces (*corner taps*) são usuais para placas em tubulações de menor diâmetro. Tomadas clássicas para a medição da perda de carga permanente são feitas a distância de $2^{1/}2$" D a 8 D, onde D é o diâmetro nominal da tubulação onde a placa estiver instalada e são adequadas em linhas de diâmetros maiores que 12" ou em instalações existentes onde não se deseje furar os flanges de fixação da placa para se fazer as tomadas de pressão diferencial.

[42] Para detalhes sobre placas de orifício ver ISO, 2003b.

A construção mais usual da placa de orifício é a de furo concêntrico, como a representada na figura 2.5.3, que é adequada para medidas de líquidos ou gases onde se tenha somente uma fase presente ou um pequeno arraste do gás no líquido ou do líquido no gás. O furo da placa de orifício concêntrica pode apresentar bordos retos como na figura 2.5.4(a) ou outro bordo não reto, do qual o tipo mais comum é o quadrante (figura 2.5.4(b)). Na presença de fluidos muito erosivos ou corrosivos evita-se o bordo reto. O bordo quadrante é, no entanto, precipuamente recomendado quando se tem números de Reynolds no tubo menores que 10000 (até cerca de 500).

Figura 2.5.4 – Tipos de bordos: (a) reto; (b) quadrante.

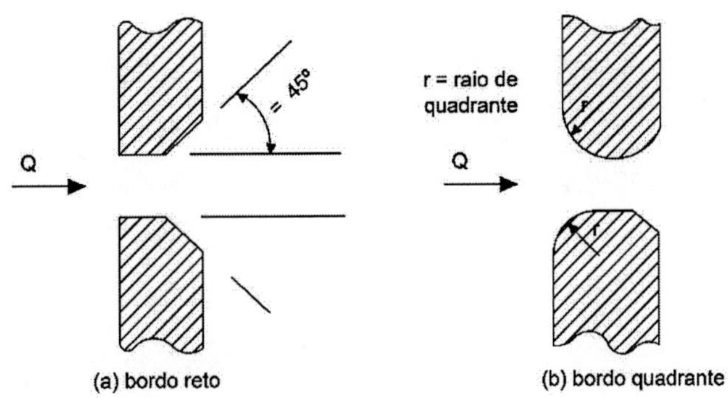

Fonte: autor

– *tubos venturi*

Os tubos venturi consistem de um bocal convergente, uma garganta cilíndrica e um bocal divergente solidários entre si conforme mostrado na figura 2.5.5. Com esta configuração o tubo venturi tenta acompanhar o perfil natural do escoamento fluido através de orifícios. Testes realizados chegaram a ângulos ideais na entrada da garganta de 20 a 22° e na saída entre 7 e 15°[43].

Os tubos venturis são, em geral, construídos de aço, sendo a garganta de aço inoxidável. O acabamento interno do tubo deve ser o melhor possível, a fim de evitar perdas por atrito durante o escoamento. As tomadas de pressão diferencial são feitas a meio diâmetro da garganta de distância do início da entrada cônica e no meio da garganta (ver figura 2.5.5).

[43] Para detalhes construtivos ver ASME, 2004 e ISO, 2020.

Figura 2.5.5 – Tubo venturi.

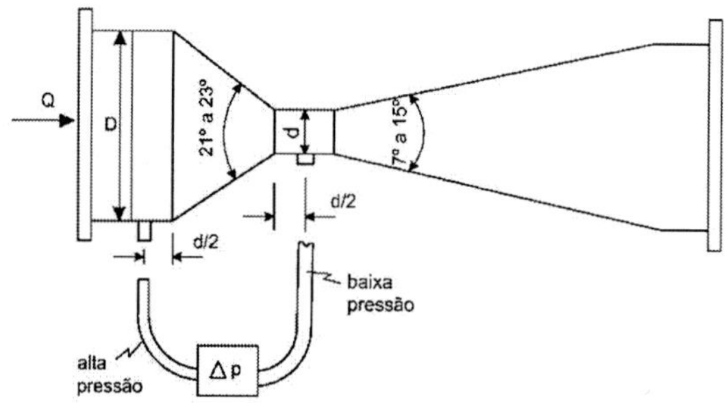

Fonte: autor

As vantagens do tubo venturi em relação à placa de orifício como elemento primário de medida de vazão do tipo pressão diferencial são:

- se mostram mais adequados à medição de fluidos com algum sólido em suspensão, misturas bifásicas ou não homogêneas com pequeno percentual de contaminação. Em alguns casos são usados tubos venturi excêntricos, com a face inferior toda na horizontal, que tendo a base da garganta na mesma linha da base dos bocais de entrada e saída permitem livre passagem de sólidos e de fluidos arrastados.

- em comparação com as placas, apresentam uma melhor recuperação de pressão, ou seja, após passar pela garganta (região de menor pressão), a pressão aumenta chegando mais próxima da pressão na entrada do venturi, que a que se chegaria com uso de placa, sendo a recuperação menor quanto maior o β do venturi (β é a relação entre o diâmetro da garganta e o diâmetro interno da entrada do venturi).

- a perda de carga permanente em um venturi se situa entre 10 a 25% do diferencial de pressão medido na *vena contracta*, enquanto nas placas, ela fica entre 20 e 40%. Esta menor perda de pressão (perda de carga) pode resultar em grandes economias de energia quando são medidas grandes vazões.

Os venturis são comumente usados em grandes linhas de ar para combustão (como em fornos siderúrgicos) e outros sistemas que operam a baixa pressão. As desvantagens do venturi são o alto custo de fabricação e o grande espaço ocupado para sua instalação. A precisão de medida pode também ser melhor que a das placas devido às menores perdas de carga na região de entrada e na garganta do venturi.

– bocais de vazão (flow nozzles)[44]

Os bocais de vazão lembram os bocais de entrada dos venturis. Consistem de uma entrada de formato elítico que vai se retificando à medida que se aproxima da restrição propriamente dita com diâmetro d (ver figura 2.5.6).

[44] Para detalhes construtivos de "*nozzles*" ver ASME, 2004 e ISO, 2020.

Aqui como nas placas de orifício e nos venturis, a relação d/D (ver figura 2.5.6) é chamada de β (beta). As tomadas de pressão diferencial são comumente localizadas 1 (um) diâmetro a montante da seção de entrada do bocal e meio diâmetro a jusante da saída.

Figura 2.5.6 – Bocal de Vazão.

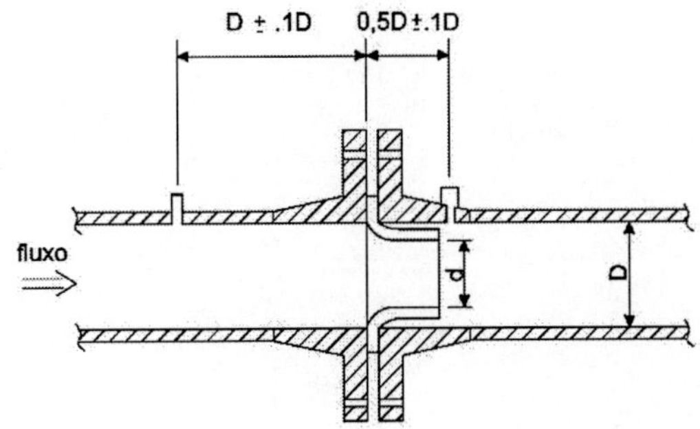

Fonte: autor

Os bocais com mesmo diâmetro de orifício que as placas apresentam capacidade maior que estas, permitindo assim escoamentos de maiores vazões. A perda de carga apresentada pelos bocais é da ordem de grandeza da perda apresentada pelas placas. Sua precisão tende a ser pior que a precisão destas.

Quando temos algum sólido em suspensão nos fluidos em escoamento, os bocais são mais adequados que as placas, devido ao seu contorno suave permitir mais fácil passagem para os sólidos. O mesmo vale para escoamentos não homogêneos. Os bocais de vazão são comumente usados para medidas de vapor de água ou outros escoamentos em altas velocidades, onde a erosão pode ser um problema.

c) elementos que medem a pressão dinâmica do fluido em escoamento – tubo de Pitot

A construção dos tubos de Pitot está esquematizada na figura 2.5.7. O tubo de Pitot consiste basicamente de dois tubos concêntricos inseridos na tubulação cuja vazão se quer medir. Cada um destes tubos se comunica em um de seus extremos com uma das tomadas do medidor de pressão diferencial (elemento secundário) a ele associado. No outro extremo do tubo interno tem um furo voltado para a direção do escoamento, o que gera na tomada de pressão da outra extremidade, uma pressão, medida em coluna líquida do fluido em escoamento, proveniente do choque das partículas com o fluido aprisionado no tubo (esta pressão será igual a $v^2/2g$, onde v é a velocidade do fluido e g a aceleração da gravidade), mais a pressão estática reinante no tubo cuja vazão se quer medir, p/γ, em unidade de coluna líquida do fluido (onde p é a pressão e γ é o peso específico do fluido em escoamento). Sendo assim, a tomada de pressão associada ao tubo interno, a qual está sujeita a maior pressão, sentirá a pressão (h_1) igual a:

$$h_1 = v^2/2g + p/\gamma \text{ (em coluna do fluido)}$$

De forma semelhante, o tubo externo tem um furo que é tangenciado pelo fluido em escoamento, sentindo apenas a pressão estática p/γ, uma vez que não há absorção de energia cinética por esta tomada. Sendo assim, a pressão gerada no tubo externo não terá o componente $v^2/2g$ dado que não há colisão das partículas fluidas em escoamento com o furo. Desta forma a pressão reinante no tubo externo será $h_2 = p/\gamma$ (em coluna do fluido).

Conectando no tubo de Pitot o medidor de pressão diferencial, que no caso da figura 2.5.7 está representado como um tubo em "U", este sentirá a pressão $\Delta h = h_1 - h_2$, ou seja, a diferença entre as pressões h_1 e h_2, a qual será proporcional ao quadrado da velocidade do fluido no ponto de medição da tomada de alta pressão. Uma vez que:

$$\Delta h = h_1 - h_2 = v^2/2g + p/\gamma - p/\gamma \text{ ,}$$

o que nos permite escrever que $v = K1\sqrt{\Delta h}$ o que multiplicado pela área do tubo, fornece a vazão "Q" que por ele passa, ou seja,

$$Q = K\sqrt{\Delta h}$$

onde K engloba a área do tubo e os demais fatores constantes, como a gravidade e fatores que relacionam os valores encontrados com a equação teórica de Bernoulli com os valores reais. Observamos que a equação que relaciona a vazão "Q" com a pressão diferencial, "Δh" é a mesma equação para as medições com outros elementos primários, como as placas, os tubos venturi e outros. Desta forma pela medida da pressão diferencial poderemos conhecer a vazão passante no tubo, desde que conheçamos o fator K e meçamos a pressão diferencial provocada pela diferença entre h1 e h2.

Figura 2.5.7 – Tubo de Pitot

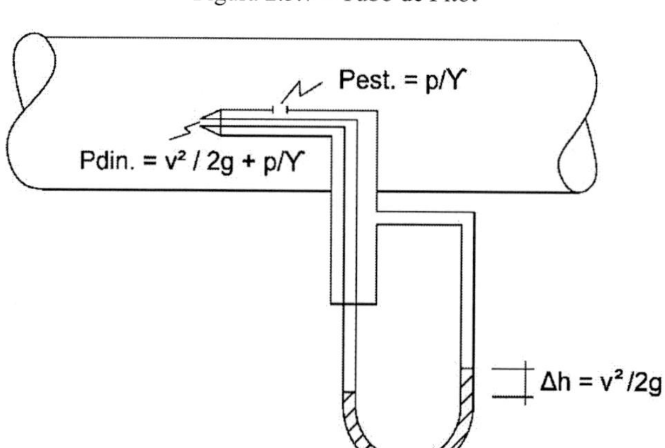

Fonte: autor

Apesar de ter sido um dos primeiros elementos primários desenvolvidos, o tubo de Pitot não foi muito difundido na indústria em razão de imprecisões inerentes à sua construção. A grande vantagem da utilização dos tubos de Pitot é a pequena perda de carga apresentada.

Como a vazão é calculada multiplicando-se a área da tubulação por onde passa o fluido cuja vazão se quer medir pela velocidade média do fluido em escoamento, a grande limitação dos tubos de Pitot na indústria se deve a necessidade de se situar o orifício do tubo que fica na direção do escoamento (extremidade do tubo interno da figura 2.5.7 voltada para o fluxo) numa altura tal, que ele sinta a velocidade média de escoamento do fluido, já que a distribuição de velocidade não é uniforme ao longo do tubo, tendendo a zero junto às paredes e a um valor máximo no seu centro (tal problema é mais grave em escoamentos com baixos números de Reynolds). Experimentos de laboratório demonstram que essa velocidade média se encontra aproximadamente numa localização distante cerca de um terço do raio do tubo, da parede da tubulação.

Um desenho especial de Pitot, com várias tomadas voltadas para a direção de escoamento do fluído, foi desenvolvido para contornar o problema de dificuldade de localização da velocidade média do escoamento. Estes tubos são conhecidos como Tubos Annubar (marca registrada)[45].

Os tubos de Pitot não devem ser aplicados em escoamentos com sólidos em suspensão, pois estes podem bloquear seus pequenos furos de tomadas de pressão. O tubo de Pitot gera também um pequeno diferencial de pressão, o que via de regra, vai exigir elementos secundários bem sensíveis. Para contornar essa dificuldade foram desenvolvidos os *pitot-venturi* (figura 2.5.8) onde a tomada que recebe o impacto do fluído mantém a construção dos pitots originais, porém a tomada de pressão estática é feita na garganta de um venturi, o que proporciona menores valores de pressão e consequentemente um maior diferencial de pressão para ser medido pelo elemento secundário. Estes últimos dispositivos encontram pouca utilização industrial sendo comum sua aplicação em medição de velocidade do vento.

Figura 2.5.8 – Pitot-venturi.

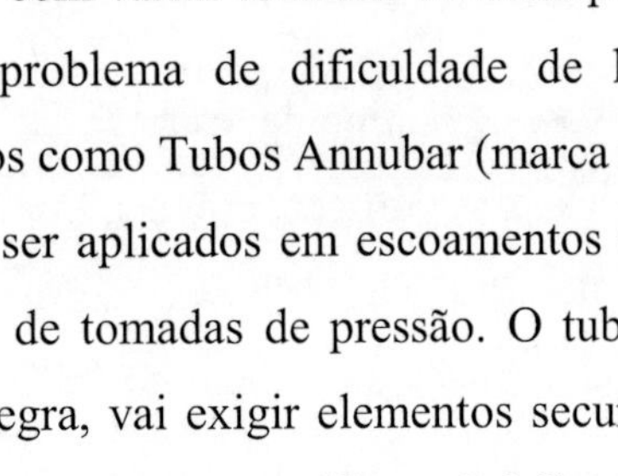

Fonte: autor

[45] Ver exemplo de fabricante de tubo *annubar* em EMERSON, c2021i.

2.5.4 – Medidores tipo vórtice (*vortex*)

a) funcionamento

Os medidores de vazão vórtice são usados para medir o fluxo volumétrico de gases, vapores e líquidos em tubulações completamente cheias.

Vórtices são turbulências que ocorrem num escoamento de fluidos em função da formação de regiões de diferentes pressões. Onde ocorre o vórtice existe uma região de baixa pressão. Estas regiões ocorrem sempre que o fluido em escoamento encontra um obstáculo no seu fluxo.

A medição de vazão com medidores de vazão do tipo vórtice se baseia na descoberta de que existe uma relação direta entre o número de vórtices que se formam quando o fluido que escoa numa tubulação passa por uma restrição deliberadamente colocada no tubo, e a vazão que escoa, ou seja,

$$Q=K.f$$

onde:

Q é a vazão medida;

K é uma constante que depende do tipo de restrição, dentre outras variáveis;

f é a frequência de formação dos vórtices, provocados pela restrição.

Assim, o medidor é constituído de um trecho de tubo, dentro do qual se coloca um obstáculo. Este trecho de tubo é inserido na tubulação cuja vazão se deseja medir. Quando o fluido em escoamento passa pelo obstáculo, formam-se vários vórtices após esse obstáculo (rastro de vórtices, conhecidos como vórtice de von Kármán), conforme esquema da figura 2.5.9.

Figura 2.5.9 – Formação de vórtices após obstáculo inserido no escoamento fluido.

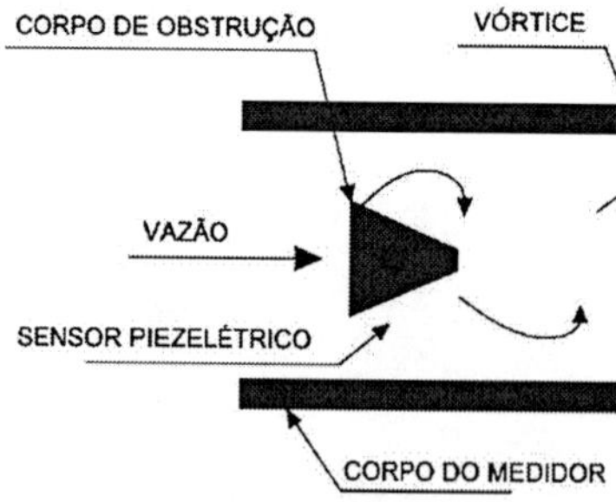

Fonte: autor

Verificou-se experimentalmente a relação entre a frequência "f" do rastro de vórtices e a velocidade média "v" de escoamento do fluido, sendo esta relação proporcional. Um número adimensional chamado *número de Strouhal* "S" permite estabelecer a relação existente entre a frequência do rastro de vórtices "f", a largura "b" do obstáculo, considerado como plano, e a velocidade média do fluxo "v", através da equação:

$$f = (S.v)/b$$

Para medir a frequência dos vórtices são colocados sensores de pressão, em geral com transdutores piezoelétricos (ver figura 2.5.9), que permitem medição da pressão na região de formação dos vórtices a qual se altera com alta frequência quando da formação dos vórtices, gerando a cada vórtice formado uma região de baixa pressão. À medida em que a velocidade do fluxo aumenta, a frequência dos sinais acústicos gerados também aumenta de forma proporcional à velocidade de escoamento. Assim, a medição de vazão é feita pela medição da velocidade do fluido a qual multiplicada pelo diâmetro interno do tubo no qual está instalado o obstáculo ao escoamento, permitirá conhecer a vazão. O instrumento de medição tem sua parte eletrônica que avalia a velocidade média em função da frequência gerando um sinal de saída relacionado com a vazão.

b) aplicações

Os medidores tipo vórtices medem adequadamente líquido e gás, desde que selecionados corretamente. São pouco afetados por variações de pressão, densidade, temperatura e viscosidade do fluido medido, geram pequena perda de carga no escoamento e apresentam boa rangeabilidade, da ordem de 10:1 a 30:1 para gases e vapores e 40:1 para líquidos. Por não ter partes móveis, necessitam de pouca manutenção. Os *ranges* de medida dependerão da capacidade de medição das frequências mínimas e máximas e da área do tubo de construção do medidor. Os medidores tipo vórtice são unidirecionais. Para seleção e instalação devem ser observadas as recomendações dos fabricantes[46].

Quando associados a instrumentos de temperatura e pressão podem inferir as massas (Qm) a partir da vazão volumétrica medida (Qv), corrigindo o valor da vazão volumétrica pela massa específica do fluido medido (ρ), esta última obtida com as informações das temperaturas e pressões de operação, ou seja:

$$Qm = \rho * Qv$$

2.5.5 – Medidores eletromecânicos

2.5.5.1 - Medidores magnéticos

a) funcionamento

Estes medidores consistem de um tubo com diâmetro interno conhecido com precisão, no qual se conectam dois eletrodos que faceiam o interior do tubo, e duas bobinas magnéticas que geram no interior do tubo um campo magnético (B) (ver figura 2.5.10).

[46] Ver exemplo de fabricante de vazão tipo vórtex em ENDRESS HAUSER, [c20--c]; CONAUT/KROHNE, 2021; CONTECH, c2021, EMERSON, c2021j.

O funcionamento desses medidores se baseia na Lei de Indução de Faraday que enuncia "A voltagem (E) induzida em um condutor que se move perpendicularmente a um campo magnético (B) e através dele, será proporcional à velocidade (v) do condutor através do campo", ou seja, sendo k a constante de proporcionalidade,

$$E = k\,B.v$$

No caso dos medidores magnéticos, o fluido passante funciona como condutor e o campo magnético é produzido por bobinas, instaladas de tal maneira que produzam um campo magnético perpendicular à direção de escoamento. A voltagem induzida no fluido em escoamento é medida por eletrodos laterais, instalados perpendicularmente ao plano definido pela direção de escoamento do fluido e do campo magnético. (ver figura 2.5.10).

Com o conhecimento da tensão induzida nos eletrodos, pode-se determinar a velocidade média do fluido e com ela e com o diâmetro interno do tubo do medidor, pode-se determinar a vazão (velocidade vezes a área de seção do tubo).

Nestes medidores o tubo é normalmente de aço inox não magnético. Observe que se o tubo não trabalhar cheio ou arrastar gases ou vapores no seu seio, a medida de vazão poderá apresentar erros consideráveis.

Figura 2.5.10 – Funcionamento do medidor de vazão magnético.

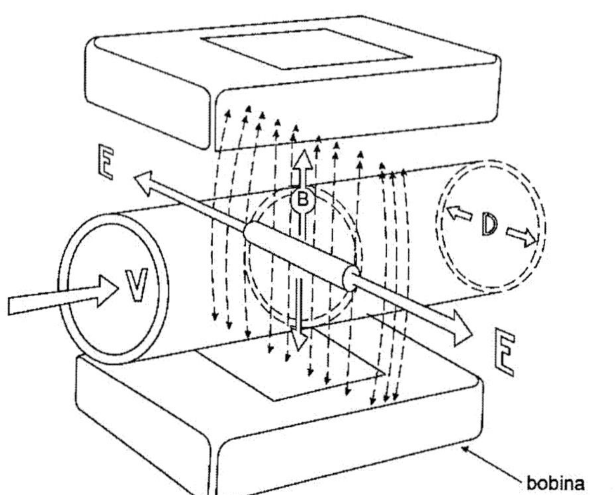

Fonte: autor

b) aplicações

Os medidores magnéticos são utilizados para medida de vazão de fluidos pastosos, corrosivos, lamas ou com sólidos em suspensão, podendo sua parte interna ser coberta por materiais especiais como o teflon, para aumentar sua durabilidade e permitir seu trabalho em condições adversas. Estes medidores apresentam uma precisão de cerca de $\pm$ 1% do *span* e rangeabilidade da ordem de 30:1. As características operacionais dos medidores magnéticos devem ser obtidas com os fabricantes[47].

Algumas vantagens dos medidores eletromagnéticos que recomendam sua utilização são: a) a medida independer da viscosidade e densidade do fluido (desde que seja a mínima exigida pelo fabricante); b) não haver obstrução na linha, permitindo a medida de fluidos sujos, corrosivos, abrasivos ou pastosos com ou sem arrastes de sólidos e com o mínimo de perda de carga; c) permitir medidas do fluxo nas duas direções (bidirecional).

Como desvantagem em relação aos outros medidores podemos citar: a) a necessidade de que o fluido tenha o mínimo de condutividade exigida pelo fabricante, em geral entre 0,1 e 20 micromhos; b) a necessidade de que a tubulação trabalhe cheia, uma vez que o medidor mede vazão calculando o produto da velocidade pela área interna do tubo; c) a introdução de erro em escoamentos bifásicos com bolhas de ar, gases e vapores misturados ao líquido; d) a necessidade de se manter os eletrodos limpos para evitar que estes fiquem isolados pelo acúmulo de sujeira sobre eles (a limpeza dos eletrodos é em geral executada por vibradores fornecidos com o sistema); e) o custo elevado do medidor.

2.5.5.2 – Medidores ultrassônicos

a) funcionamento

O funcionamento dos medidores ultrassônicos é baseado no tempo de trânsito da onda ultrassônica no fluido cuja vazão se quer medir. Um esquema do medidor está na figura 2.5.11, onde temos dois transdutores Td_A e Td_B capazes de emitir e detectar ondas ultrassônicas.

---

[47] Ver exemplo de fabricante de medidores tipo eletromagnético em TECHMETER, c2021; EMERSON, c2021e.

Figura 2.5.11 – Medidor ultrassônico.

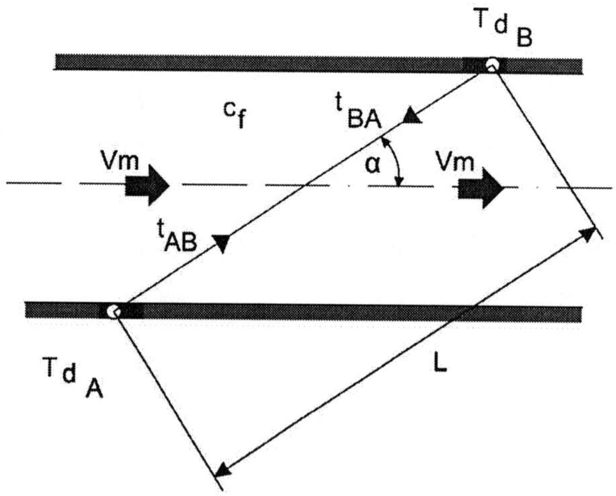

Fonte: autor

Os ângulos entre os eixos dos transdutores Td_A e Td_B (α na figura 2.5.11), são escolhidos de forma a permitir o recebimento por cada transdutor do sinal emitido pelo outro.

Sendo:

c_f = a velocidade de propagação do som no fluido

Vm = velocidade média do fluxo

L = distância entre os transdutores,

A frequência f_A de propagação da onda de Td_A para Td_B será dada por:

$$f_A = \frac{cf + Vm \cos \alpha}{L} = \frac{1}{tAB}$$

A frequência f_B de propagação da onda de Td_B para Td_A será:

$$f_B = \frac{cf - Vm \cos\alpha}{L} = \frac{1}{tBA}$$

A frequência diferencial $\Delta f = f_A - f_B = \frac{2Vm \cos\alpha}{L} = \frac{1}{tAB} - \frac{1}{tBA}$

Como a distância "L" é constante, pela medida de "Δf", podemos determinar a velocidade média "Vm" do fluido em escoamento, e com ela a vazão volumétrica "Q" procurada, multiplicando "Vm" pela área da tubulação.

b) aplicações

Como a velocidade "Vm" de escoamento do fluido é independente da velocidade de propagação da onda no meio, "c_f", ela será também independente de parâmetros como temperatura, massa específica, viscosidade e pressão. Os medidores ultrassônicos podem ser usados para medir líquidos ou gases nos quais as ondas ultrassônicas se propaguem.

Dentre as características principais que podem indicar a escolha dos medidores ultrassônicos podemos listar o fato de que os emissores/receptores podem ser instalados externamente às tubulações (não intrusivos), o que permite seu uso com fluidos agressivos e viabiliza a construção de medidores portáteis. Destaca-se ainda ausência de obstruções e perdas de carga nas linhas de instalação e o baixo custo operacional. O *range*, rangeabilidade e exatidão são informados pelos fabricantes[48], podendo ser adotados como referência a exatidão de $\pm$ 1,5% do valor medido, podendo chegar a $\pm$ 0,5% com calibração individual, e rangeabilidade de 10:1.

2.5.6 - Medidores de impacto - turbinas

a) funcionamento

Nos medidores de impacto, o fluido cuja vazão se deseja medir é forçado a mudar de direção ao encontrar obstáculos à sua frente. Sobre as partes do medidor usadas para mudança de direção do fluido em escoamento são exercidas forças reativas pelo fluido. Estas forças de reação vão atuando nos mecanismos do medidor forçando-os a girarem ou a se deslocarem. São estes movimentos dos mecanismos do medidor que vão permitir inferir o valor da vazão que passa por ele. Aqui veremos somente as turbinas.

Estes instrumentos consistem de uma turbina inserida em um tubo cilíndrico (ver figura 2.5.12). A turbina gira em torno do seu eixo devido aos esforços do fluido sobre suas palhetas, durante o escoamento. A velocidade angular desenvolvida pela turbina é proporcional à velocidade linear do fluido em escoamento que, por sua vez, é proporcional à vazão.

Para conhecermos a vazão que passa pela turbina, basta contarmos o número de voltas por ela dada num período de tempo e conhecermos a relação entre este número de voltas/tempo e a vazão passante. Para se medir o número de voltas dadas pela turbina, é comum a utilização de um transdutor magnético preso no corpo que envolve a turbina. Este transdutor produz pulsos elétricos (ver figura 2.5.12(b)), cuja frequência varia linearmente com a vazão, dentro do *range* de trabalho da turbina. Como a palheta da turbina é de material magneticamente permeável, o campo magnético do transdutor é influenciado pela passagem de cada lâmina do rotor através dele. Quando isto ocorre, são gerados picos de tensão, ou seja, pulsos de frequência, proporcionais à velocidade do fluido ou ao seu volume. A relação existente entre os pulsos e a vazão é expressa pelo fator da turbina (K), o qual varia com a pressão e temperatura do fluido, exigindo da turbina uma calibração prévia com o fluido do processo nas condições de pressão e temperatura de operação. Mantidos os valores destas variáveis, o fator K será expresso por:

[48] Ver exemplo de fabricante de medidores ultrassônicos em EMERSON, c2021f.

$$K=\frac{vazão}{pulso}$$

Figura 2.5.12 – medidor de vazão tipo turbina: (a) desmontado; (b) esquema de geração de pulso.

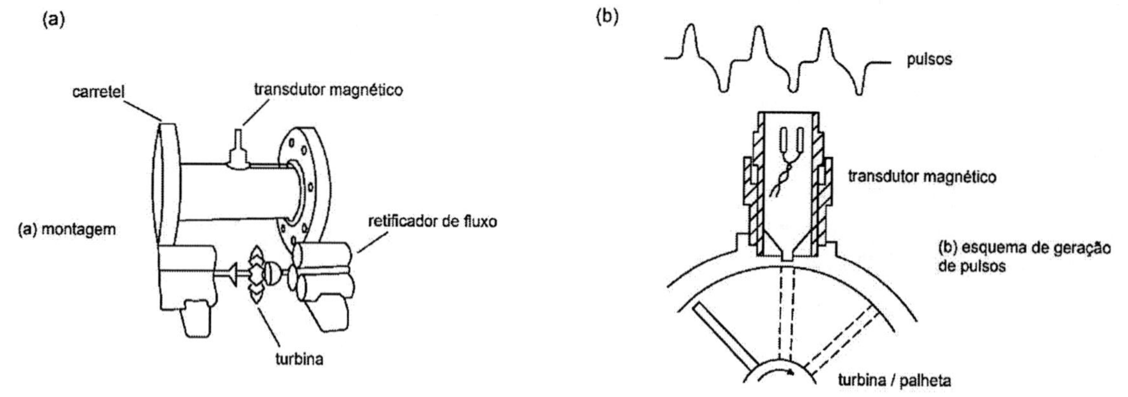

Fonte: autor

b) aplicação

A turbina pode medir vazão de líquido ou de gás, sendo que neste segundo caso, a massa do rotor deve ser minimizada, devendo-se dar especial atenção à lubrificação dos mancais. Os medidores do tipo turbina apresentam exatidão da ordem de $\pm$ 0,25 a $\pm$ 0,5% do *span*, rangeabilidade de referência entre 10:1 a 20:1 podendo chegar além de 100:1 e alta performance com relação à repetibilidade e linearidade, além de reterem bem a calibração efetuada e serem de fácil manutenção e instalação.

Alguns pontos negativos são a exposição dos mecanismos internos à sujeira e corrosão por sólidos e à corrosão química, devido ao contato da turbina com o fluido de processo, a necessidade de lubrificação dos mancais (pode ser feito pelo próprio fluido de processo) ou uso de mancais autolubrificados a base de teflon e grafites ou materiais cerâmicos, e a difícil calibração no campo.

2.5.7 - Medidores mássicos

2.5.7.1 – Conceito geral

Embora os medidores volumétricos (os que medem vazão volumétrica) sejam ainda os mais usados, os medidores de vazão mássica (os que medem diretamente o fluxo de massa) têm tido uso crescente, uma vez que a massa é uma grandeza independente das demais (temperatura, pressão, densidade, etc.). Desta forma, medir vazão mássica diretamente e não vazão volumétrica, a qual é afetada por outras propriedades físicas, torna-se muito interessante.

Quando a vazão volumétrica é a vazão medida e queremos o valor da massa, precisamos multiplicar esta vazão pela massa específica do fluido nas condições de medição da vazão. Para tal, precisamos conhecer estas condições, ou seja, a temperatura, pressão e peso molecular do fluido cuja vazão está sendo medida, fazendo as chamadas compensações de pressão e temperatura. Os medidores mássicos, por medirem diretamente a massa dos fluidos em escoamento, dispensam qualquer tipo de compensação, simplificando as instalações e a manutenção dos sistemas de medição.

Os medidores mássicos mais usuais na indústria são os *térmicos* e os que se baseiam no princípio da aceleração de *Coriolis*, conhecidos como *medidores coriolis*.

2.5.7.2– Medidores térmicos

a) funcionamento

Nas construções dos medidores de vazão com sensores térmicos são utilizadas duas sondas. Uma delas é mantida aquecida por um sistema de aquecimento elétrico acoplado a ela, e a outra é mantida à temperatura de escoamento do fluido, conforme esquema da figura 2.5.13(a). As sondas sensoras de temperatura incorporam, em geral, um sensor termorresistivo (RTD).

Com a construção esquematizada na figura 2.5.13 pode ser efetuada a medição da vazão mássica, com dois tipos de funcionamentos baseados no mesmo princípio. Este princípio diz que o fluxo de calor de ou para um corpo inserido numa corrente fluida será proporcional à massa de fluido que passa pelo corpo, ou seja, $\Delta Q=k.m$, onde "ΔQ" é o fluxo térmico, "k" uma constante de proporcionalidade e "m" a massa que passa pelo corpo. Assim, se conhcermos "ΔQ" e "k", podemos determinar a massa que passa pela tubulação na qual está inserido o medidor térmico.

Numa das duas construções usuais, a diferença de temperatura entre a sonda aquecida e a que mede a temperatura do fluido em escoamento é mantida constante (exemplo, 15°C). Para que esta diferença de temperatura fique constante, apesar das variações do fluxo da massa na tubulação, é necessário que a sonda aquecida receba uma determinada quantidade de energia que variará com a vazão mássica do fluido em escoamento. A medição desta quantidade de energia nos indicará o valor do fluxo de energia entre a sonda aquecida e o fluido em escoamento, "ΔQ", permitindo desta forma a determinação do valor da massa "m" passante no sensor térmico, desde que conheçamos o fator k, o qual depende do fluido em escoamento e das condições de calibração do instrumento.

Na segunda das duas construções, mantém-se o fluxo térmico, "ΔQo", para a sonda aquecida num valor constante, medindo-se a temperatura desta. As variações de temperatura da sonda aquecida em relação a que mede a temperatura do fluido em escoamento, permitirão a inferência da quantidade de energia que está sendo retirada da sonda aquecida, pelo fluido em escoamento, permitindo assim, desde que conheçamos a constante "k" do medidor, determinar o valor da massa que passa na tubulação.

Devido a sua forma de funcionamento, para que possamos determinar o fator k do instrumento, este deve ter a calibração feita para a substância específica que se deseja medir. Se o fluido mudar sua composição, a precisão da medição será significativamente afetada. A localização do sensor também é de fundamental importância para que possamos medir a massa média que passa pela seção onde o medidor térmico está inserido, uma vez que a massa circulante não é constante em toda a seção reta da tubulação. A figura 2.5.13(b) esquematiza o medidor térmico instalado em uma tubulação.

Figura 2.5.13 – Medidor térmico: (a) esquema construtivo básico; (b) instalação do sensor térmico.

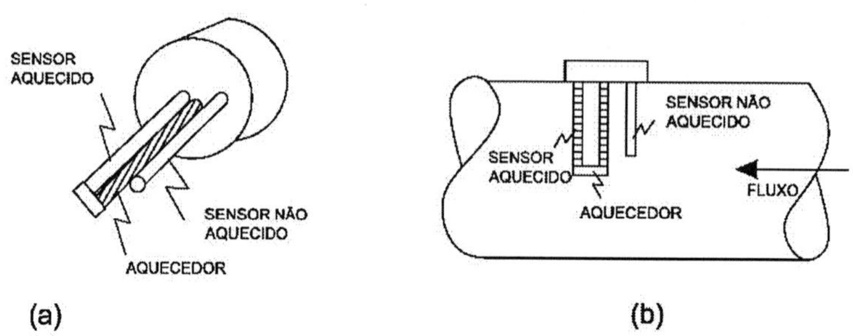

Fonte: autor

(b) aplicações

Os medidores térmicos podem medir vazão de gases ou líquidos com precisão de cerca de $\pm 1\%$ do valor máximo do *range* de medida e rangeabilidade de 100:1.

Seu *range* de medida vai desde pequenas vazões, da ordem de g/min, até vazões de ordem de milhares de kg/h. Estes medidores não devem ser instalados em fluidos com temperaturas muito elevadas, ficando o range de temperatura de operação para o fluido medido numa faixa de cerca de -50 °C a 460 °C, conforme o tipo de medidor de temperatura que esteja sendo utilizado. Dados de operação e manutenção devem ser obtidos nos manuais dos fabricantes[49].

São de grande aplicação em dutos de grandes diâmetros onde a utilização de outros medidores pode ser difícil. A geometria do tubo onde escoa o fluido cuja vazão se quer medir, pode ser qualquer, como circular, quadrada ou retangular, facilitando a medição de vazão em dutos de ar para fornos e sistema de refrigeração, onde além da geometria se tem a necessidade de se evitar perdas de energia de pressão no escoamento (perdas de carga).

2.5.7.3 – Medidor tipo coriolis

a) funcionamento

---

[49] Ver exemplo de fabricante de medidores de vazão térmicos em ENDRESS HAUSER, [c20—e].

Os medidores tipo coriolis operam baseados no chamado "efeito Coriolis", nome dado em homenagem ao engenheiro francês Gaspard-Gustave de Coriolis. Este explicou de forma matemática a trajetória não linear descrita por corpos que se deslocam sobre referenciais em movimento de rotação, como por exemplo, a trajetória de uma bola lançada linearmente, na direção do raio de um disco giratório, observada por uma pessoa localizada fora dele, como representado na figura 2.5.14. A trajetória descrita não será linear. O efeito é observado sempre que a trajetória for o resultado da superposição do movimento de translação e rotação.

Figura 2.5.14 – Movimento de um corpo lançado para a frente dentro de um disco em movimento rotacional: (a) trajetória vista do referencial fixado no disco; (b) trajetória vista de um referencial inercial externo ao disco.

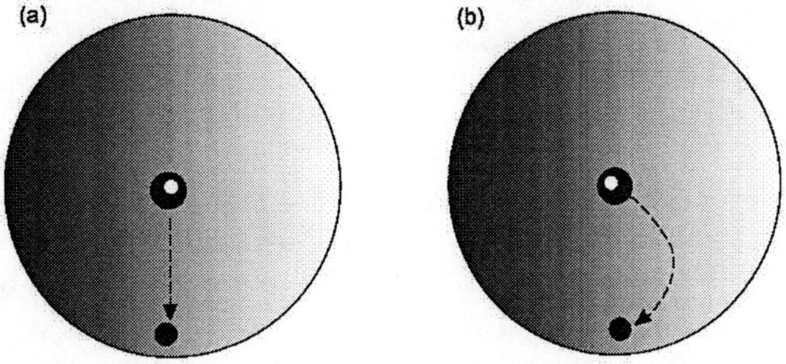

Fonte: autor

O movimento representado na figura 2.5.14(b) pode ser entendido como resultando de uma aceleração provocada por uma força inercial. Esta força (força de Coriolis) é proporcional ao valor da massa em movimento. A relação linear existente entre a força de Coriolis e a massa que se desloca é utilizada para medir a massa de fluido que se desloca nos medidores tipo coriolis.

O coração do medidor tipo coriolis é um tubo de formato adequado, por exemplo, em forma de "U", como na figura 2.5.15. Outros formatos construtivos como tubos paralelos ou outros dependerão da tecnologia utilizada pelo fabricante, mas funcionam dentro do mesmo princípio. Para entendermos o funcionamento do sistema, tomaremos o arranjo do tubo em "U", conforme mostrado na figura 2.5.15.

Figura 2.5.15 – Esquema do mecanismo do medidor tipo coriolis.

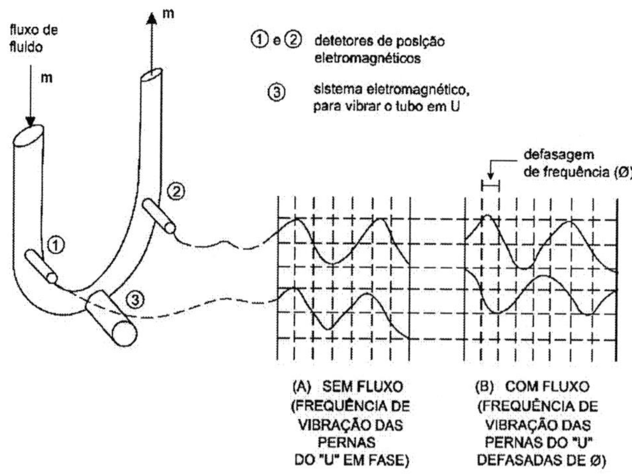

Fonte: autor

Como representado na figura 2.5.15, externamente ao tubo, na direção de sua parte central, é instalado um sistema eletromagnético (3) capaz de atrai-lo quando energizado, liberando-o quando desenergizado. Em posição adequada, são instalados medidores de posição eletromagnéticos (2) que detectam a posição de cada uma das pernas do "U".

O tubo recebe toda a massa a ser medida que flui na tubulação. Quando em funcionamento, o tubo é posto a oscilar pelo sistema eletromagnético (3) que varia seu campo magnético, sob controle de um sistema eletrônico. A extremidade curva do tubo descreverá um arco de círculo (rotação). Se não houver fluxo internamente ao tubo, os sensores de posição (2) medirão o mesmo deslocamento e a mesma frequência de vibração em cada perna do "U", conforme gráfico (A) da figura 2.5.15. Se houver fluxo dentro do tubo, ou seja, se as moléculas do fluido em escoamento estiverem se deslocando linearmente no tubo, este sofrerá uma torção, como representado na figura 2.5.16(c) o que provocará defasagem entre as frequências de oscilação de cada perna do tubo em "U", como representado no gráfico (B) da figura 2.5.15.

A torção que gera a defasagem entre os sinais dos detectores de posição situados em cada perna é resultado das forças de coriolis provocadas pela massa circulante (força do fluido) atuando em cada perna. Representando nas figuras 2.5.16 o tubo na posição horizontal por simplicidade (o tubo trabalha na vertical), temos explicitadas as forças que aparecem em cada perna do "U", as quais têm sentidos diferentes, como representado na figura 2.5.16(a). Estas forças resultam da composição do movimento de translação do fluido pelo tubo com o de rotação, este último devido ao pequeno arco de círculo descrito, o qual é provocado pelo sistema eletromagnético de polaridade oscilante, resultando num deslocamento das moléculas do fluido, nos moldes dos provocados pelas forças de coriolis. As forças aparecem porque quando o tubo rotaciona para cima da sua posição de repouso, conforme esquema da figura 2.5.16(b), o fluido que entra é forçado pela parede inferior do tubo a mudar sua direção, se deslocando para cima e consequentemente a parede é forçada pelo fluido para baixo. Esta força dependerá da massa do fluido que a provoca. Já o fluido que sai do tubo é forçado a mudar sua direção pela parede superior do tubo, conforme representado na figura 2.5.16(b) e consequentemente, o tubo de saída do fluido será empurrado para cima, como na figura 2.5.16(b), produzindo assim o binário que torcerá o tubo.

O que se observa, portanto, é que à medida que o fluido passa pelo tubo com velocidade, mantida a oscilação do tubo, cada perna do "U" sendo submetida a forças de sentidos contrários em suas paredes internas, conforme figura 2.5.16(a), ficará submetido a um binário que, por sua vez, gerará um momento que provocará a pequena deformação do tubo, torcendo-o, conforme figura 2.5.16(c).

É desta forma que o fluido gera um momento torçor aplicado no tubo vibrante, o qual dá a ele a conformação mostrada na figura 2.5.16(c). Quando o tubo se desloca para baixo de sua posição de repouso, a torção do tubo é no sentido oposto, ou seja, o fluido que entra força o tubo para cima e o que sai para baixo.

Como as forças torçoras são forças de inércias e, portanto, proporcionais à massa do fluido em escoamento, a medida da torção do tubo nos informa qual a massa em trânsito por ele. Esta medida é feita pelos detectores de posição (sensores eletromagnéticos) representados na figura 2.5.15. Estes colocados em cada perna do tubo medem também as respectivas frequências de vibração de cada perna, como esquema dos gráficos (A) e (B) da figura 2.5.15, e pela defasagem destas frequências de vibração inferem, com o uso de uma eletrônica própria, a vazão mássica em escoamento.

Figura 2.5.16 – Princípio de funcionamento do medidor tipo coriolis.

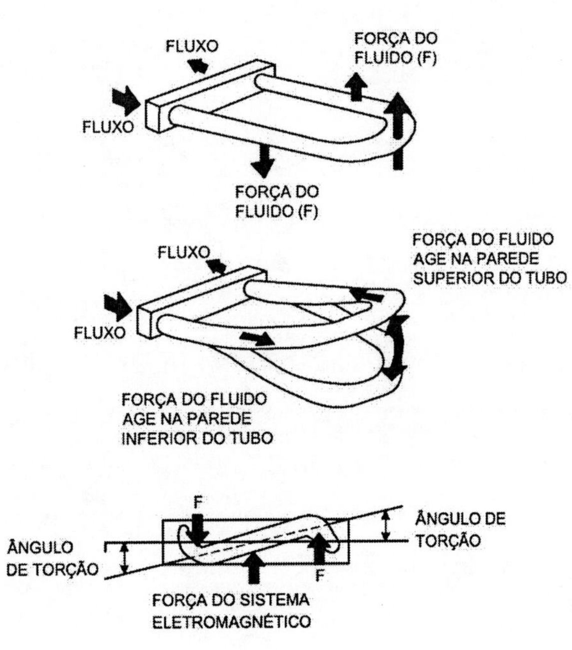

Fonte: autor

b) aplicações

Os medidores coriolis se adequam a medidas de líquidos e gases. A medição gera em transmissores saída linear com a variação do fluxo mássico, independentemente da variação de pressão, temperatura, densidade, perfil de escoamento, viscosidade e condutividade do fluido. Estes medidores provocam pequenas perdas de pressão no escoamento. Quando bem calibrados, apresentam ótima exatidão, a qual pode chegar a valores em torno de 0,2% e uma rangeabilidade em torno de 10:1. Características operacionais devem ser obtidas com os fabricantes[50]. Como limitações nas aplicações, estes medidores não são adequados a medidas de gases e líquidos com baixo número de Reynolds, não se recomendando também o seu uso em tubulações de grandes diâmetros (acima de 8"), onde o seu tamanho dificulta sua instalação e manutenção.

2.5.8 – Medidores de deslocamento positivo

a) funcionamento

Os medidores de deslocamento positivo, ou medidores volumétricos, são instrumentos capazes de dividir o volume de fluido cuja vazão se quer medir em volumes discretos conhecidos e contar quantos destes volumes conhecidos passam num dado tempo através do medidor. Para dividir o volume a ser medido em volumes discretos, todos os medidores de deslocamento positivo apresentam partes mecânicas móveis que executam movimentos periódicos. Durante cada ciclo periódico de movimento das partes móveis do medidor, volumes conhecidos são continuamente jogados da sua entrada para a sua saída, entrando novos volumes conhecidos a cada ciclo. A energia necessária para mover os internos do instrumento é retirada do fluido cuja vazão está sendo medida. Desta forma, ocorre uma pequena redução na pressão do fluido entre a entrada e a saída do medidor.

As tecnologias construtivas destes medidores são variadas e nomeiam os medidores, sendo comuns nas medições de *líquidos* os medidores do tipo disco nutante, o de palhetas rotativas e o de pistão oscilante. Em medições de *gases* temos os medidores de foles e para *líquido ou gás*, por exemplo, o medidor de lóbulos.

O *disco nutante* está representado na figura 2.5.17(a) (nutação significa oscilar de um lado para outro). O disco nutante executa no interior de uma câmara, que conecta a entrada com a saída do medidor, um movimento de nutação, semelhante ao movimento de um pião que está prestes a parar de rodar. Este disco se encaixa em uma placa (septo) em relação a qual se desloca verticalmente para cima e para baixo. O conjunto disco-septo se encaixa na câmara que se conecta a entrada e a saída do medidor. O septo separa esta daquela como representado na figura 2.5.17(a)(b). O fluido ora entra acima do disco e ora abaixo.

[50] Ver exemplo de fabricante de medidores tipo coriolis em ENDRESS HAUSER, [c20—d].

Figura 2.5.17 – Tipo de medidor volumétrico com disco nutante: (a) disco nutante; (b) corte do disco montado na câmara.

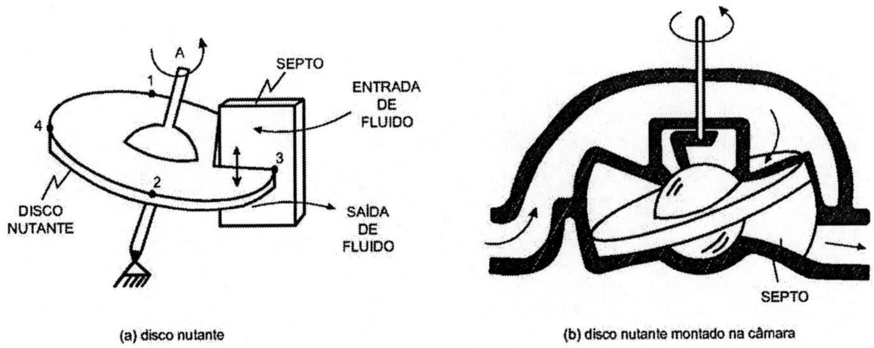

Fonte: autor

O medidor volumétrico de líquido tipo *palhetas rotativas* (*rotating vane*) consiste de palhetas encaixadas em um cilindro, conforme figura 2.5.18. As palhetas são empurradas para fora do seu encaixe por molas. O conjunto é inserido numa câmara cilíndrica. O cilindro que suporta as palhetas (rotor) gira excentricamente em relação ao espaço cilíndrico da câmara por ação do fluido que vem da entrada do medidor e caminha para sua saída. A palheta ao passar pela entrada recebe um volume discreto de fluido a ser medido e conforme gira na câmara e se aproxima da saída, o volume na pequena câmara formada entre duas palhetas consecutivas e os cilindros (da câmara e do rotor) diminui, obrigando o líquido a sair do medidor.

Figura 2.5.18 – Medidor de palhetas rotativas.

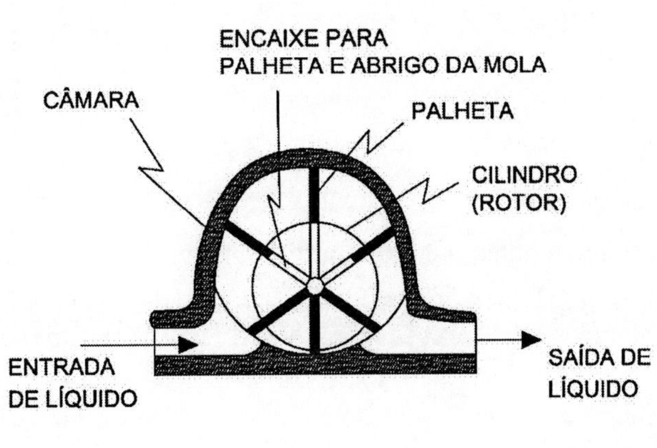

Fonte: autor

Os medidores volumétricos tipo *pistão oscilante*, consistem de uma câmara cilíndrica, dentro da qual gira excentricamente um pistão cilíndrico, como esquema da figura 2.5.19. São adequados para líquidos.

Figura 2.5.19 - Esquema de funcionamento do pistão oscilante.

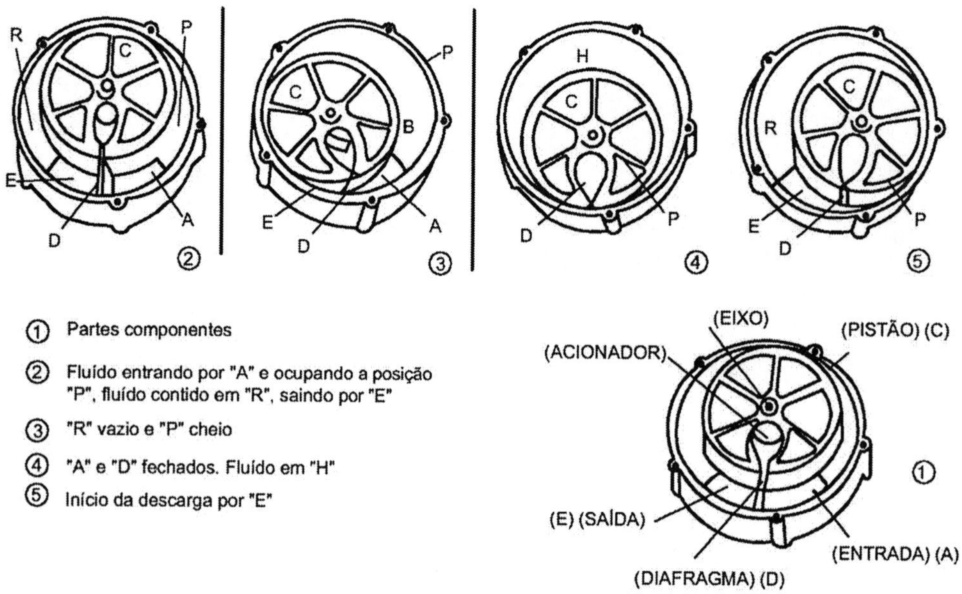

Fonte: autor

O pistão cilíndrico oscila ao longo de um septo que separa a entrada da câmara cilíndrica, da saída. O líquido entrando no medidor força, o pistão cilíndrico a executar uma volta completa no medidor, sempre tangenciando a parede interna do cilindro externo, como esquematizado na figura 2.5.19. Como a cada volta do pistão cilíndrico, passa da entrada para a saída do medidor um volume conhecido do fluido cuja vazão se quer medir, dispositivos ligados ao eixo do acionador representado em (1) na figura 2.5.19 contam o número de voltas do pistão cilíndrico, inferindo daí a vazão passante pelo medidor.

Os *medidores de lóbulos rotativos* se adequam a medidas de gases e líquidos. São constituídos por dois lóbulos que se engrenam através de pequenos dentes, mantendo a sua posição relativa durante a rotação. Funcionam da seguinte maneira conforme esquema da figura 2.5.20:

diagrama 1 – o medidor se movimenta devido ao diferencial de pressão que se estabelece na engrenagem superior A e produz um momento em torno do seu eixo. O lóbulo A arrasta o B a ele engrenado;

diagrama 2 – o volume V aprisionado na câmara superior ao lóbulo A (diagrama 1) é liberado para a saída do medidor, sendo novo volume discretizado abaixo do lóbulo B;

diagrama 3 – o diferencial de pressão sobre o lóbulo B movimenta o conjunto de forma análoga à descrita para o diagrama 1.

Sendo conhecido o volume V, pode ser contabilizada a vazão, medindo-se o número de ciclos no tempo executados pelo instrumento.

Figura 2.5.20 - Medidores de lóbulos rotativos.

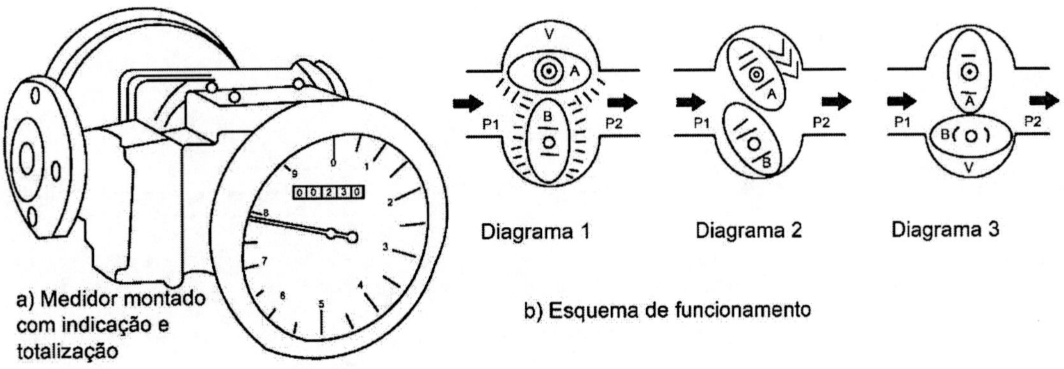

Fonte: autor

Os *medidores de gás com foles* (quatro câmaras) têm o esquema construtivo como representado na figura 2.5.21.

Figura 2.5.21 - Medidor de gás com foles (quatro câmaras).

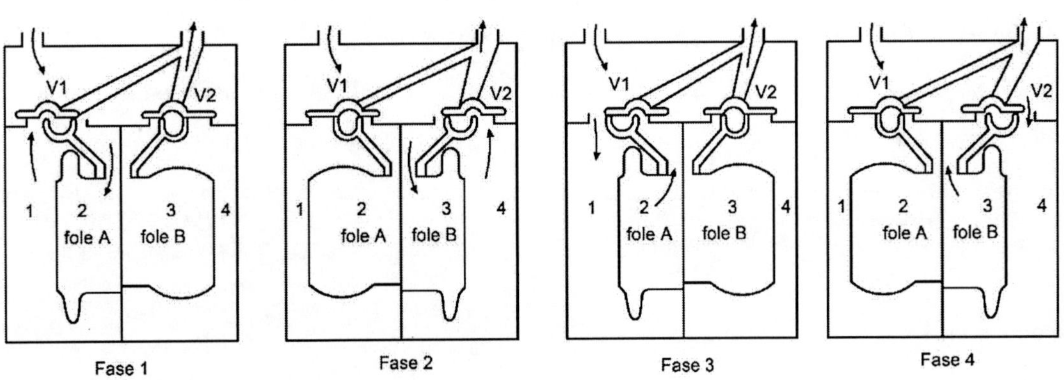

Fonte: autor

O corpo do medidor é dividido internamente em duas grandes câmaras as quais contêm cada uma um fole, o qual divide cada uma das câmaras anteriores em outras duas câmaras: uma interna ao fole e outra externa a ele. Temos, portanto, um total de quatro câmaras, numeradas na figura 2.4.21 por 1, 2, 3 e 4.

Vejamos o funcionamento do medidor pela figura 2.4.21. Na fase 1 a válvula deslizante (*slide valve*) V1 permite a saída do gás da câmara 1 e a admissão na 2. O gás sendo admitido na câmara 2 expande o fole A que expulsa o gás de 1. Na fase 2 a posição da válvula deslizante V2 é tal que o gás entra na câmara 3 e permite a expulsão do gás da câmara 4. Na fase 3 admite-se gás em 1, expulsa-se de 2 e na fase 4 admite-se em 4 e expulsa-se de 3.

As válvulas deslizantes são acopladas mecanicamente aos foles por meio de alavancas e manivelas sendo, portanto, movimentadas por estes. Os foles são também conectados a um jogo de engrenagem que permite a contabilização do volume passante pelo medidor.

b) aplicações

Diferentemente de outros medidores que medem vazão volumétrica ou mássica, os medidores de deslocamento positivo são, devido às suas características construtivas, muito adequados a totalização de vazões no campo (contabilização do volume total passante pelo medidor). Instrumentos deste tipo são muito usados na indicação de volumes de hidrocarbonetos líquidos como petróleo e gasolina, podendo medir vazões desde poucos litros por minuto até cerca de 3500 m^3/h, com exatidão da ordem de $\pm$ 1% do valor medido.

O fato de medir volume aliado à boa precisão que pode ser conseguida com estes medidores, os indica para uso em transações comerciais onde se compra ou se vende produtos fluidos. A precisão destes instrumentos está associada, em grande parte, a vazamentos que possam ocorrer entre as partes móveis e entre estas e a carcaça do medidor (o fluido escapa para a saída sem ser contabilizado pelo medidor). Assim, quanto maiores os medidores, melhor tende a ser a precisão uma vez que os vazamentos representam percentualmente menos quando comparados com o volume circulante. O mesmo se aplica a líquidos mais viscosos que tendem a fluir com maior dificuldade pelas folgas do medidor.

Deve-se observar, tanto na operação quanto na instalação, as recomendações dos fabricantes[51], como instalação de filtros na tubulação e os fluidos com que os medidores podem operar, como por exemplo, o disco nutante, o de palhetas oscilantes e o de pistão rotativo para medidas de líquidos; os medidores de foles para gases; os medidores de lóbulos para líquidos ou gases.

2.5.9 – Medidores de área variável

Os medidores de área variável funcionam mantendo constante a variação da pressão do fluido em escoamento ao longo do instrumento, através da variação da área de passagem desse fluido, ainda que o fluido sofra variações na sua vazão. Assim, nos medidores de área variável, existe uma área que varia seu valor e uma pressão diferencial constante entre a entrada e a saída. O instrumento de uso industrial mais comum, que funciona dentro deste princípio, é o *rotâmetro*.

a) funcionamento

[51] Ver exemplo de fabricante de medidores volumétricos em, MEDITEC, 2010; METROVAL, [20—a]; OMEGA, c2015, MINULIGHT, c2021 e LUTZ, c2020.

Na sua construção clássica, os rotâmetros têm um corpo de vidro com seção interna de área variável, na qual se desloca um flutuador, como representado na figura 2.5.22(a). O flutuador é livre para se deslocar verticalmente através de um tubo.

Figura 2.5.22 – (a) partes do rotâmetro com escala linear; (b) forças atuando no flutuador

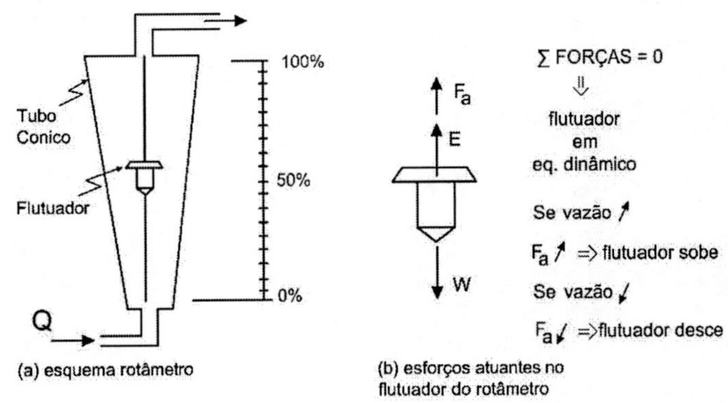

Fonte: autor

Quando a vazão aumenta, o flutuador se desloca para cima. Quando a vazão diminui, o flutuador se desloca para baixo. Este movimento é resultado da variação da força de arrasto (Fa) atuando sobre o flutuador (ver figura 2.5.22(b)). Esta força de arrasto pode ser calculada pela expressão na forma:

$$Fa = K.\ v^2$$

onde:

- K é uma constante que inclui o chamado coeficiente de arrasto do fluido, a densidade do fluido, suposta constante, e a área da seção reta transversal do flutuador.
- v é a velocidade do fluido que passa pelo flutuador.

Sobre o flutuador, além da força de arrasto, atuam o peso (W) e o empuxo do líquido (E), como representado na figura 2.5.22(b). Se estas forças estão em equilíbrio, o flutuador fica estacionado na posição que propiciou tal equilíbrio.

A área que permite a passagem do fluido cuja vazão se deseja medir é a área "A" do anel circular formado entre a parede interna do tubo, de diâmetro variável com a altura, e o diâmetro da seção circular do flutuador, que é fixa.

O tubo do rotâmetro é construído de tal forma que esta área interna do anel (A), que permite a passagem do fluido varia linearmente com a elevação do flutuador.

Desta forma se, por exemplo, o fluido aumentar momentaneamente sua velocidade (v) na área de passagem em anel, a força de arrasto aumentará, devido ao aumento da velocidade. Com isto, o flutuador será arrastado para cima. Como a área "A" do anel aumenta com a altura do flutuador, a velocidade (v) do fluido, irá diminuindo à medida que o flutuador se desloca para cima, até atingir o valor que, novamente, reequilibre o flutuador.

Esta nova posição será proporcional à vazão, já que esta é o resultado do produto da velocidade (v), mantida constante, pela área do anel (A). Como o formato interno do tubo do rotâmetro é cônico, a vazão variará proporcionalmente à altura do flutuador, ou seja, a leitura na escala do rotâmetro será linear e proporcional à vazão "Q".

Assim, quando em funcionamento, à medida que a vazão do fluido aumenta (diminui) a força de arrasto aumenta (diminui) levando o flutuador a se deslocar, até que encontre uma nova posição de equilíbrio, permitindo, através do conhecimento desta posição, conhecer o valor da vazão que a provoca. Para conhecermos a vazão, o instrumento deve estar corretamente calibrado.

b) aplicações

Os medidores de área variável são de pouco uso na automação de processos, servindo mais à função de monitoração (leitura local da vazão). São em geral frágeis, devido ao seu corpo ser de vidro, muito embora alguns fabricantes[52] ofereçam este corpo em material metálico. Os rotâmetros de corpo metálico, em geral, têm um flutuador magnético que aciona magneticamente mecanismos externos ao corpo do tubo.

Os rotâmetros podem ser utilizados para medir vazões de líquidos ou gases, desde valores pequenos de vazão, como 0,3 m^3/h até valores da ordem de 1000 m^3/h, sendo muito comum seu uso em indicações de pequenas vazões onde os outros medidores têm pouca exatidão. Para dados operacionais e cuidados na instalação devem ser consultados os fornecedores.

2.5.10 – Guia de seleção

O quadro 2.5.1 lista os principais tipos de medidores de vazão relacionando a eles a rangeabilidade, exatidão de referência em termos de percentual do *span* e um sumário das aplicações típicas.

[52] Ver exemplo de fabricante de rotâmetros em YOKOGAWA, c2021c e INDFLOW, c2021.

Quadro 2.5.1 – Tabela de seleção para instrumentos de vazão.

MEDIDOR	RANGEABILIDADE Qmax./Q min.	EXATIDÃO % *SPAN*	APLICAÇÕES TÍPICAS
PLACAS	3:1	0,25 a 5	FLUÍDOS LIMPOS EM GERAL (FURO CONCÊNTRICO); COM ALGUM ARRASTE DE GÁS OU LÍQUIDO (FURO EXCÊNTRICO)
VENTURIS	3:1	1 a 7	ONDE SE DESEJA MENOR PERDA DE CARGA QUE AS PLACAS E SE TENHA ESPAÇO PARA INSTALAÇÃO
BOCAIS	3:1	1 a 7	ESCOAMENTOS COM ALTAS VELOCIDADES E FLUIDOS COM PEQUENOS ARRASTES DE SÓLIDOS OU DE UMA SEGUNDA FASE DO FLUIDO
PITOT	3:1	1 a 15	- LOCAIS COM POUCO ESPAÇO PARA INSTALAÇÃO; - FLUIDOS SEM ARRASTES DE SÓLIDOS
VORTEX	10:1 a 40:1	0,5	- ALTERNATIVA ÀS PLACAS EM LINHAS DE MENOR DIÂMETRO
MAGNÉTICO	30:1	1	- MEDIDA DE LAMAS E FLUÍDOS PASTOSOS; - FLUIDOS COM VARIAÇÕES DE VISCOSIDADE OU DENSIDADE
ULTRASSÔNICO	10:1	2	- NÃO INTRUSIVO; - LINHAS EXISTENTES; - MEDIDORES PORTÁTEIS
TURBINA	10:1 a 20:1	0,5	- TRANSAÇÕES COMERCIAIS
TÉRMICO	100:1	1	MEDIDA DE MASSA COM MENOS PRECISÃO QUE CORIOLIS
CORIOLIS	10:1	0,25	- MEDIÇÃO DIRETA DE MASSA EM LINHAS PEQUENAS OU ONDE SE TENHA ESPAÇO PARA INSTALAÇÃO
VOLUMÉTRICOS OU DESLOCAMENTO POSITIVO	10:1 a 20:1	0,1 a 5	- TOTALIZAÇÃO DA VAZÃO (MEDIDA DE VOLUME) -TRANSAÇÕES COMERCIAIS
ROTÂMETRO	10:1	1 a 5	- FLUIDOS COM VARIAÇÃO DE VISCOSIDADE; - BAIXAS VAZÕES; - INDICAÇÃO LOCAL DA VAZÃO

Fonte: autor

2.5.11 - Recomendações para instalação de instrumentos de vazão

Na instalação dos instrumentos que medem vazão volumétrica, e que a inferem a partir da velocidade, é importante que sempre que houver um acessório (curva, válvula, etc.) antes ou depois do medidor, seja deixado um *trecho reto livre* de tubulação à montante e à jusante do medidor. Estes trechos retos fazem-se necessários para garantir precisão na medição do instrumento.

O que ocorre é que nos cálculos dos instrumentos é suposto que o perfil de velocidades do fluido ao longo da tubulação onde está instalado o medidor seja simétrico, como mostrado na figura 2.5.23(a). Quando temos acessórios antes e/ou depois do sensor/medidor, o perfil de velocidade não fica simétrico como mostra a figura 2.5.23(b), onde se supõe o fluido entrando e saindo de uma curva da tubulação.

Figura 2.5.23 – Influência de acessórios de tubulação no perfil de velocidade de fluido em escoamentos: (a) com trechos retos suficientes; (b) com pouco trecho reto.

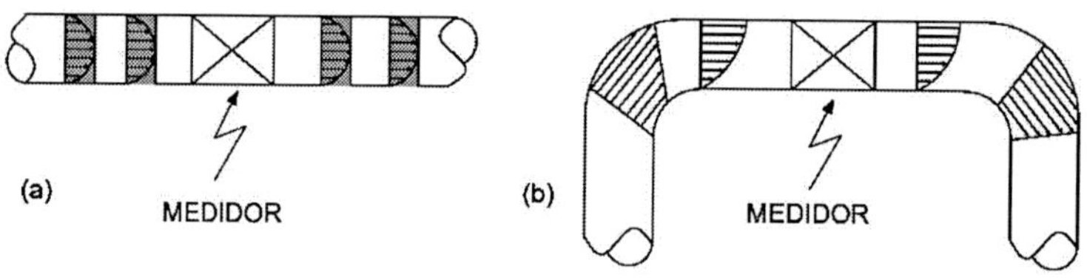

Fonte: autor

Sendo assim, de forma a ser restabelecido o perfil simétrico no escoamento na tubulação, necessita-se de um trecho reto antes e depois do sensor/medidor de vazão volumétrica de forma a permitir que o fluido escoe por um espaço que lhe permita voltar a ter velocidade simétrica em relação ao eixo de simetria da tubulação.

A determinação dos trechos retos é empírica e dependerá do tipo de acessório que encontrarmos na tubulação. As recomendações de instalação dos fabricantes devem ser seguidas[53].Os trechos retos recomendados são, em geral, quantificados em função do número de diâmetros nominais da tubulação na qual o sensor/medidor será instalado (exemplo: 2D, 5D, etc);

O trecho reto antes dos medidores pode ser reduzido com a utilização de dispositivos que alinham mais rapidamente o fluxo conhecidos como retificadores de fluxo (*straightening vanes*) (ver figura 2.5.24).

---

[53] Ver exemplo de características e recomendações gerais para medidores eletromagnéticos em CONAUT/KROHNE, 2018.

Figura 2.5.24 – Retificador de fluxo.

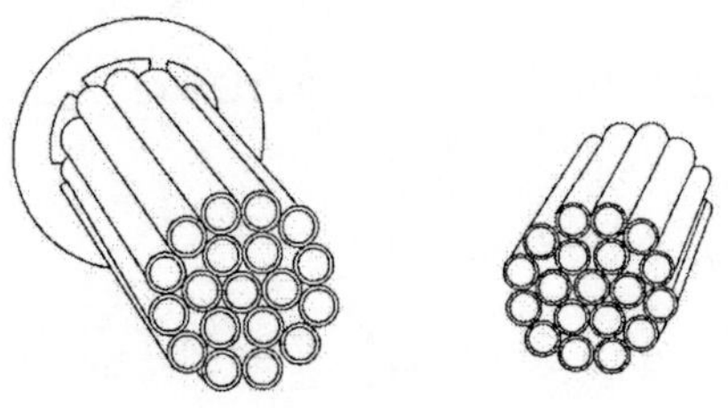

Fonte: autor

Cuidados devem ser tomados também com relação à posição de alguns medidores de vazão. Aqueles medidores que multiplicam a velocidade de escoamento do fluido pela área interna da tubulação, para encontrar os valores de vazão, como os magnéticos e tubos de Pitot, devem estar instalados em tubulações completamente cheias do fluido cuja vazão se quer medir.

Medidores do tipo Coriolis devem ser instalados de tal forma que os tubos vibrantes, por onde passam o fluido cuja vazão se quer medir, localizados internamente ao medidor fiquem na posição vertical.

Medidores que captam a pressão diferencial para medir a vazão, ou seja, aqueles que têm a placa, o venturi e os bocais como elementos primários devem ter instalações de tal forma que impeçam a presença de fluido em estado físico diferente do que se deseja medir (ou seja gás ou vapor nas medições de vazão de líquidos ou líquidos nas medições de gases e vapores) dentro das tubulações de tomada de pressão diferencial.

A recomendação é que as tomadas sejam feitas em trechos onde a tubulação pela qual o fluido passa fique na vertical. Em tubulações horizontais recomenda-se tomadas na parte superior do tubo de passagem do fluido para medições de gases e na parte inferior em medições de líquidos. A figura 2.5.25 indica as localizações preferenciais das tomadas de pressão para cada tipo de fluido.

Figura 2.5.25 – Recomendações de instalação das tomadas de pressão para líquidos e gases/vapores em tomadas de medidores de vazão por pressão diferencial.

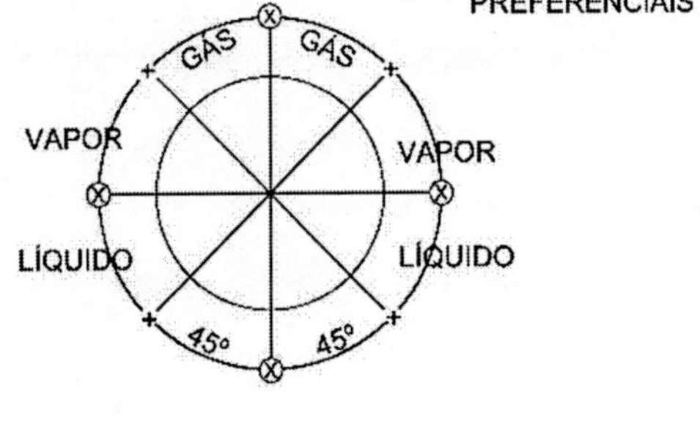

Fonte: autor

Deve-se evitar também o contato dos medidores com fluidos de processo que tenham arraste de sólidos. Nestes casos as tomadas de pressão devem ser feitas também na parte superior em tubulações horizontais de forma que os sólidos não entrem na tomada. Outra opção é a instalação com a tubulação de escoamento do fluido na vertical.

Deve-se evitar também contato de fluidos corrosivos ou entrada de fluidos sujos com os medidores de pressão diferencial, o que poderia danificá-los ou entupi-los. Nestes casos pode-se utilizar instalações com sistemas de purga, onde o fluido de purga, em geral um fluido do próprio processo, é lançado continuamente para dentro da tubulação por onde passa o fluido cuja vazão se quer medir, a partir da linha de tomada de pressão, conforme esquema da figura 2.5.26.

Figura 2.5.26 – Sistema de purga para evitar contato do fluido de processo com o medidor de pressão diferencial.

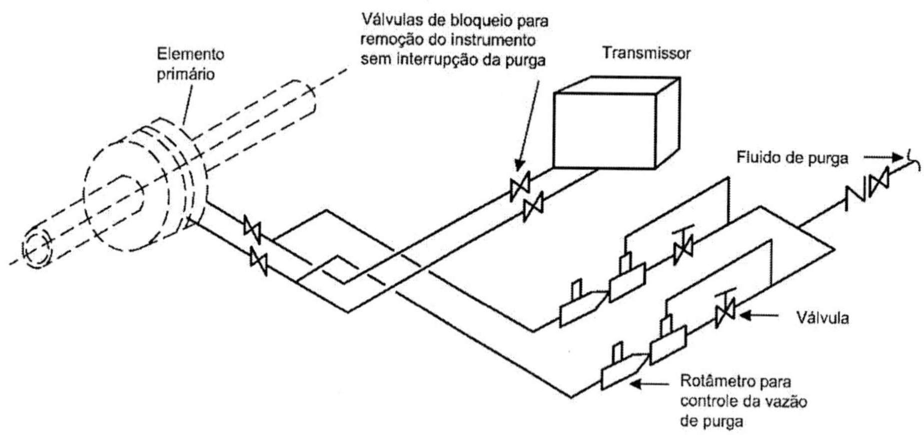

Fonte: autor

Da mesma forma, fluidos que possam se solidificar ou polimerizar dentro das linhas de tomada de pressão diferencial não deverão entrar nestas linhas. No caso da possibilidade de congelamento dos fluidos dentro das linhas de tomada de pressão ou dos medidores em geral recomenda-se manter as linhas de tomada de pressão diferencial aquecidas com finos tubos de vapor envolvendo as tubulações de tomada de pressão, ou seja, usando os traçadores de vapor (*steam tracer*).

Em instalações de placas deve-se ter atenção com a sua posição de instalação, de forma tal que o fluido de processo as ataque pelo ângulo reto no caso de placas com bordos retos e pelo quadrante em caso de placas de bordo quadrante. Ainda nos casos dos medidores que medem vazão por pressão diferencial os medidores devem ser instalados o mais próximo possível das tomadas de pressão de forma a melhorar a velocidade de resposta. A linhas de tomada de pressão devem ser iguais e normalmente tem ½" de diâmetro interno. Além disso, recomenda-se instalação de válvulas de bloqueio, dreno e respiro entre a tomada de pressão e o medidor de pressão diferencial (ver figura 2.5.27).

Figura 2.5.27 – Válvulas de bloqueio, dreno e respiro.

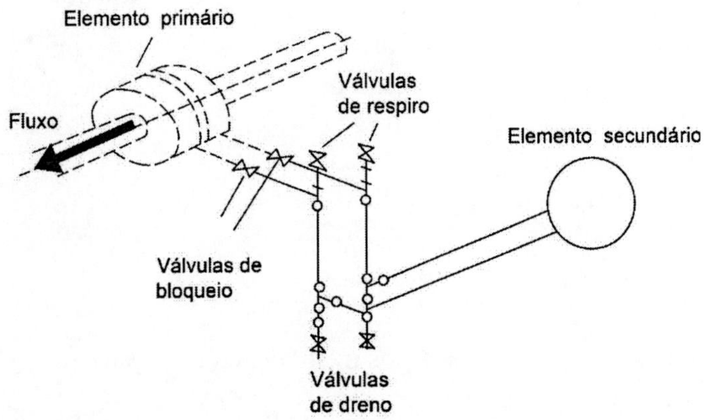

Fonte: autor

Questões de síntese do conteúdo

2.5.1 – Qual a massa de gás medida em kg/h, correspondente a uma vazão de 50 m^3/h, sabendo-se que a massa específica do gás é de $\rho = 10 \text{ kg/m}^3$? Se esta vazão volumétrica estiver sendo medida na temperatura de 200 °C, qual o valor aproximado da vazão na temperatura normalizada de 20 °C, considerando que não houve modificação no valor da pressão e do peso molecular do gás?

2.5.2 – Cite três classes de medidores de vazão, com um exemplo de medidor para cada classe.

2.5.3 – Qual o princípio em que se baseiam os medidores de vazão do tipo pressão diferencial para efetuar a medição? Qual a equação que define a relação entre a vazão e a pressão diferencial medida no elemento secundário de medida de vazão?

2.5.3 – Qual a vazão que passa por um tubo venturi que tem na saída do transmissor de pressão diferencial a ele associado um sinal de 50% do *range* máximo do medidor de pressão diferencial? Sabe-se que quando a vazão é máxima, e igual a 1000 m^3/h (100% da vazão), o medidor de pressão diferencial gera uma medida de pressão diferencial igual a 5000 mm H2O.

2.5.4 – Quais as vantagens do tubo venturi sobre as placas de orifício? E dos bocais de vazão sobre as placas?

2.5.5 – Um tubo de pitot medindo vazão de água, mede na sua tomada de pressão alta um valor de 100 mm de coluna de água e na tomada de pressão baixa 50 mm de coluna de água. Qual a velocidade que está sendo medida, sabendo-se que quando a vazão é de 1000 m^3/h a pressão diferencial entre a tomada de alta e baixa é de 100 mm de coluna de água e que a área do tubo no qual o pitot está inserido é de 200 mm^2?

2.5.6 – Qual o princípio de funcionamento dos medidores do tipo vortex? Que tipo de fluido se adequa a sua utilização?

2.5.7 – Cite dois medidores de vazão do tipo eletromecânico. Para uma tubulação já instalada, onde se deseja fazer apenas testes de verificação da vazão interna do tubo sem fazer grandes mudanças na instalação existente, que medidor você recomendaria? Para que aplicações você indicaria o medidor magnético? Para fluidos compatíveis com a aplicação dos medidores magnéticos e ultrassônicos, seria indiferente de qualquer um dos medidores para medir vazão de um fluido que tem variação significativa de densidade?

2.5.8 – Explique resumidamente o funcionamento dos medidores de vazão do tipo turbina. O que é o fator K da turbina e para que serve?

2.5.9 – Qual a vantagem dos medidores mássicos sobre os medidores volumétricos? Quais os tipos mais comuns de medidores mássicos? Comparando os medidores térmicos e de coriolis, qual você escolheria para unidades industriais onde o espaço para a instalação do medidor fosse muito reduzido?

2.5.10 – Explique resumidamente o funcionamento de um medidor de vazão térmico.

2.5.11 – Cite algumas aplicações dos medidores volumétricos. Cite um tipo de medidor adequado à medição de gás, outro adequado à medição de líquidos e outro que meça líquido e gás. Qual tipo de medidor poderia ser instalado na medição do consumo de água residencial?

2.5.12 – Qual a aplicação recomendada para os rotâmetros? Descreva seu funcionamento geral.

2.5.13 – Cite alguns cuidados que devem ser tomados na instalação de medidores de vazão? E dos que medem vazão volumétrica em particular? O que é um retificador de fluxo e para que serve? Quais os cuidados na instalação de medidores que medem por pressão diferencial? E nos medidores tipo coriolis?

2.6 - Medição de nível

2.6.1 – Conceituação

Medir nível é determinar a localização da altura, em relação a um referencial conhecido, da linha superior de um líquido ou sólido quando este está acondicionado em equipamentos como tanques, vasos e silos e em reservatórios abertos como lagos e açudes ou em canais abertos, como rios.

A linha superior do líquido ou sólido que se localiza pode ser a linha de superfície do líquido em contato com um gás, como na medição do nível de líquido dentro de um vaso de oxigênio líquido, ou a linha de superfície de um líquido com vapor, como num tubulão de uma caldeira, onde temos vapor na parte superior e líquido na parte inferior do tubulão, ou pode ser a linha de interface entre dois líquidos, como no caso de um separador de água e óleo, onde o óleo sobrenadando a água, cria uma interface identificável, ou a interface entre um líquido e um sólido, como o nível em vasos de decantação, ou ainda o nível entre líquidos ou sólidos e outras substâncias como espumas e materiais flutuantes nos líquidos.

A medição de nível em unidades industriais é de fundamental importância e à precisão de tal medida podem estar ligados fatores econômicos, qualidade de produtos acabados, segurança, controle de estoques de líquidos e sólidos, dentre outras exigências para o bom curso da produção industrial.

As medidas de nível são expressas, em geral, em unidades de comprimento, como metro, milímetro, polegada e outras. Nestes casos, como em geral conhecemos a geometria dos equipamentos, a medida linear permite determinar o volume de líquido nele contido, multiplicando o nível pela área da seção, por exemplo, em equipamentos cilíndricos. O nível pode ser expresso também em percentual (%) do desnível total admitido no equipamento. Neste caso dizemos que o nível está em 25%, por exemplo, significando que ele variou 25% da máxima variação possível.

2.6.2 – Tipos de instrumentos de medição de nível

Embora nosso interesse principal na automação industrial seja gerar informações para os sistemas de controle, monitoração, alarme e gestão, é comum encontrarmos na indústria instrumentos chamados visores de nível, que sendo construídos, na maioria das vezes com uma face de vidro, simplesmente permitem a visualização da localização do nível dentro dos equipamentos. Os visores, apesar de instrumentos destinados à monitoração de campo, comporão o primeiro conjunto de instrumentos a serem apresentados brevemente neste capítulo.

O segundo tipo de instrumento que olharemos aqui são as chaves de nível. Estas são feitas, como todas as chaves, para acionar alarmes, ou ligar e desligar equipamentos, ou acionar algum tipo de sinalização.

O terceiro tipo de instrumento é composto pelos transmissores. Estes se utilizam em suas construções de variadas tecnologias, as quais apresentaremos em resumo neste capítulo.

2.6.3 – Visores de nível

Os visores são instalados nos equipamentos mesmo que se tenha outros instrumentos como transmissores, chaves e controladores, de forma a permitir a supervisão do funcionamento destes. Os visores mais comuns são aqueles onde o nível no equipamento pode ser observado através de uma janela de vidro incorporada ao instrumento.

O primeiro tipo de visor é o de *vidro tubular*, representado na figura 2.6.1(a). Este visor, devido à sua fragilidade, é de pouca aplicação na indústria.

Figura 2.6.1 – Visores de nível: (a) de vidro tubular; (b) de vidro plano.

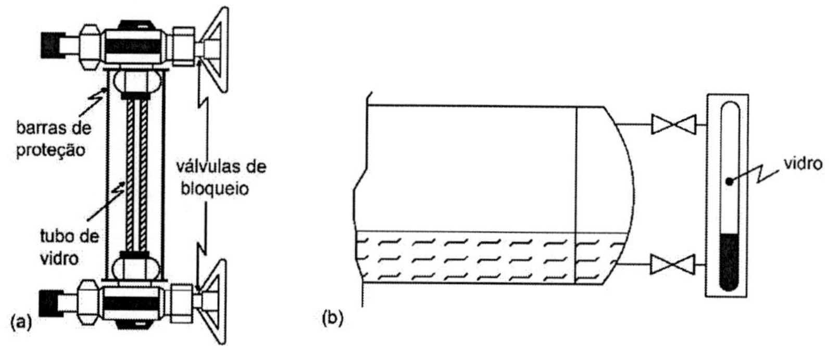

Fonte: autor

A construção usual dos visores de nível tubulares consiste basicamente de um tubo de vidro fixado entre duas válvulas que servem para isolar o medidor do equipamento, quando assim se desejar. As válvulas possuem gaxetas na parte que se liga ao vidro, para permitir a vedação do instrumento. De forma a se evitar que o vidro deste tipo de visor seja atingido acidentalmente por objetos que possam quebrá-lo, ele pode possuir barras metálicas para proteção do vidro ou um segundo tubo de plástico transparente, colocado em volta do vidro tubular.

Devido à sua fragilidade, aos consequentes riscos e à pouca confiabilidade resultantes, esses visores são aplicados em serviços não críticos como para medir nível de fluidos não inflamáveis, por exemplo.

O segundo tipo de visores é o dos *visores de vidro plano* (ver figura 2.6.1(b)). Estes se apresentam em duas formas construtivas básicas: visores *transparentes e refletivos.*

Os *visores do tipo refletivo*, apresentam o aspecto mostrado na figura 2.6.2(a) e com seção reta como na figura 2.6.2(b). Estes medidores têm no seu corpo, um canal por onde passa o líquido. O corpo pode ser usinado a partir de uma barra (apresentando em geral a seção reta quadrangular) ou construído com tubo (em geral, seção reta circular) de aço carbono, aço inoxidável e alumínio, podendo ser usada proteção metálica do canal ("*lining*") se o fluido de processo assim o exigir.

Sobre o canal, encaixado no corpo, encontra-se um vidro plano o qual apresenta na sua face interna ranhuras prismáticas que vão lhe conferir propriedades peculiares. O vidro é fixado no corpo por meio de um "espelho" metálico.

Figura 2.6.2 – Visor refletivo.

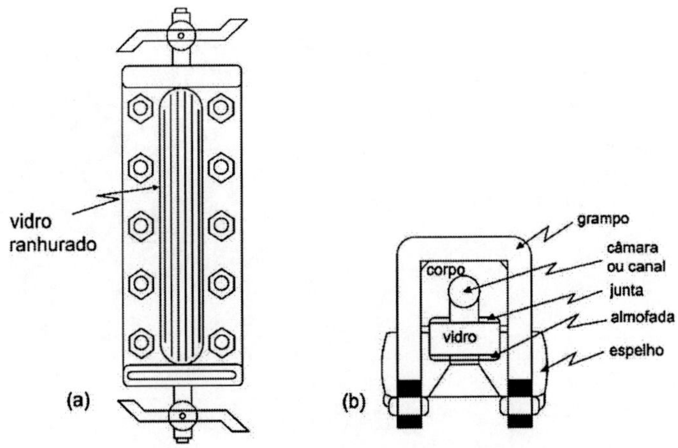

Fonte: autor

A característica peculiar dos visores de nível tipo refletivo é dada pelas ranhuras prismáticas, presentes na face interna do vidro. Estas ranhuras produzem a refração da luz quando esta passa do vidro para o líquido cujo nível se quer medir e a reflexão da luz quando vai do vidro para um gás ou vapor. Assim sendo, quando o canal do medidor está com gás ou vapor no seu interior, a luz incidente será refletida pelas superfícies prismáticas levando o vidro a apresentar uma coloração prateada, como um espelho. Quando o líquido começa a encher o canal, a parte por ele ocupada aparece escura, devido ao fato de a luz ser quase toda refratada, havendo, pois, muito pouca reflexão. (ver figura 2.6.3).

Desta forma, este visor de nível é muito indicado para medidas envolvendo líquidos incolores, pois, a parte ocupada pelo líquido sempre aparecerá escura e a ocupada pelo vapor ou gás, prateada, tornando-se assim, bastante visível o nível do líquido dentro do equipamento, independentemente da cor do fluido medido.

Figura 2.6.3 – Reflexão e refração da luz pelo vidro do visor refletivo.

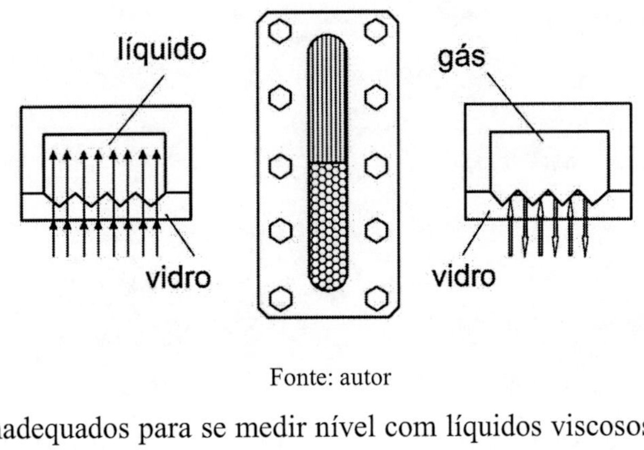

Fonte: autor

Estes visores são inadequados para se medir nível com líquidos viscosos, pois, estes podem escorrer pelo vidro vagarosamente, falseando a leitura. Esses visores são também inadequados para monitoração de interface entre líquidos, pois todo o vidro se tornaria escurecido, devido a presença do líquido em todo o canal.

Os *visores de vidro do tipo transparente* apresentam o aspecto mostrado na figura 2.6.4(a) e seção reta como na figura 2.6.4(b). Nestes medidores, o canal por onde passa o fluido pode ter seção circular ou retangular. Estes visores possuem dois vidros planos montados sobre lados opostos do canal, o que permite a luz atravessar o canal, sendo absorvida onde tem líquido, ficando, portanto, a região de vidro em contato com líquido, escurecida. Sobre cada vidro é colocado o espelho metálico, sendo o conjunto fixado por meio de parafusos.

Os visores de nível tipo transparente são usados para medidas de nível, onde o fluido de processo é colorido ou viscoso (permite a percepção da cor do fluido), onde desejamos detectar a interface de líquidos com cores diferentes e onde desejamos medir o nível de fluidos corrosivos ao vidro (serviços ácidos ou cáusticos corrosivos ao vidro). Neste último caso, a superfície interna do vidro é protegida com uma fina camada de material que evite o contato do vidro com o fluido agressivo (mica, por exemplo).

Figura 2.6.4 – Visor transparente: (a) aspecto geral; (b) seção reta.

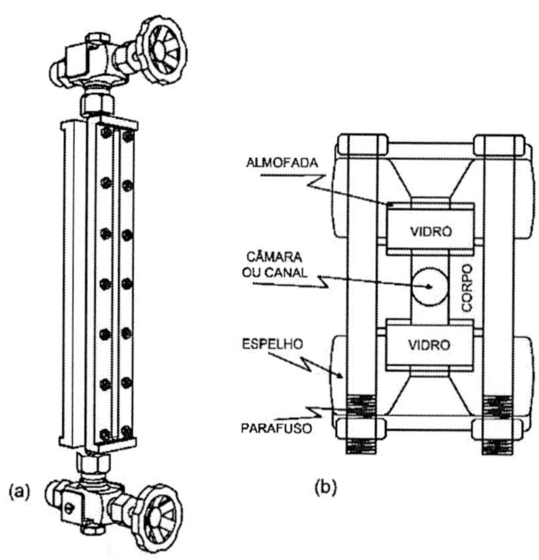

Fonte: autor

Nas aplicações onde o visor de vidro se mostra inadequado, seja pelo tipo de fluido, pelas condições de temperatura e pressão as quais o vidro será submetido em operação, ou outra razão qualquer, pode-se utilizar, para visualizar a posição do nível dentro dos equipamentos, os *visores magnéticos*.

A construção dos *visores magnéticos*, como pode ser melhor entendida pela observação da figura 2.6.5, consiste basicamente de um canal tubular ao longo do qual um flutuador magnético se desloca acompanhando as variações do nível. Na parte externa do tubo, encontram-se lâminas metálicas, de material magnético, com faces pintadas de cores diferentes, e capazes de girarem 180º em torno de seu eixo horizontal.

Quando o nível no canal se eleva, o flutuador se desloca forçando as lâminas a girarem em torno de seu eixo por ação do flutuador magnético. Como as lâminas são pintadas de cores diferentes em cada face, a parte que está da superfície livre do líquido para baixo, aparecerá de uma cor e dela para cima de outra, permitindo a deteção do nível dentro do equipamento.

Figura 2.6.5 – Esquema do visor de nível magnético.

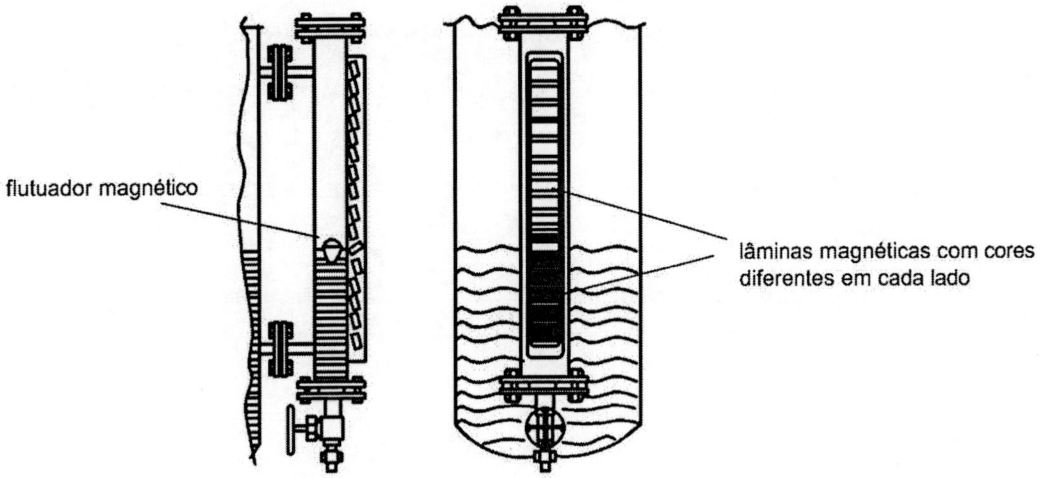

Fonte: autor

Por sua natureza construtiva, estes medidores apresentam precisão limitada em função da largura das lâminas de aço.

2.6.4 – Chaves de nível

As chaves são instrumentos que acionam a abertura ou fechamento de contatos elétricos. No caso das chaves de nível, isto ocorre quando o nível atinge determinados valores, pré-ajustados na chave.

Quase todos os processos industriais têm chaves de nível, sejam processos que manuseiam sólidos como nas indústrias de mineração, alimentos, ou indústrias que manuseiam líquidos, como a química, de petróleo e de bebidas.

Os sensores utilizados para acionar circuitos geradores de sinais em transmissores podem ser utilizados também para o acionamento dos contatos das chaves de nível, porém alguns sensores que serão vistos neste item, são mais usualmente incorporados nas construções das chaves e não se adequam bem aos transmissores.

Os sensores mais comuns em chaves de nível industrial são: os flutuadores, as pás rotativas, as lâminas vibrantes, as células foto-elétricas e os detectores térmicos. Vejamos em linhas gerais o funcionamento destes sensores.

2.6.4.1 – Chaves com sensor tipo flutuador

As *chaves de nível tipo flutuador* são dispositivos simples e confiáveis, sendo o flutuador um sensor ainda muito utilizados nas chaves de nível. O princípio básico de funcionamento dos flutuadores é o de empuxo. A força de empuxo aparece atuando sobre os corpos quando os mergulhamos, total ou parcialmente, num meio fluido. A força de empuxo será igual ao peso do fluido deslocado pelo volume do corpo nele mergulhado. No caso dos flutuadores, irá se contrapor ao peso do flutuador, em geral leve e oco, como no esquema da figura 2.6.6. Assim os flutuadores ficam parcialmente submersos e se movem conforme a superfície livre do líquido se movimenta.

Figura 2.6.6 – Princípio de funcionamento dos flutuadores por empuxo.

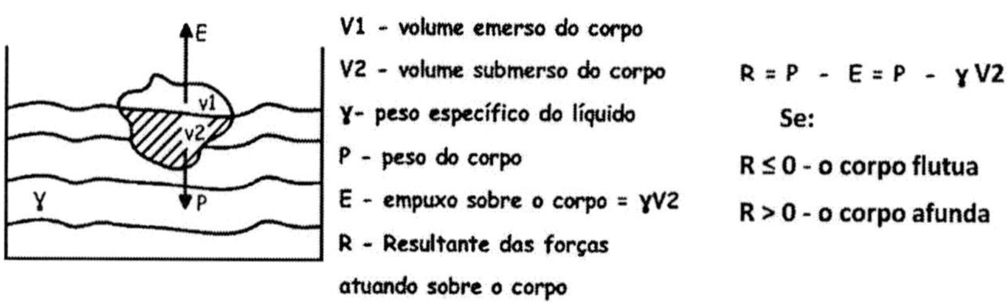

Fonte: autor

Nas chaves de nível tipo flutuador, chegando o flutuador num nível pré-ajustado na chave, esta promoverá o acionamento (abertura ou fechamento) de contatos elétricos. Uma forma de acionamento dos contatos é através de acoplamento magnético, num esquema conhecido como contato *reed*, o qual está representado na figura 2.6.7. Os contatos tipo *reed* são constituídos por lâminas metálicas magnéticas acondicionadas num invólucro hermeticamente selado. O movimento do flutuador acoplado a um imã, aproxima o imã das lâminas, provocando o contato destas e assim permitindo a passagem de corrente por elas.

Figura 2.6.7 – Contato *reed* acionado pelo movimento de imã acoplado ao flutuador.

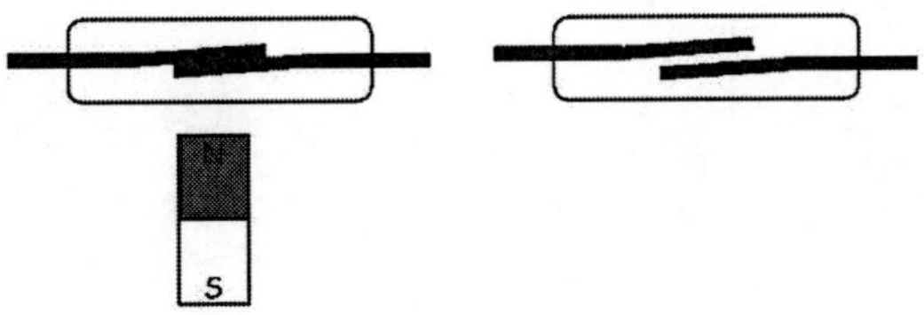

Fonte: autor

Outro esquema de acionamento de contatos é através de microchaves como representado na figura 2.6.8, onde temos um contato normalmente aberto sendo acionado mecanicamente pelo sensor.

Figura 2.6.8– Flutuador acionando microchaves.

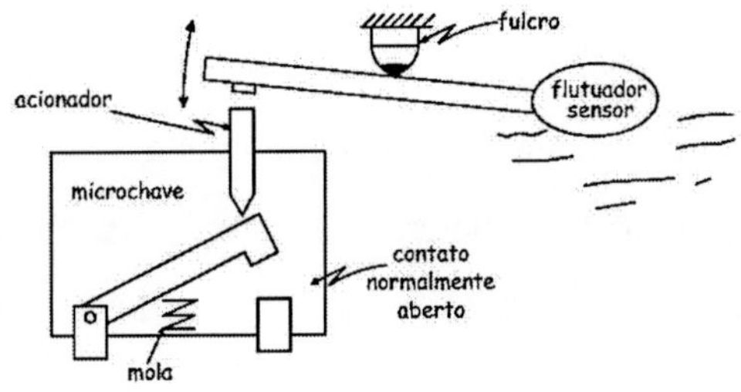

Fonte: autor

Devido ao seu deslocamento limitado, os flutuadores são próprios para acionamento de chaves, não sendo adequados para uso como sensores de transmissores, os quais exigem normalmente *ranges* maiores de deslocamentos do nível.

Em algumas outras aplicações, como no acionamento de réguas de leitura do tipo da representada na figura 2.6.9 (a) e de válvulas de controle auto-operadas, como a representada na figura 2.6.9(b), flutuadores são também utilizados como sensores.

Figura 2.6.9 – Outras aplicações dos flutuadores: (a) indicador de nível de tanque tipo régua; (b) válvula de controle diretamente operada por boia.

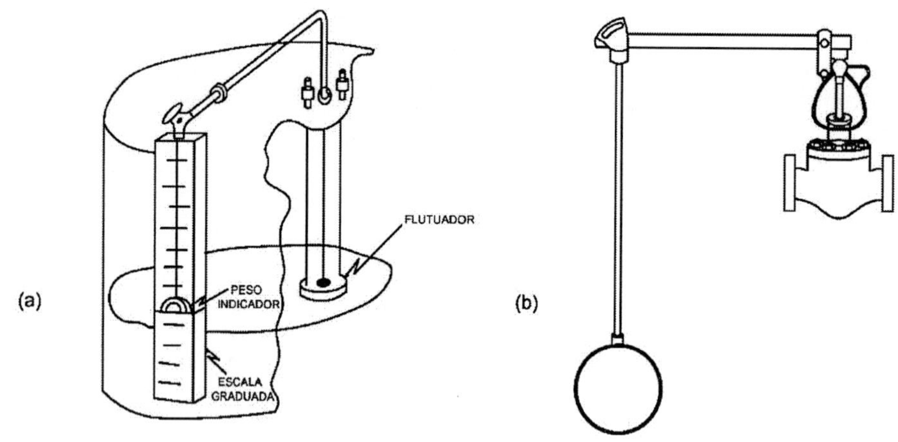

Fonte: autor

Os flutuadores são adequados para medição de nível em geral, e particularmente para fluidos de viscosidade elevada, sendo construídos de materiais como o cobre, aço inox, monel, hostelloy, teflon e PVC. O *range* de variações do nível percebido é de poucos centímetros, devido às limitações de deslocamento impostas pelo braço de alavanca que normalmente interliga o flutuador aos mecanismos de saída. A exatidão destes sensores é da ordem de alguns milímetros. As condições operacionais adequadas aos flutuadores devem ser definidas pelos fabricantes[54].

2.6.4.2 – Chaves com lâminas vibrantes

Os *sensores com lâminas vibrantes*, consistem basicamente de uma haste sensora, em geral em forma de um garfo, como esquema da figura 2.6.10, a qual vibra numa determinada frequência até que o material cujo nível se quer detectar entre em contato com ela. Este contato físico ocasiona a mudança da frequência de vibração da haste, indicando que o nível de acionamento foi atingido. Tal modificação é processada por um circuito eletrônico que aciona os contatos da chave de nível.

[54] Ver exemplo de fabricante de medidor de nível com flutuador (boia) em MAGNETROL, [202].

Figura 2.6.10 – Esquema de chave com sensor tipo lâminas vibrantes.

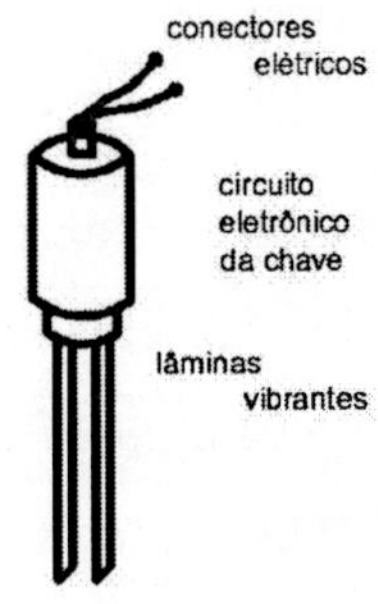

Fonte: autor

Pelo seu funcionamento, este tipo de chave é bem adequado para a detecção de produtos sólidos e de interfaces entre um líquido e um sólido, produtos pulverulentos ou de pequena granulometria[55].

2.6.4.3 – Chaves de pás rotativas

As *pás rotativas* são lâminas suspensas na altura cujo nível se quer detectar. O aspecto típico desta chave está representado na figura 2.6.11. Para detecção de nível, as lâminas ficam girando até que o produto cujo nível se quer medir entre em contato com elas, prendendo-as. O aumento do torque necessário para girar as lâminas é detectado por dispositivos que acionam os contatos das chaves.

Figura 2.6.11 – Esquema de chave com pás rotativas.

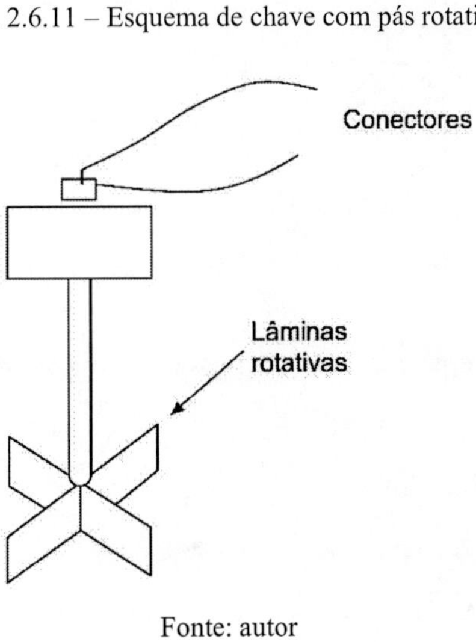

Fonte: autor

[55] Ver exemplo de fabricante de chave de lâminas vibrantes em VELKI, [20—c].

As pás rotativas são usadas para detecção de nível de materiais a granel em diferentes densidades, nível de sólidos, sobretudo de materiais granulados e em pó, e de alguns líquidos[56].

2.6.4.4 – Chaves capacitivas

Os sensores de nível capacitivos consistem basicamente de um capacitor construído no formato de uma sonda metálica (em geral cilíndrica) a qual é inserida no equipamento cujo nível se quer medir e um circuito eletrônico que, detectando a mudança na capacitância entre as placas da sonda ou entre a sonda e a parede do vaso que acondiciona o fluido cujo nível se deseja medir, gera um sinal de saída relacionado com esta mudança da capacitância.

A mudança da capacitância é provocada pela modificação do valor da constante dielétrica do capacitor construído com a sonda, devido a interposição do fluido cujo nível se quer medir, entre as placas do capacitor (placas da sonda ou entre a sonda e a parede do equipamento). A sensibilidade da chave capacitiva pode ser ajustada de acordo com as necessidades do cliente e de sua aplicação.

A chave capacitiva é instalada na lateral ou no topo do recipiente onde se encontra o material a ser monitorado. Um esquema de instalação na lateral está na figura 2.6.12. Quando funcionando como chaves, as sondas capacitivas são normalmente instaladas paralelas à superfície livre do líquido.

Figura 2.6.12– Sonda capacitiva montada na lateral do equipamento.

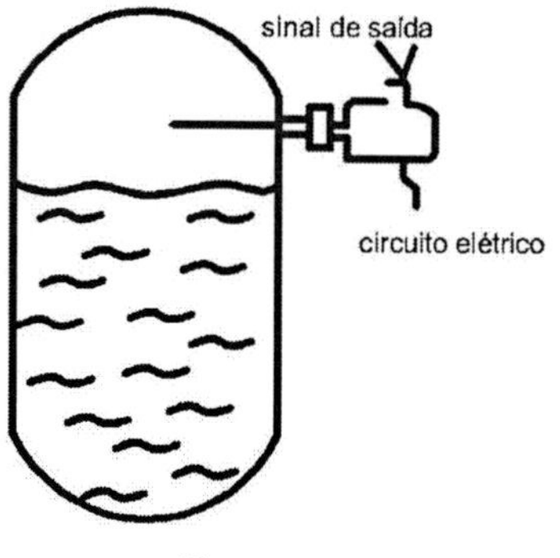

Fonte: autor

As sondas são construídas, em geral, aço inox, com isolamento de teflon, PVC ou cerâmica. Trabalham com exatidão da ordem de $\pm$ 0,5% do *span*, sendo esta afetada por variações no valor da constante dielétrica do fluido cujo nível se mede[57].

A *chave capacitiva* é capaz de detectar nível de substâncias que podem estar em estado sólido, líquido ou pastoso, agressivos, condutivos ou não condutivos, materiais granulados, pó, polpas,

---

[56] Ver exemplo de fabricante de chave de pás rotativas em VELKI, [20—b] e em BINDICATOR, [20—b].
[57] Ver exemplo de fabricante de chave capacitiva em VELKI, [20—a].

entre outros. Deve ser evitado o uso de sondas capacitivas com fluidos viscosos que possam aderir na sua superfície falseando a medida do nível.

2.6.4.5 – Chaves ultrassônicas

Quando usados como chaves, os *sensores ultrassônicos* poderão ter o emissor e o receptor montados em separado como no esquema de instalação A da figura 2.6.13 ou montados num mesmo corpo, como instalação B na figura 2.6.13[58].

Figura 2.6.13 – Chaves ultrassônicas.

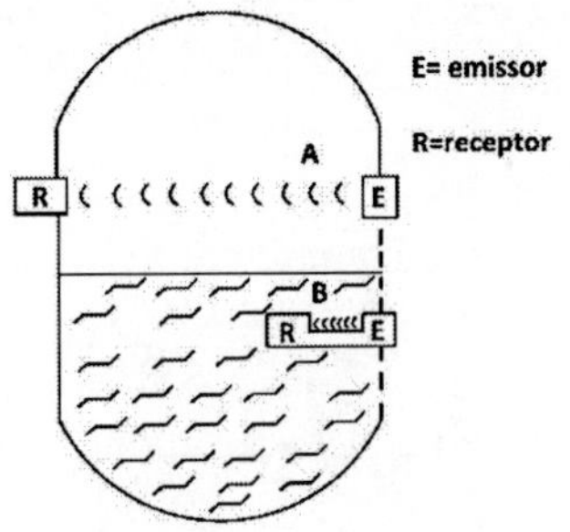

Fonte: autor

2.6.4.6 – Chaves fotoeletricas

Nas *células fotoelétricas* o produto cujo nível se quer medir intercepta o feixe luminoso do emissor para o receptor da célula e com isso energiza ou desenergiza circuitos fotossensíveis que vão por sua vez acionar os contatos das chaves de nível. As células não devem ser usadas onde o produto possa "sujar" o emissor ou o receptor da luz, provocando corte espúrio do feixe luminoso.

2.6.4.7 – Chaves com detectores térmicos

Os *detectores térmicos* são detectores mantidos aquecidos ao receberem uma quantidade fixa de energia. A presença do líquido cujo nível se quer medir aumenta a condutividade térmica do detector, alterando sua temperatura e modificando com isto o valor de sua resistência elétrica. A mudança no valor da resistência é o comando para o acionamento dos contatos das chaves de nível.

[58] Ver exemplo de fabricante de medidores ultrassônicos em ELOBAU, c2021.

2.6.5 – Sensores para transmissores de nível – medições contínuas

A necessidade de transmitir o valor do nível de forma contínua, como por exemplo, em situações onde este nível deve ser controlado, exige sondas que meçam o nível num *range* contínuo e não pontualmente como medem as chaves. Desta forma outra gama de sensores foi desenvolvida para atender à transmissão do valor do nível dentro do *range* de variação deste.

Alguns sensores de nível são mais comumente encontrados na automação dos processos industriais como: radar, medidores de coluna líquida ou pressão diferencial, sensores ultrassônicos, sensores capacitivos, medidores eletromecânicos, medidores tipo deslocadores (*displacers*) e radioativos.

2.6.5.1 – Sensores tipo radar

a) descrição do funcionamento

Radares emitem e decodificam ondas eletromagnéticas. Os medidores de nível do tipo radar se baseiam neste princípio. Nestes medidores, cristais de quartzo são postos a vibrar emitindo ondas eletromagnéticas que retornam, por reflexão, ao sensor do radar. A reflexão das ondas ocorre porque estas encontram um fluido com constante dielétrica diferente do meio de onde foram emitidas. A constante dielétrica espelha a capacidade de reflexão da onda eletromagnética. Quanto maior o seu valor mais fácil obter reflexão da onda. Em geral, sólidos têm menores constantes que os líquidos.

São construídos radares com dois *tipos básicos de funcionamento*: os radares de pulso, e que medem o chamado tempo de voo da onda eletromagnética, e os FMCW (*frequency modulated continuous wave*), que medem a variação da frequência entre a onda emitida e a retornada ao radar.

O *tempo de voo,* (t), é o tempo que a onda leva para sair do radar e atingir o objeto, no caso o nível livre de um líquido, ou sólido, ou da interface de dois fluidos, ou entre um sólido e um líquido. Neste princípio, o nível é medido pela distância (D) percorrida pela onda. A distância (D) será o dobro da distância entre a sonda e a superfície do nível que se deseja medir (H), ou seja, $H=D/2=c.t/2$, onde "c" é a velocidade da luz e "t" o tempo de voo.

Nos radares que trabalham com ondas de alta frequência é usado o princípio de medição da variação da frequência da onda emitida e da refletida, dentro do princípio conhecido como FMCW. Nestes, a onda refletida pelo meio cujo nível se quer medir tem frequência diferente daquela da onda emitida. Através da diferença entre as frequências é possível se determinar a distância da superfície livre do líquido ao radar.

Quanto ao *tipo construtivo* os radares podem ser de *onda livre* ou de *onda guiada*. Os radares de onda livre funcionam acoplados ao topo dos equipamentos ou montados de tal forma que emitam as ondas direcionadas à superfície livre do fluido cujo nível se quer medir. Estes radares têm um cone metálico que orienta o ângulo de abertura e recepção das ondas. Neles, da energia das ondas emitidas, parte retorna ao radar. O esquema de funcionamento está representado na figura 2.6.14(a).

Figura 2.6.14 – Tipos de radares: (a) onda livre; (b) onda guiada.

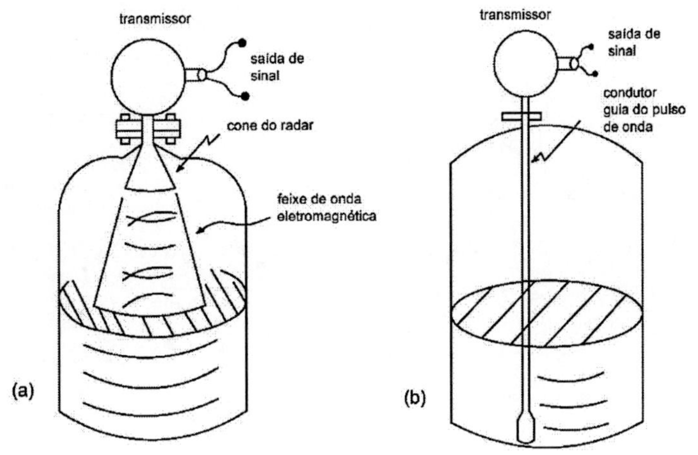

Fonte: autor

O radar de ondas guiadas tem uma haste metálica que conduz a onda eletromagnética até a superfície cujo nível se quer medir, como esquemas da figura 2.6.14(b). A haste penetra nesta superfície e a onda emitida, guiada por esta haste condutora reflete e retorna para o sensor do radar. Esta sonda pode se apresentar em diferentes formatos: rígida, flexível ou montada dentro de um tubo metálico e coaxial com este (sonda coaxial)[59].

b) aplicações

De forma geral, os radares de onda livre funcionam bem para medidas de nível de líquidos e sólidos secos ou úmidos, em suspensão de pó e presença de vapor, medindo em tempo real e continuamente. A medição é confiável admitindo alguns obstáculos no equipamento e presença de meios vaporizados e gasosos.

As frequências das ondas eletromagnéticas devem ser adequadas ao tipo de material cujo nível está sendo medido e os manuais dos fabricantes indicam as frequências mais adequadas para cada tipo de aplicação[60].

A comunicação dos transmissores com sensor tipo radar com dispositivos de configuração, com redes de instrumentação ou outros dispositivos pode ser feita por 4 a 20mA, com uso de protocolos HART, por protocolo Fieldbus ou Profibus e por *bluetooth*.

---

[59] Mais informações sobre os radares de ondas guiadas podem ser obtidas em EMERSON, c2021m.
[60] Ver exemplo de fabricante de radares em ENDRESSER HAUSER, [c20—a].

Os radares de ondas guiadas medem melhor que os de onda livre com fluidos de baixa constante dielétrica, como espumas e gases liquefeitos. Se aplicam também para medições de interfaces onde há variação das constantes dielétricas dos meios. As guias de haste rígida têm limitações de comprimento (em torno de 4 m), sendo as de haste flexível a alternativa para alturas maiores. Os radares guiados com tubos coaxiais, evitam que a onda se propague para fora do tubo que envolve a sonda, permitindo melhores medições.

Os transmissores de nível com sensor do tipo radar têm ocupado cada vez mais espaço na medição contínua de nível. Têm como características positivas não requerer calibração, não ter a medição afetada por camada de vapores, como ocorre nos medidores ultrassônicos (ver item 2.6.5.2), bem como não tem sua medida afetada por fatores climáticos como ventos (que alteram a velocidade de propagação das ondas ultrassônicas, por exemplo) e gradientes de temperatura.

2.6.5.2 – Medidores ultrassônicos

a) descrição do funcionamento

De forma geral, os medidores ultrassônicos funcionam como os radares. A diferença é que enquanto os medidores ultrassônicos emitem ondas ultrassônicas e que, portanto, dependem do meio para se propagarem, os radares emitem ondas eletromagnéticas que se propagam no vácuo. Nos sensores ultrassônicos o feixe emitido é amortecido pelo fluido que se interpõe entre o gerador e o receptor do ultrassom.

Assim, podemos identificar nos medidores ultrassônicos quatro partes básicas, como indicado na figura 2.6.15: 1º) um gerador de ultrassom; 2º) um detector de ultrassom; 3º) um sistema de contagem do tempo decorrido entre a emissão e a detecção do feixe ultrassônico refletido; 4º) um circuito gerador de sinal externo relacionado com o nível.

Os medidores ultrassônicos, da mesma forma que a maioria dos radares, se utilizam da técnica do eco nas medidas de nível. O gerador de sinal, que é um cristal piezoelétrico excitado por um circuito oscilador, emite um feixe numa frequência ultrassônica acima de 20MHz, intermitente (emite o feixe e aguarda sua recepção). O feixe emitido ao encontrar com a superfície livre do produto cujo nível se quer medir (líquido ou sólido) tem parte refletida e parte refratada (absorvida pelo produto). A fração refletida é recebida pelo detector ultrassônico que é também um cristal piezoelétrico muito sensível e excitável pela onda refletida. Medindo-se o tempo decorrido desde a emissão do sinal até o seu retorno ao receptor pode-se inferir o nível no equipamento. A partir desta inferência é gerado um sinal de saída do transmissor relacionado com o nível.

Figura 2.6.15 – Esquema de funcionamento dos medidores ultrassônicos.

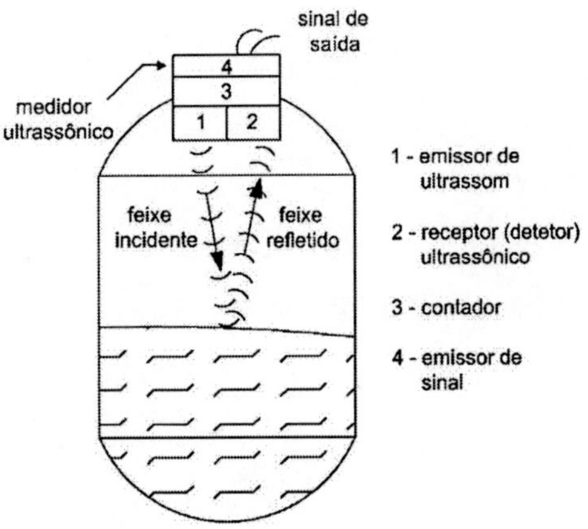

Fonte: autor

O cristal emissor e o refletor podem ser únicos, caso em que é comum trabalharmos com pulsos de ondas em lugar de ondas contínuas. Neste caso, o emissor e o detector do ultrassom se acondicionam no corpo do medidor podendo o mesmo cristal piezoelétrico funcionar como gerador e receptor do feixe ultrassônico.

b) aplicações

A medição realizada pelo medidor de nível ultrassônico é precisa e estável e pode ser aplicada tanto para a medição de substâncias líquidas quanto para materiais sólidos. As condições operacionais devem ser consultadas nos manuais dos fabricantes[61]. De forma geral, os *ranges* de medida vão de poucos milímetros até poucas dezenas de metros e a exatidão de referência é da ordem de $\pm$ 1% do *span*.

Como visto no item 2.6.4, os medidores ultrassônicos são adequados para funcionarem como chaves em medidas de sólidos, líquidos ou interfaces líquido-líquido, tendo a vantagem de não apresentarem erros de medida consideráveis quando as características físicas do produto cujo nível se quer medir variam, como a densidade, a viscosidade e a constante dielétrica, dentre outros.

Cuidados devem ser tomados de forma a evitar a interposição de meios estranhos entre o emissor e o sensor. O posicionamento dos sensores deve seguir a recomendação dos fabricantes. Modificações das características do meio que possam interferir na velocidade de propagação das ondas ultrassônicas devem ser evitadas e consideradas nas calibrações.

[61] Ver exemplo de fabricante de medidor ultrassônico em BINDICATOR, 2021a.

2.6.5.3 – Medidores capacitivos

a) descrição do funcionamento

O funcionamento dos transdutores capacitivos já foi discutido no item 2.2 e no subitem 2.6.4.4 deste capítulo. No caso dos medidores de nível contínuo, com função de transmissor, os medidores capacitivos consistem basicamente de uma sonda metálica (em geral cilíndrica) a qual é inserida no equipamento cujo nível se quer medir e um circuito eletrônico capaz de detectar a capacitância entre a sonda e a parede do vaso e gerar sinal de saída contínuo, conforme esquema da figura 2.6.16.

Figura 2.6.16 - Esquema de transmissor de nível capacitivo instalado em equipamento.

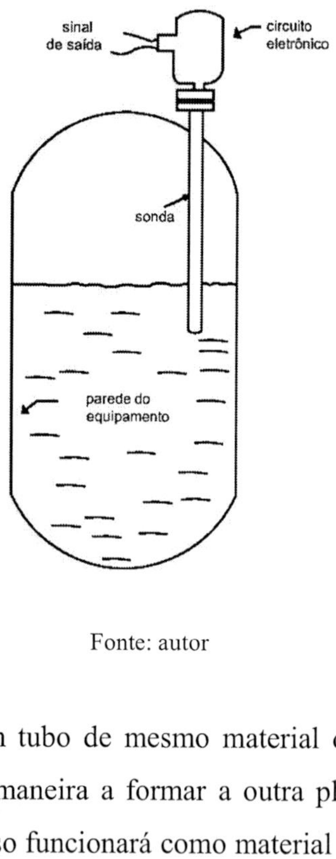

Fonte: autor

Como alternativa construtiva, um tubo de mesmo material da haste que funciona como uma das placas do capacitor pode envolvê-la de maneira a formar a outra placa do capacitor cilíndrico, conforme esquema da figura 2.6.17. O fluido no vaso funcionará como material dielétrico que preenche o espaço entre as placas do capacitor. O valor da capacitância dependerá da permissividade elétrica "ε" e a capacitância variará linearmente com o nível de líquido. Medindo-se a capacitância por um circuito eletrônico próprio, poderemos gerar um sinal proporcional ao nível.

Figura 2.6.17 – Funcionamento do medidor de nível capacitivo de placas cilíndricas concêntricas preenchido com um fluido de constante dielétrica "k".

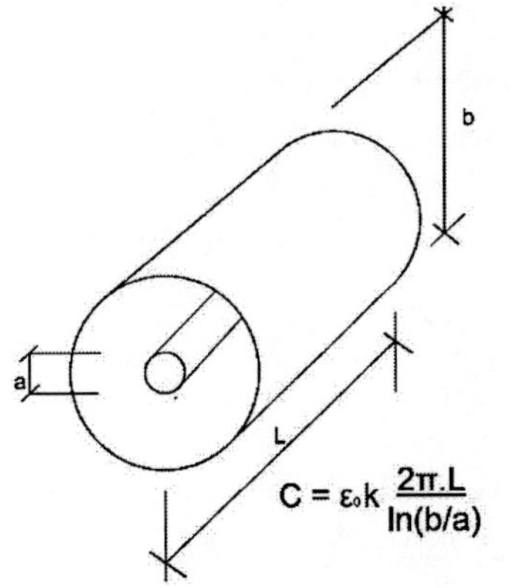

onde,

em unidades coerentes,

C é a capacitância;

ε_0 é a permissividade elétrica do vácuo;

k é a constante dielétrica do meio entre as placas;

L é o comprimento do cilindro;

b e a são os diâmetros dos cilindros (b>a)

Fonte: autor

Para os medidores capacitivos de nível, a capacitância será proporcional ao comprimento preenchido com líquido, na fórmula da figura 2.6.17, L.

As hastes (sondas) dos medidores capacitivos de nível são em geral de aço inox, com isolamento de teflon, PVC ou cerâmica. Os *ranges* de trabalho são encontrados nos manuais dos fabricantes[62]. Como referências de valores podemos tomar o *range* de 0 a 4 m, sendo 0,5 m um *span* comum. O *range* de nível medido, dependerá do comprimento da sonda. Como referência para a exatidão dos sensores capacitivos de nível podemos considerar + 0,5% do *span*. A precisão das medidas é afetada por variações no valor da constante dielétrica do fluido cujo nível se mede.

b) aplicações

Os medidores capacitivos podem ser usados como chaves (sendo neste caso normalmente instalados com a sonda paralela à superfície livre do líquido) ou para medidas contínuas, associados a transmissores de nível, caso em que a instalação é perpendicular à superfície livre do fluido cujo nível se mede. Por não terem partes móveis, exigem pouca manutenção sendo adequados a instalações de manutenções pouco frequentes.

[62] Ver exemplo de fabricante de medidores capacitivos em ENDRESS HAUSER, [20—b].

Os medidores de nível capacitivo não devem ser usados em aplicações onde as condições operacionais provoquem variações consideráveis na constante dielétrica do líquido (aplicações com grande variação de temperatura durante a operação, variação da composição do fluido, etc.). Deve ser evitado o uso de sondas capacitivas com fluidos viscosos que possam aderir na sonda falseando a medida do nível. Deve-se garantir que a sonda não será atacada pelo fluido de processo.

2.6.5.4 - Medidores de nível pela medida da pressão da coluna líquida

a) descrição do funcionamento

Os medidores que medem o nível pela pressão da coluna de líquido exercida sobre o sensor, chamados usualmente de medidores do tipo pressão diferencial (figura 2.6.18), são instrumentos que medem a diferença de pressão entre um ponto situado a uma altura "h" sob a superfície livre do líquido e um ponto localizado acima desta superfície.

Figura 2.6.18 – Esquema de medidor por pressão diferencial.

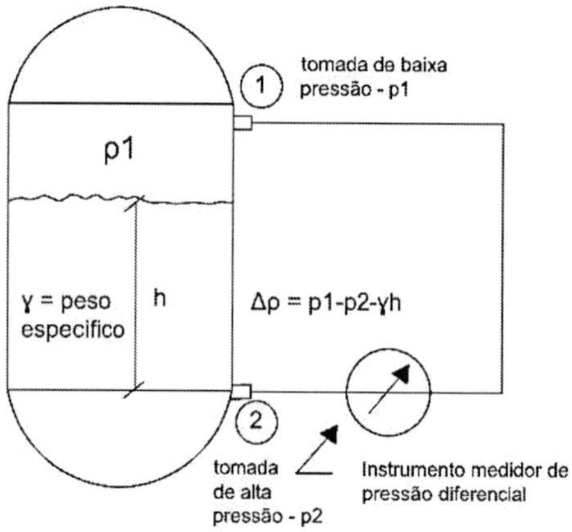

Fonte: autor

Assim, sendo "p1" a pressão acima da superfície livre do líquido e "γ" o peso específico do fluido, teremos (ver figura 2.6.18), no ponto "1", a pressão igual a "p1" e no ponto "2" a pressão igual a "p1 + γh". Assim sendo, medindo-se o diferencial de pressão e conhecendo-se o peso específico do produto cujo nível se quer medir, pode-se conhecer o nível "h" no equipamento.

Os instrumentos usados para medir a pressão diferencial são em geral do tipo diafragma sendo mais comumente usados os medidores com sistemas capacitivos, com piezorresistências e com cristais ressonantes (ver item 2.3.5), uma vez que as aplicações mais comuns dos medidores do nível por pressão diferencial são em transmissão e o *span* do nível medido é adequado a estes medidores de pressão diferencial.

Os sistemas de medição de nível por pressão diferencial se apresentam em diversos tipos construtivos. Quando a pressão sobre a superfície líquida é a atmosférica (tanques atmosféricos), torna-se desnecessário se fazer uma tomada de pressão sobre a superfície líquida (ponto 1 na figura 2.6.18). Podemos então ter um diafragma conectado diretamente ao flange do equipamento conforme figura 2.6.19(b). Quando o produto for muito viscoso e puder congelar na cavidade do flange, é comum o uso do diafragma com extensão onde o diafragma penetra na cavidade do flange conforme figura 2.6.19(a), evitando que o fluido congele ali.

Figura 2.6.19 – Alguns tipos construtivos de medidores de nível por pressão diferencial: (a) com extensão; (b) sem extensão.

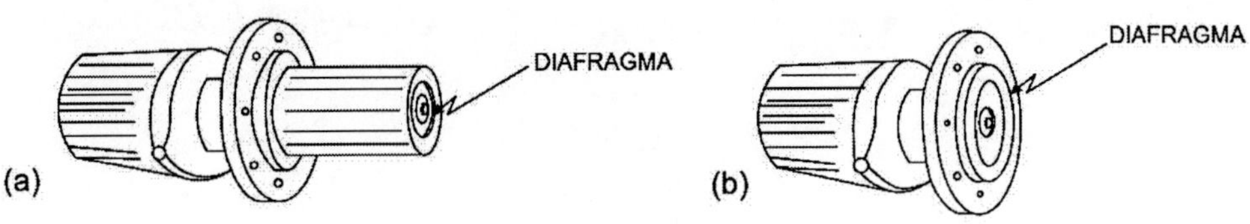

Fonte: autor

Os diafragmas são em geral fabricados a partir de materiais de boa qualidade e durabilidade, como é o caso do inox, do silicone, do Neoprene e da fibra de vidro, podendo ser recobertos por material plástico para inibir corrosão e contaminação do processo.

O *range* dos medidores diferenciais pode variar de valores como 0 a 20 mmH_2O a 0 a $1000mH_2O$ ou valores superiores. A exatidão e precisão dependerão fundamentalmente da constância do peso específico do produto cujo nível se mede. Como valor de referência podemos adotar $\pm$ 1% do *span*.

b) aplicações

Os medidores de nível por pressão diferencial têm sido utilizados em muitas aplicações onde se deseja transmissão eletrônica da informação do nível, tendo a vantagem de serem simples de instalar, leves, e de não apresentarem partes móveis. Apresentam, além disso, boa adequação a fluidos corrosivos seja por terem normalmente somente diafragmas (que podem ser construídos com os mais variados materiais) em contato com o fluido de processo ou por permitirem o uso de selos líquidos que impedem o contato do fluido de processo com o instrumento.

2.6.5.5 – Medidores com deslocadores ("*displacers*")

a) descrição do funcionamento

Os instrumentos de nível com deslocadores ("*displacers*") vêm sendo substituídos pelos outros medidores descritos neste capítulo. Eles se baseiam, no princípio de empuxo.

Estes instrumentos consistem de um tubo geralmente oco e fechado nas extremidades, mas incapazes de flutuar no líquido cujo nível se quer medir. O tubo é conectado por mecanismos especiais, a dispositivos que associam a força que puxa o deslocador para baixo (força peso menos empuxo), com o nível do vaso. Assim sendo, quando o deslocador está totalmente emerso, a força que atua sobre ele na vertical é o seu próprio peso, como esquema da figura 2.6.20(a). À proporção que o nível do líquido aumenta, o líquido começa a encobrir o deslocador de tal forma que sobre ele passa a atuar a força de empuxo a qual só dependerá do peso específico do líquido e do volume de líquido deslocado (peso do volume deslocado).

Como o deslocador é um cilindro de área de seção transversal (A) constante, o volume (V) do líquido deslocado só dependerá da altura (h) do deslocador encoberta pelo líquido, pois V = A.h e como A é constante, V será função de h. Desta forma, o instrumento mantém uma relação linear com o nível.

Figura 2.6.20 –Funcionamento dos instrumentos com deslocador.

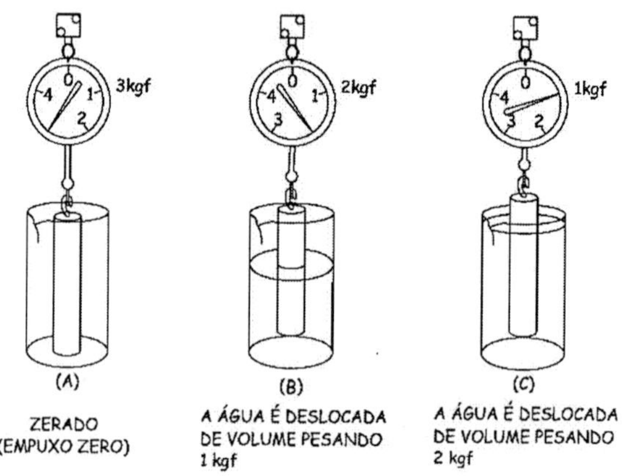

Fonte: autor

Os *displacers* são construídos com tubos cilíndricos normalmente de inox 304 ou 316. Outros materiais como Hastelloy, Monel, teflon e plástico em geral, podem ser encontrados. O *range* dos deslocadores depende do seu comprimento. Os comprimentos variam na faixa de 300 a 3000 milímetros, ficando, portanto, o range máximo limitado a cerca de 3,0m. A precisão de referência é de $\pm$ 1% do *span*. Os dados para cada aplicação devem ser obtidos com os fabricantes[63].

b) aplicações

Os deslocadores embora de uso raro, podem ser encontrados integrando transmissores e em chaves de nível principalmente naquelas que têm vários pontos de atuação. Trabalhando imersos no líquido podem medir a massa específica do líquido, desde que devidamente calibrados, uma vez que o esforço provocado pela diferença do peso do deslocador e da força de empuxo que nele atua só dependerá, neste caso, da massa específica do fluido.

[63] Ver exemplo de fabricante de medidor de nível com displacer em EMERSON, c2021k.

2.6.5.6 – Medidores eletromecânicos

a) funcionamento

O medidor de nível eletromecânico cumpre a função que era executada por operadores humanos, em instalações industriais, onde a medição era efetuada com aparelhos de medida de comprimento do tipo réguas graduadas.

Pode-se identificar três partes funcionais neste instrumento: (ver figura 2.6.21): um peso, um cabo de sustentação do peso e um sistema eletromecânico ao qual se interliga um dos extremos do cabo.

Durante seu funcionamento, um motor de alta sensibilidade, que faz parte do sistema eletromecânico, desenrola o cabo de sustentação continuamente enquanto um dispositivo sensor do peso, interno ao sistema eletromecânico, estiver submetido a um esforço de tração maior ou igual ao valor do peso preso na extremidade do cabo, mantendo o cabo sempre esticado. No caso da tração provocada se tornar menor que o valor do peso suspenso, indicando que o peso se apoiou na superfície livre do material cujo nível se deseja medir, o motor enrolará o cabo medindo o comprimento que foi desenrolado desde o medidor até a superfície livre do material e com isto determinando a posição desta superfície, ou seja, o nível do material no equipamento. A partir desta medida será gerado um sinal proporcional ao nível medido.

Figura 2.6.21 – Sistema de medição de nível eletromecânico ou ioiô.

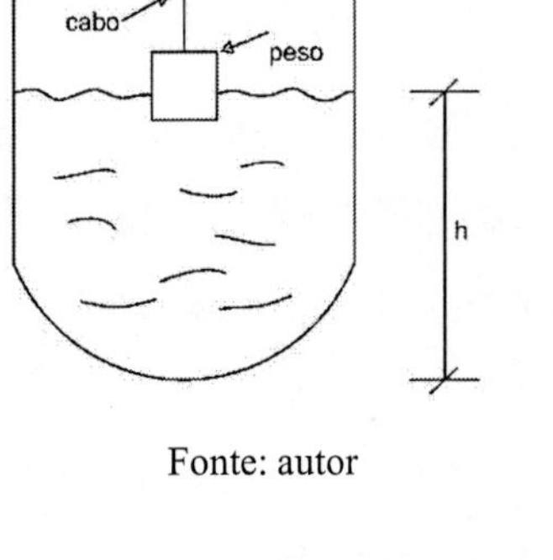

Fonte: autor

O funcionamento dos sistemas eletromecânicos pode ser contínuo ou intermitente. Nos medidores contínuos o peso sempre estará apoiado na superfície do produto cujo nível se quer medir, sendo o cabo recolhido ou desenrolado, gradativamente, conforme o nível suba ou desça, respectivamente, variando a tração sentida no motor. Caso a tração no cabo seja igual ao peso, o cabo desenrolará até atingir a superfície livre do nível a ser medido, quando então a tração se tornará menor que o peso. Os valores enrolados ou desenrolados do cabo serão quantificados de forma a se localizar a superfície livre do nível. No caso dos medidores intermitentes, de tempos em tempos, um temporizador automático acionará o motor fazendo-o desenrolar o cabo até que o peso toque a superfície livre no equipamento. O comprimento do cabo desenrolado é memorizado (e, portanto, o nível é medido) e o peso volta a ser recolhido até que o temporizador dê um novo comando de desenrolar o cabo. Neste caso, o peso descerá e subirá de tempos em tempos, daí estes medidores serem também conhecidos como "tipo io-io" devido a este tipo de sobe e desce característico do seu funcionamento.

b) aplicações

Os medidores eletromecânicos se adequam à medição de nível contínuo, podendo ser utilizados para medição de nível de materiais armazenados em tanques, silos e outros equipamentos. É um instrumento prático e confiável, já que seu sensor não sofre interferências. O medidor de nível eletromecânico é utilizado, em geral, para o gerenciamento de inventário de materiais a granel, e pode medir qualquer tipo de substância, seja ela líquida ou sólida.

No caso de sólidos, é recomendável o uso do medidor intermitente (io-io) para evitar que o peso seja "enterrado" no sólido e fique preso falseando a medida. O medidor io-io é muito encontrado em silos de armazenamento em geral. O inconveniente dos medidores eletromecânicos é a presença de partes móveis o que exige manutenção frequente. Deve-se evitar a penetração de pó no sistema eletromecânico.

Os materiais mais comuns dos pesos presos ao cabo destes medidores são o aço inox e PVC (para uso em líquidos). Os *ranges* são da ordem de 0 a 50 m e a exatidão da medida terá $\pm$ 1% do *span* como um valor de referência[64].

2.6.5.7 - Medidores radioativos

a) funcionamento

Os medidores radioativos são compostos de uma fonte radioativa e um detector radioativo. A fonte é uma cápsula contendo um metal radioativo, geralmente o Césio 137 ou o Cobalto 60. O receptor é um aparelho próprio para detectar a intensidade da radiação que partindo da fonte chega até ele.

Existem dois tipos básicos de medidores radioativos: os de raio γ e os de nêutron. Os primeiros se adequam a medir nível de qualquer produto (líquido ou sólido) os segundos a medir nível de produtos que contenham moléculas de hidrogênio em sua composição.

[64] Ver exemplo de fabricante de medidores eletromecânicos tipo io-io em NIVETEC, c2021.

Nos medidores com raio γ, a radiação emitida é parcialmente absorvida pelo produto cujo nível se quer medir, sendo a diferença entre a radiação emitida e a absorvida a grandeza que permite avaliar a posição do nível. O detector de radiação é normalmente um Gaiger-Mueller.

Na figura 2.6.22 os detectores são instalados horizontalmente. As instalações da figura 2.6.22(a) são utilizadas para acionar os detectores como chaves. As medidas contínuas de nível são possíveis com vários detectores instalados continuamente como esquemas da figura 2.6.22(b).

Figura 2.6.22 – Medidores radioativos funcionando como: (a) chaves; (b) transmissores.

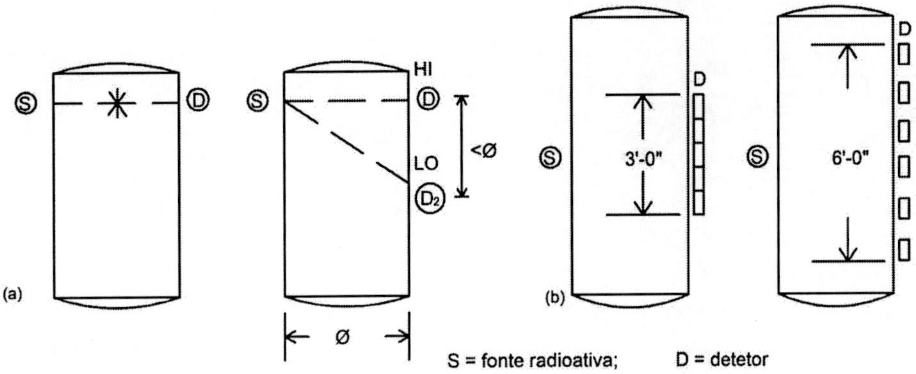

Fonte: autor

Nos medidores de nêutrons as partículas radioativas emitidas são refletidas nos núcleos de hidrogênio do produto cujo nível se quer medir e detectadas numa célula detectora que é uma cápsula contendo fluoreto de boro de alta pureza. A vantagem deste tipo é que não é necessário o transpasse da radiação pelo equipamento já que a radiação é refletida no produto.

b) aplicações

Devido aos riscos inerentes ao uso de material radioativo, os medidores deste tipo só são aplicados onde outros tipos de medidores não atendem. Como os medidores radioativos não têm contato com o fluido de processo, podendo ser montado externamente ao equipamento, não têm limitações impostas pela pressão e temperatura de operação do equipamento e nem pela sua corrosividade. Em detecção de sólidos (fora da indústria farmacêutica e alimentícia) estes detectores têm encontrado grandes aplicações. Na detecção de nível em tambores de coque, em indústria de petróleo, esse tipo de medidor tem sido bastante utilizado por medir bem o nível de líquido em presença da espuma que caracteristicamente é gerada no processo de coqueamento[65]. Outros medidores, como o radar, vêm substituindo os radiativos nesse tipo de aplicação.

[65] Ver exemplo de fabricante de medidores radiativos em VIKA, [201-] e VEGA, [201-].

2.6.6 – Guia de seleção para medidores de nível

O quadro 2.6.1 apresenta algumas características dos medidores listados neste capítulo. O tipo de medida, pontual ou contínuo se refere à possibilidade do medidor poder ser usado como chave e/ou transmissor (ou indicador contínuo), respectivamente.

A adequação à medida de nível de líquido, interface líquido-líquido ou sólidos é também apresentada no quadro 2.6.1. A aplicação com contato ou sem contato se refere à possibilidade do medidor ser aplicado sem contato com o fluido de processo. O quadro 2.6.1 apresenta ainda um valor de referência para o *span*.

Quadro 2.6.1 – Guia para seleção de medidores de nível.

MEDIDOR /SENSOR	TIPO DE MEDIDA		ADEQUAÇÃO			APLICAÇÃO		*SPAN* MAX. REFERÊNCIA (m)
	PONTUAL	CONTÍNUA	LÍQUIDOS	INTERFACE	SÓLIDOS	C/CONTATO	S/CONTATO	
RADAR	P	A	A	P	A	-	X	10 e > (não guiado)
ULTRASSÔNICOS	A	A	A	P	A	-	X	10 e >
COLUNA LÍQUIDA	P	A	A	P	N	X	-	5 e >
CAPACITIVOS	A	A	A	P	N	X		0,5
DESLOCADORES	P	A	A	A	N	X	-	3
ELETROMECÂNICOS	P	A	A	P	A	X	-	50
TÉRMICOS	A	N	A	N	P	X	-	PONTUAL
RADIOATIVO	A	A	A	A	A	-	X	3
FLUTUADORES	A	P	A	P	N	X	-	0,5
LÂMINAS VIBRATÓRIAS	A	N	P	N	A	X	-	PONTUAL
PÁS ROTATIVAS	A	N	P	N	A	X	-	PONTUAL
FOTOELÉTRICO	A	N	P	N	A	X	-	PONTUAL

P – possível de ser aplicado; N – não aplicável; A – aplicável; X – se refere a poder ser aplicado sem e com contato com o fluido de processo.

Fonte: autor

2.6.7 – Cuidados na instalação

Nas instalações dos radares, cuidados devem ser tomados de forma a se evitar a interferência das ondas emitidas com as paredes do equipamento e a consequente ocorrência de reflexão pela parede, de sinais espúrios. No caso de radares de ondas livres, deve-se também adequar o tamanho do cone de condução e recepção da onda eletromagnética à instalação evitando interferências e perda de sinal de retorno. Em equipamentos de plástico, PVC ou outros materiais semelhantes, cuidados devem ser tomados para que a onda, que não é refletida por estes materiais, reflita em corpos localizados fora do equipamento gerando informações inadequadas.

É importante a proteção física do radar evitando-se exposição às intempéries. Não se deve também instalar os radares de ondas livres muito próximos da parede do equipamento (recomendável no mínimo 15 cm) e também na parte central destes, de forma a se evitar ecos espúrios. Em equipamentos de seção circular, recomenda-se a instalação distante da parede do equipamento 1/6 do seu diâmetro. Para aplicações com fluidos corrosivos os radares de onda livre são mais adequados por terem menos contato com os fluidos, devendo ser protegidos deste contato para casos mais críticos.

Quando as instalações dos radares forem feitas em tubos externos que se comunicam com o equipamento por vasos comunicantes, e portanto, onde o nível no canal externo (câmara ou tubo de medição externo) seja o mesmo que no equipamento, deve-se adequar o tamanho do cone dos radares de ondas livres aos diâmetros dos tubos (de preferência devem se encaixar sem folga).

Nos radares de ondas guiadas a haste guia deve ser ancorada e isolada. O alinhamento do radar também é fator importante para evitar que se perca energia das ondas eletromagnéticas. A adequada instalação deve ser feita seguindo o manual do fornecedor do instrumento.

Outros instrumentos que medem nível podem ser montados em tubos externos (que atuam como vasos comunicantes), como visores de vidro, deslocadores, flutuadores, medidores capacitivos. Sempre que tivermos tubos funcionando como vaso comunicante com o equipamento, é recomendável a instalação com válvulas de bloqueio entre as tomadas do tubo externo no qual o instrumento será instalado e o equipamento, e entre o instrumento e o tubo externo, quando for o caso. (ver figura 2.6.23).

Estas válvulas permitem a retirada do instrumento para manutenção sem a exigência da parada do equipamento onde se mede o nível. Além das válvulas de bloqueio, devem ser instaladas válvulas de dreno e respiro para permitir a saída do líquido e o alívio de gases e vapores que se encontrem dentro do canal, quando for necessária a retirada do instrumento.

Figura 2.6.23 – Montagem de instrumento de nível em canal externo, com válvulas de bloqueio, dreno e respiro.

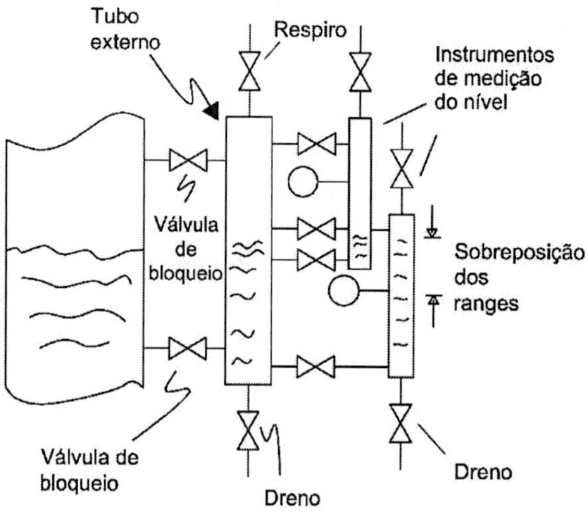

Fonte: autor

Quando os *ranges* de variação do nível que se deseja medir forem maiores do que o abrangido por um instrumento de nível, pode-se instalar instrumentos em sequência, na vertical, conforme figura 2.6.23. Neste caso, os *ranges* das seções abrangidas por cada instrumento devem se sobrepor de forma a permitir a continuidade da medição do nível.

Na instalação de *visores*, em temperaturas mais altas (acima de 200°C), é recomendável limitar o tamanho do visor (recomendável 750 mm) de forma a se evitar deformações térmicas que possam danificar estes instrumentos.

Instrumentos trabalhando com fluidos que congelem na temperatura ambiente devem ser instalados internamente ao equipamento ou devem ter sistemas de aquecimento externo (em geral linhas de vapor aquecendo o instrumento instalado externamente) de forma a evitar danos ao instrumento.

Para instalação de instrumentos que medem a pressão de coluna líquida, deve-se garantir na instalação que não serão formadas colunas espúrias de líquido nas tomadas do instrumento de medição, ou seja, deve-se garantir que a tomada de alta pressão (tomada inferior) estará completamente cheia de líquido e a de baixa pressão (superior) sem a presença desse. Desta forma, para se evitar erros de medição, recomenda-se a instalação dos instrumentos com a conexão inferior sempre abaixo das tomadas de pressão da coluna líquida e a conexão superior acima do nível máximo (ver figura 2.6.24).

Figura 2.6.24 – Instalação de medidores de nível que medem por pressão diferencial.

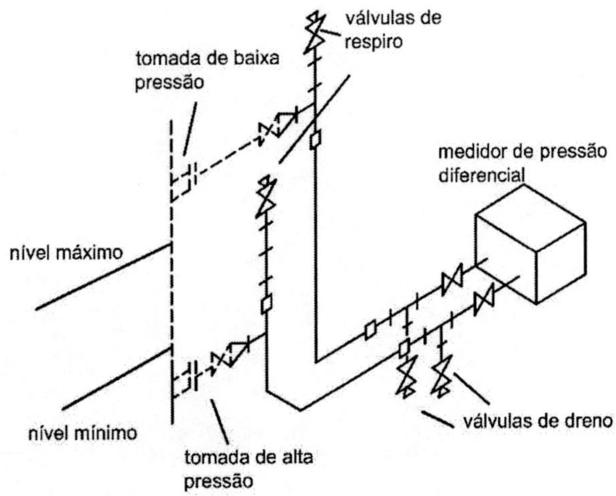

Fonte: autor

Em casos onde colunas espúrias possam se formar, como por exemplo, devido à condensação do fluido de processo nas tomadas de baixa pressão (tomadas superiores) em casos onde este se condense à temperatura ambiente, recomenda-se a instalação de selos entre a conexão do processo e o medidor. Finalmente, como regra geral, evita-se contato dos sensores com o fluido de processo quando este for corrosivo ou possa trazer erosão ou contaminação ao sensor. Os manuais dos fabricantes sempre devem ser consultados.

Questões de síntese do conteúdo

2.6.1 – Qual a utilidade dos visores de nível nas instalações industriais? Por que não são usados em automação de processos?

2.6.2 – Quais os tipos básicos de visores e por que os visores refletivos não são utilizados para verificar interface de dois líquidos?

2.6.3 – Quais são os tipos mais comuns de chaves de nível encontradas nas instalações industriais? Qual delas você escolheria para medir grãos em um silo? E para acionar alarmes no caso de detecção de interface de dois líquidos.

2.6.4 – O que são radares livres e guiados em medição de nível? Qual dos dois é mais adequado para trabalhar com produtos de menor constante dielétrica, como os sólidos e espumas?

2.6.5 – Por que as medições dos radares não são afetadas por gases e vapores, por modificações na temperatura do fluido e por variações de densidade dos produtos cujo nível se mede?

2.6.6 – Cite alguns cuidados a serem tomados na instalação dos radares (ver subitem 2.6.7 - cuidados na instalação).

2.6.7– Explique o funcionamento geral dos sensores capacitivos e ultrassônicos.

2.6.8 – Dos sensores listados a seguir, quais deles têm as medições de nível afetadas por variações na massa específica dos líquidos: capacitivos, ultrassônicos, medidores por pressão diferencial, deslocadores e radares?

2.6.9 – Descreva o funcionamento dos medidores de nível conhecidos como io-iô. Por que são adequados a medição do nível em tanques com sólidos?

2.6.10 – Quando devemos usar medidores radioativos?

2.6.11 – Que cuidados gerais devem ser tomados na instalação de instrumentos de medição de nível?

2.7 - Medição de posição e deslocamento

2.7.1 – Introdução

Em controle e monitoração de processos industriais é muitas vezes necessária a medição da posição de um corpo em relação a uma referência fixa ou o seu deslocamento em relação a uma posição de referência, ou seja, nosso interesse pode ser a posição ou deslocamento *angular ou linear* de um determinado corpo. Para tal fim são utilizados sensores de posição e deslocamento.

Aplicações em robótica, como posicionamento do braço de um robô, posição de válvulas para sabermos se, e quanto estão abertas, posicionamento de peças laminadas em laminadores, diversas operações de usinagem, controle de máquinas de controle numérico, correias transportadoras, contadores e outras tantas aplicações vão exigir para sua operação a medição de posição e deslocamento.

A *posição* (linear ou angular) que se deseja detectar pode ser *absoluta* quando a medimos em relação a um referencial fixo. Nestes casos as medidas podem ser efetuadas sem necessidade de referência a medições anteriores. Em algumas situações nos interessa a medição da posição incremental (linear ou angular) em relação a uma posição anterior, sendo aqui mais uma medida de *deslocamento.*

Se os *deslocamentos lineares* forem avaliados pela distância percorrida por um corpo, de um instante a outro de medição, podemos calcular também a *velocidade do corpo*, se ela for constante.

O *deslocamento angular* é avaliado pela mudança de ângulo que um eixo radial do corpo executa em relação a um eixo fixo de referência. A medição é feita em graus ou radianos e pode se relacionar com um movimento absoluto ou incremental.

Aplicações destas medições podem, além da simples medida de posição, estar relacionadas, por exemplo, às deflexões em eixos produzidas por torques que sobre eles atuem ou às velocidades de rotação em equipamentos rotativos. No caso da medição de velocidade angular média (em radianos /segundos, por exemplo), teremos que medir o deslocamento angular do corpo durante um tempo conhecido.

Uma forma de medição relacionada com deslocamento é a medição de vibração, a qual é a medida de um movimento periódico em torno de um ponto fixo. As medidas de vibrações são úteis para monitoração de máquinas rotativas, para detectar preventivamente possíveis falhas em componentes de máquinas, motores e equipamentos, como nos rolamentos destes, e em muitas outras aplicações.

Neste capítulo apresentaremos as formas de sensoriamento mais utilizadas para medição de posição e deslocamento.

2.7.2 – Principais medidores de posição e deslocamento

Para avaliarmos se uma posição foi ou não atingida podemos utilizar elementos sensores simples como as chaves de fim de curso ou de proximidade eletromecânicas ou magnéticas, que são dispositivos de acionamento momentâneo em uma determinada posição, até sensores mais complexos que alteram grandezas elétricas de forma contínua em função do deslocamento ou da modificação da proximidade de objetos.

Em linhas gerais os principais instrumentos de medida de posição e deslocamento são:

- chaves de fim de curso ou de limite;
- medidores de posição potenciométricos;
- medidores de posição capacitivos;
- medidores de posição indutivos;
- dispositivos ultrassônicos;
- dispositivos ópticos;
- encoders[66]

2.7.3 – Chaves de fim de curso ou de limite

Como toda chave, estas emitem sinais binários "ligado" ou "desligado" (*on-off*) como saída. Sendo assim, as chaves de fim de curso ou de limite são dispositivos que possuem contatos elétricos que fecham ou abrem quando o corpo atinge a posição desejada. Por terem em sua maioria como parte componente os microcontatos, essas chaves são também conhecidas como *microchaves ou* microsuites (*microswitchs*).

Os três tipos mais comuns de chaves de fim de curso ou limite são as eletromecânicas, as magnéticas e as ópticas.

[66] Para um sumário dos medidores de posição ver UNISANTA, [20--].

2.7.3.1 – Chaves de fim de curso eletromecânicas

a) descrição do funcionamento

A forma muito comum de acionamento e funcionamento das microchaves está representada no esquema da figura 2.7.1. Estas chaves são compostas de um ou mais contatos elétricos de pequeno tamanho, de forma comum, contatos do tipo microchaves e algum tipo de elemento de acionamento da microchave, como uma alavanca, como a da figura 2.7.1, ou um rolete ou haste ou outro acionador mais adequado (ver figura 2.7.2), o qual atua no interruptor da microchave ligado aos seus contatos internos. Este acionador por sua vez é movimentado pelo contato direto do objeto cujo limite de movimentação se quer estabelecer.

Figura 2.7.1 – Chaves de fim de curso ou limites: (a) acionamento; (b) funcionamento.

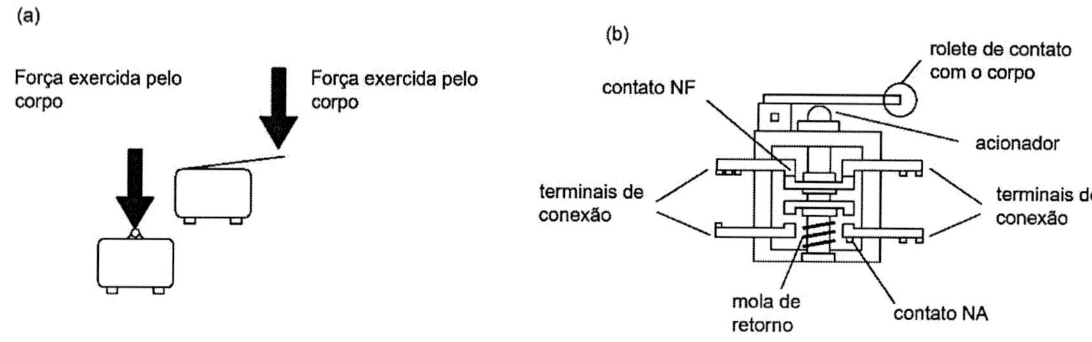

Fonte: autor

A forma física de algumas chaves eletromecânicas de fim de curso ou de posição estão apresentadas na figura 2.7.2, onde se mostram chaves com acionadores do tipo rolete com acionamento lateral, com alavanca de acionamento, com rolete de acionamento de topo e com haste de acionamento.

Figura 2.7.2 – Aspecto físico das chaves eletromecânicas: (a) com rolete de acionamento lateral; (b) com alavanca de acionamento; (c) com rolete de acionamento de topo; (d) com haste de acionamento.

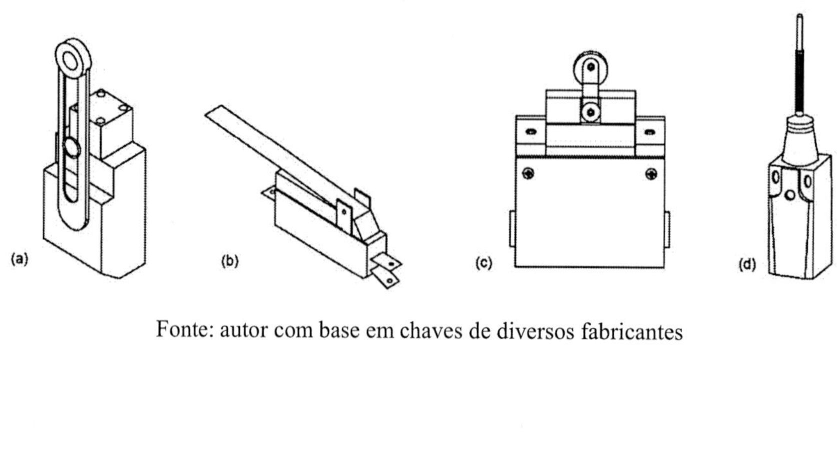

Fonte: autor com base em chaves de diversos fabricantes

Muito embora grande parte das aplicações de chaves para limites de curso sejam do tipo eletromecânico descrito, chaves com princípios magnéticos, capacitivos e indutivos (ver itens 2.7.3.2, 2.7.5 e 2.7.6, a seguir). são também utilizadas em aplicações onde não se quer contato direto do objeto com o sensor.

b) utilização

As chaves de fim de curso são utilizadas para detectar limites de movimentos de equipamentos como carros de elevadores ou limite de movimento de máquina ou ainda para acionar contadores de peças, como as produzidas numa determinada linha de fabricação. A figura 2.7.3 apresenta uma utilização da chave de fim de curso para detecção da passagem de um objeto. Neste caso a chave informa que o evento da linha de produção, que pode ser embalagem, montagem, ou outra qualquer, chegou ao final.

Figura 2.7.3 – Aplicação de chave de fim de curso ou limite.

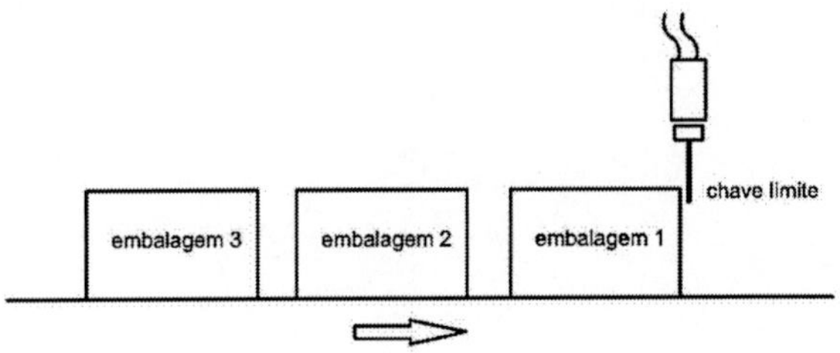

Fonte: autor

2.7.3.2 – Chaves de fim de curso magnéticas

Estas chaves, de construção simples, possuem um contato magnético em seu interior, o qual se fecha quando da presença no seu raio de ação, de um corpo magnético. Os contatos são como os das microchaves, só que magnéticos. A figura 2.7.4 esquematiza o funcionamento das chaves de fim de curso magnéticas.

Figura 2.7.4 – Chave de fim de curso magnética: (a) aberta na ausência do objeto cuja posição se quer detectar; (b) fechada em presença de material magnético.

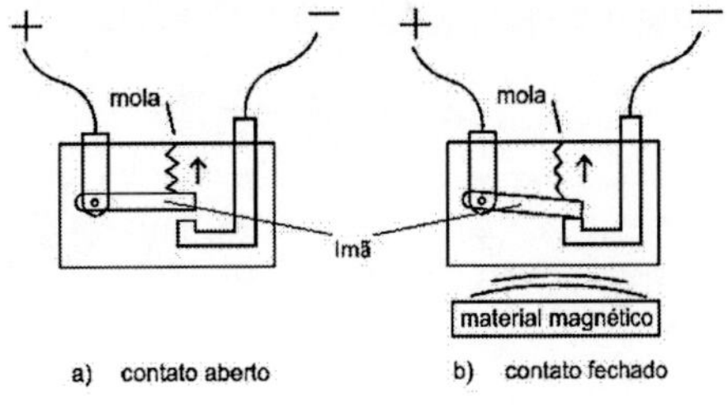

Fonte: autor

b) utilização

As chaves de fim de curso magnéticas são limitadas a medições de posição em detecção de corpos que têm na sua constituição materiais magnéticos. Em particular sua utilização é bem indicada quando não se quer contato físico entre a chave de fim de curso e o objeto cuja posição se quer limitar.

2.7.3.3 – Chaves ópticas

a) descrição do funcionamento

As chaves ópticas podem desempenhar função semelhante à das chaves de fim de curso. De forma simples podem limitar a posição angular ou linear de um determinado corpo. Sua construção esquemática está na figura 2.7.5. Neste caso, onde se quer limitar um movimento angular de um eixo, um feixe de luz emitido por um LED e recebido por um fototransistor, pode ser interrompido quando da passagem de um disco opaco entre estes dois elementos, gerando um sinal de saída de nível lógico 0. A ranhura existente no disco deixará passar a luz gerando um sinal de nível lógico 1.

Figura 2.7.5 – Chave óptica para limitação de uma posição angular.

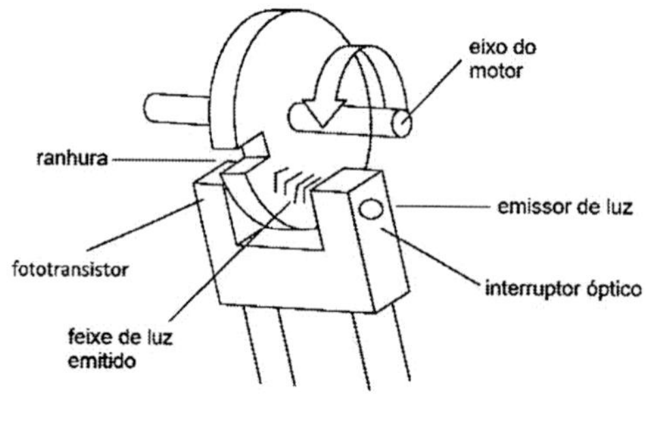

Fonte: autor

A construção dos sensores ópticos pode ter cremalheiras com vários dentes, no caso do movimento linear, ou discos dentados, no caso do movimento angular, como representado na figura 2.7.6, permitindo a movimentação do corpo cujo deslocamento se mede, ocupar várias posições. Neste caso os pulsos de interrupções e continuidade de luz entre o LED e um fototransistor serão contados e associados ao movimento angular ou linear do corpo.

Figura 2.7.6 – Chave óptica com várias posições possíveis de parada.

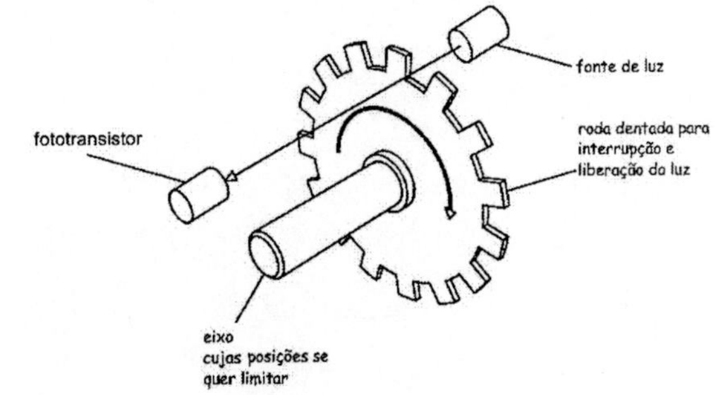

Fonte: autor

Outra forma de funcionamento de interruptores ópticos é pela interrupção do feixe luminoso por um anteparo entreposto entre o emissor de luz e o receptor, como representado na figura 2.7.7(a). Uma outra montagem é a dos interruptores ópticos refletivos. A figura 2.7.7(b) mostra, de forma simplificada, o princípio de funcionamento dos interruptores refletivos. Neles a luz é refletida por uma área espelhada do corpo cujo movimento se quer medir.

Figura 2.7.7 - Interruptor óptico (a) com anteparo interruptor; (b) interruptor óptico refletor.

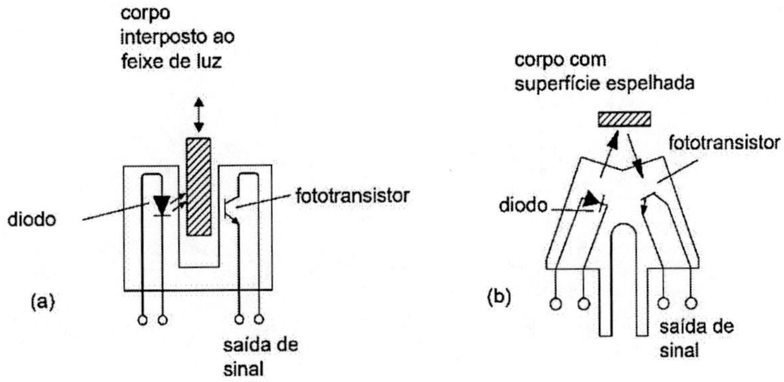

Fonte: autor

b) utilização

Os interruptores ópticos são usados em controle e posicionamento de motores e máquinas em geral que se adaptem à sua instalação. A presença de detritos no ambiente que possam se depositar sobre o sensor limita a aplicação destes dispositivos em locais sujos[67].

[67] Para exemplo de fabricante de sensores ópticos ver SENSE, [c2021].

2.7.4 – Medidores resistivos

2.7.4.1 – Potenciométricos

a) funcionamento

Como já discutido no item 2.2.2(a), um transdutor resistivo de contato deslizante (potenciômetro) converte deslocamento mecânico (translação ou rotação) em um sinal elétrico variável com o valor da resistência.

O deslocamento mecânico de translação ou rotação do corpo, cuja posição ou deslocamento se quer medir, alterará a posição do cursor do transdutor resistivo a ele solidário. O cursor por sua vez se desloca sobre uma resistência elétrica dividindo-a em duas. Os valores de cada resistência dependerão da posição do cursor.

Assim, por exemplo, num medidor de movimento linear, para cada posição do cursor, será associado um comprimento "L" diferente do resistor, permitindo identificar, através do valor da resistência elétrica, a posição do cursor e, consequentemente, do corpo cuja posição se quer medir. Como discutido no item transdutores resistivos a resistência R será dada em função do comprimento L por:

$$R = K\,L$$

onde:

R é a resistência elétrica;

K depende dos valores da resistividade (ρ) e da área do condutor (A), ou seja, $K=\rho/A$

O elemento resistivo pode ser alimentado com uma tensão "DC" ou "AC" e a tensão de saída será, idealmente, uma função linear da posição do corpo ou do seu deslocamento.

O funcionamento do sensor potenciométrico descrito se aplica ao movimento translacional (linear), ou rotacional (angular). Um esquema construtivo de um sensor rotacional é o da figura 2.7.8.

Figura 2.7.8 – Esquema de um sensor potenciométrico rotacional.

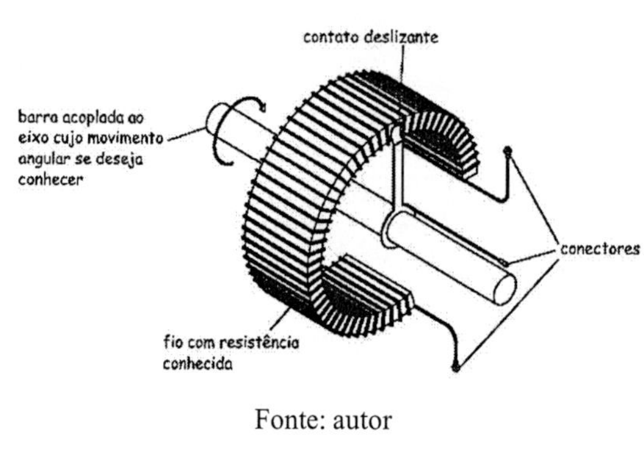

Fonte: autor

No caso rotacional a resistência varia com o deslocamento angular cujo ângulo em radianos vezes o raio resulta em um comprimento "L" da resistência, de forma semelhante ao potenciômetro translacional (linear).

Os resistores potenciométricos são classicamente construídos de fios enrolados, podendo também ser construídos de ligas de cerâmica e metal. Os plásticos condutivos são também utilizados nas construções.

b) utilização

Os sensores de posição de mercado, do tipo translacional, têm ranges referenciais de 0,2 a 150 cm. Os sensores rotacionais têm ranges de referência de uma dezena de graus até algumas dezenas de voltas com 360^0 cada, sendo, portanto, limitados em suas aplicações aos seus *ranges*[68].

A precisão do sensor potenciométrico construído de fio dependerá do número de voltas e da espessura do fio utilizado, o que sempre provocará mudanças em degrau das resistências do potenciômetro, limitando sua resolução e precisão. Quanto mais voltas e mais fino o fio, melhor resolução e precisão são esperadas do sensor. Nos sensores de cerâmica-metal ou de plástico condutivo temos praticamente continuidade na variação da resistência, permitindo melhor exatidão da medida, devendo este fato ser considerado na seleção do sensor.

Medidores potenciométricos sejam eles translacionais ou rotacionais exigem esforços mínimos para se movimentarem, ou seja, um torque mínimo nos rotacionais ou força mínima nos translacionais. Quanto menor o esforço exigido melhor a sensibilidade do sensor.

2.7.4.2 – Medidores de posição magneto-resistivos

a) funcionamento

Esta classe de medidores é baseada nos transdutores magneto-resistivos discutidos no item 2.2.2(e). Nestes, como vimos, a resistência de um material sensor é modificada pela alteração do campo magnético ao qual está submetido. Em geral, os medidores por magneto resistência são acionados por imãs permanentes fixados de forma adequada no corpo cuja posição se quer determinar.

Uma forma de aplicação comum para estes transdutores é na medição de posição de movimentos angulares, onde elementos magnéticos, como a roda dentada representada na figura 2.7.9 alteram o valor do campo magnético incidente sobre o elemento magneto-resistivo. Neste caso a passagem do dente da roda pelo campo magnético alterará o valor do campo e com ele a resistência do material sensível. Pela contagem do número das variações elétricas provocadas pela passagem dos dentes pode-se inferir a posição angular da peça em relação a um referencial inicial.

[68] Ver exemplo de fabricante de sensores de posição lineares resistivos em NOVOTECHNIK, [c2021].

Figura 2.7.9 – Aplicações de transdutores magneto-resistivos com roda dentada, na detecção de posição angular.

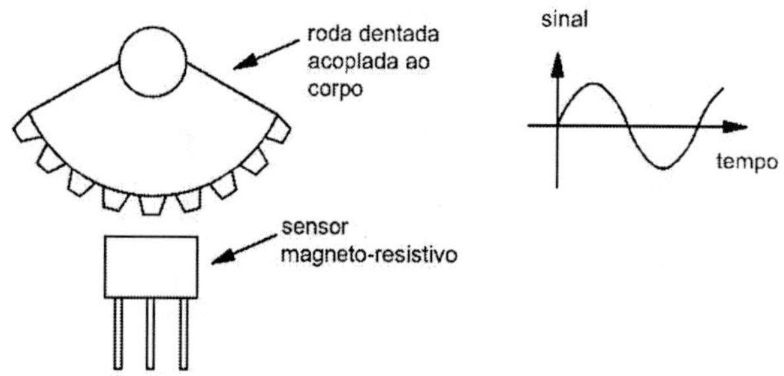

Fonte: autor

Outra forma de aplicação é pela montagem dos transdutores magneto-resistivos em alinhamento com o campo magnético que vai sendo modificado nas diferentes posições do corpo cuja posição se deseja detectar. Pelo posicionamento de imãs solidários ao eixo linear para o caso de detecção linear (figura 2.7.10(a)) ou ao eixo rotativo, no caso de posições angulares (figura 2.7.10(b)), pode-se conhecer a posição relativa do eixo em deslocamento linear ou angular, conforme o caso[69].

Figura 2.7.10 – Montagens de sensores magneto-resistivos para medidas de posição: (a) linear; (b) angular; (c) sinal de saída do medidor.

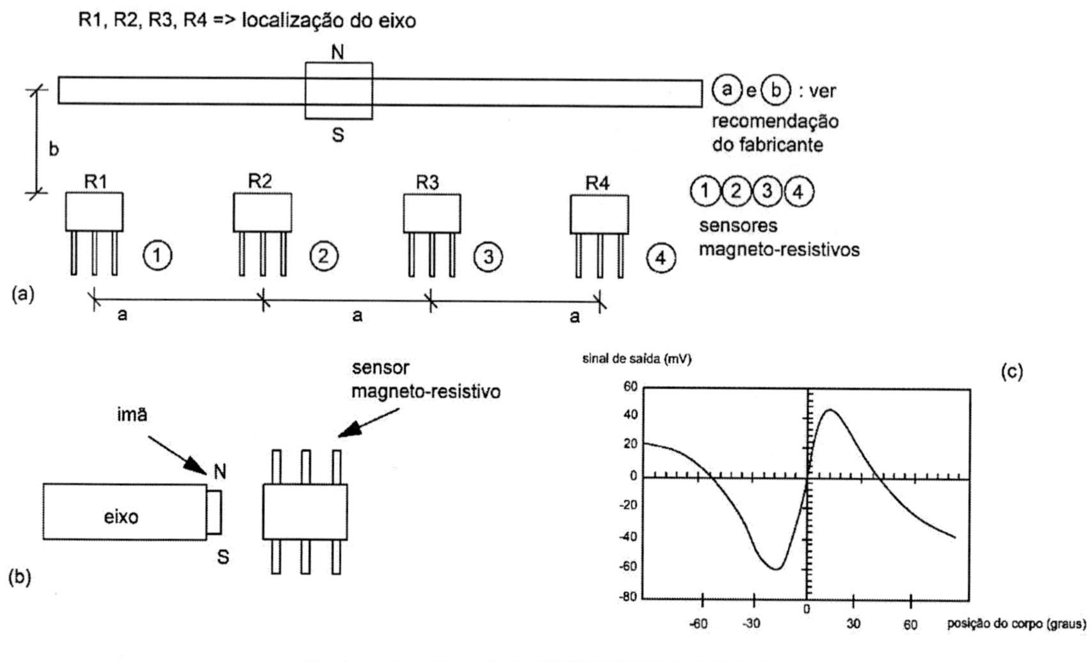

Fonte: autor adaptada de HONEYWELL, 2021(d)

[69] Para maiores detalhes ver HONEYWELL, 2019 e NEWTON BRAGA, [20--?].

Como usualmente se faz em circuitos resistivos, a resistência que tem seus valores alterados pela modificação da posição pode ser inserida em pontes de Weathstone e seu valor convertido em informações sobre a posição.

b) utilização

Os sensores magneto-resistivos vêm substituindo os sensores potenciométricos em várias aplicações voltadas para a monitoração e controle da posição de peças em linhas de fabricação e mesmo em bens de consumo, como computadores.

Os sensores magneto-resistivos são encontrados em várias aplicações que envolvem a detecção de posição de objetos móveis sem contato, lineares e angulares. Para características de aplicação consultar os fabricantes[70].

2.7.5 – Sensores de posição capacitivos

Os sensores de posição capacitivos se utilizam da mudança de valores da capacitância dos transdutores capacitivos para medir posição, conforme já discutido no subitem 2.2.3. Os valores das capacitâncias, por sua vez, dependerão da posição dos elementos cuja translação ou rotação queremos medir, que serão conectados, direta ou indiretamente, com as placas do capacitor ou interferirão na constante dielétrica entre as placas do capacitor. Como visto no item 2.2.3, podemos variar a capacitância atuando na constante dielétrica "Ɛ" do material que preenche o capacitor, na distância entre as placas "d" ou na área das placas "A" (ver figura 2.7.11).

As variações de capacitância são convertidas em sinais elétricos, por meio de circuitos apropriados, gerando saída relacionada com a posição.

Figura 2.7.11 – Exemplo de capacitor de placas paralelas: (a) parâmetros que impactam o valor da capacitância; (b) exemplo de variação na área exposta das placas do capacitor.

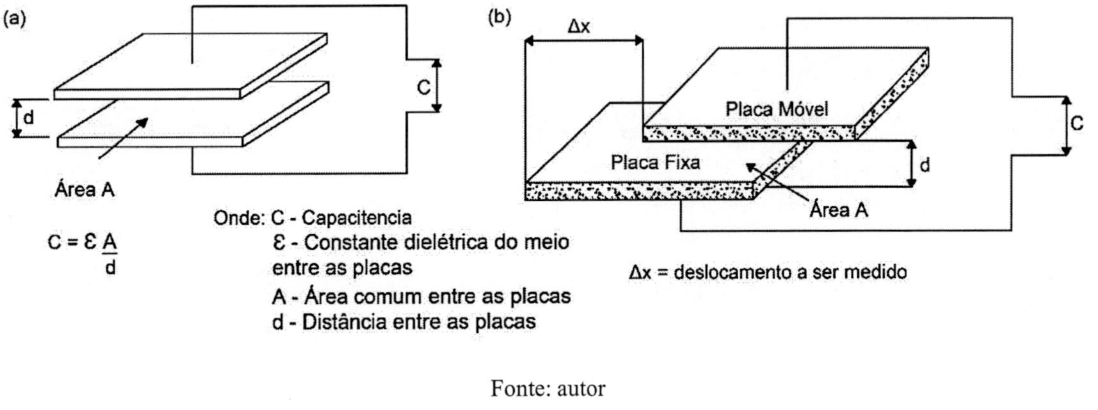

Fonte: autor

[70] Consultar por exemplo HONEYWELL, c2021c-d.

Os sensores de posição capacitivos, de forma geral, necessitam de esforços pequenos para movimentação das placas. A medição da capacitância que varia com a posição pode ser feita através da colocação do capacitor como um dos ramos de uma ponte de Weathstone de capacitores ou em circuitos osciladores de alta frequência que variam a frequência de oscilação com a variação da capacitância.

b) utilização

Trabalhando com a variação da constante dielétrica do meio entre as placas do capacitor, podemos detectar a aproximação de metais, materiais orgânicos, pós, madeiras, vidros, plásticos e uma infinidade de outros materiais, quando estes se interpõem entre as placas do capacitor. Uma das placas do capacitor pode ser parte da máquina ou esteira ou equipamento em geral, sobre o qual o material cuja proximidade se quer detectar, se desloca.

O sensor capacitivo usado para detectar a proximidade de um corpo em relação à uma posição de referência, permite a medição de pequenos deslocamentos da ordem de 0 a 3 centímetros, podendo apresentar resolução nanométrica, inclusive para medida de espessuras de peças de materiais conhecidos[71].

Uma boa parte das aplicações de sensores capacitivos está associada à necessidade de precisão como a já citada medida de espessura de peças, posicionamentos precisos de objetos e ferramentas, presença de corpos estranhos em linhas de fabricação (vidros contendo impurezas por exemplo) e contagem de embalagens em linhas de produção.

Em aplicações onde há presença de metais capazes de afetar outros transdutores associados aos sensores de posição, como os indutivos, (ver item 2.7.6, a seguir), os capacitivos podem ser empregados. Sua capacidade de medir materiais não condutores também traz sua conveniência de aplicação.

Apresentam a vantagem, de medir sem contato físico com o corpo cuja posição está sendo detectada, o que permite, em casos onde não se deseja este contato, utilizá-los como chaves de fim de curso.

Em resumo, algumas aplicações típicas são:

– medição de espessura de peças durante a sua fabricação;

– testes de qualidade em linhas de produção;

– identificação da composição de certos materiais de diferentes permissividades, verificando pureza ou homogeneidade do ambiente ou do produto;

– como chave fim de curso sem contato físico com o objeto cuja posição se quer medir;

- associado a contadores de objetos.

[71] Ver exemplo de fabricante de medidores de posição capacitivos ver PEPPERL-FUCHS, c2021.

2.7.6 – Medidores de posição indutivos

Existem diversas formas de se aproveitar a variação de indutância para medições de posição. Os diferentes tipos de transdutores indutivos (ver subitem 2.2.4) permitem a construção de diferentes tipos de sensores de posição. Os mais comumente utilizados são as chaves de proximidade indutivas, os Transformadores Lineares Diferenciais Variáveis (LVDT), os Transformadores Rotativos Diferenciais Variáveis (RVDT) e os por efeito Hall[72].

2.7.6.1 - Chaves de proximidade indutivas

a) funcionamento

São sensores que têm sua indutância modificada quando deles se aproximam materiais magnéticos ou condutivos. Funcionando como chaves, energizam ou desenergizam sua saída. O coração do sensor é uma bobina alimentada em corrente alternada com uma frequência de algumas centenas de Hertz.

O campo magnético gerado por esta bobina induz correntes parasitas (correntes de Foucault) nos materiais magnéticos ou condutores (acionadores metálicos) que se aproximam da bobina como mostra a figura 2.7.12.

Figura 2.7.12 – Ação de uma chave de proximidade indutiva.

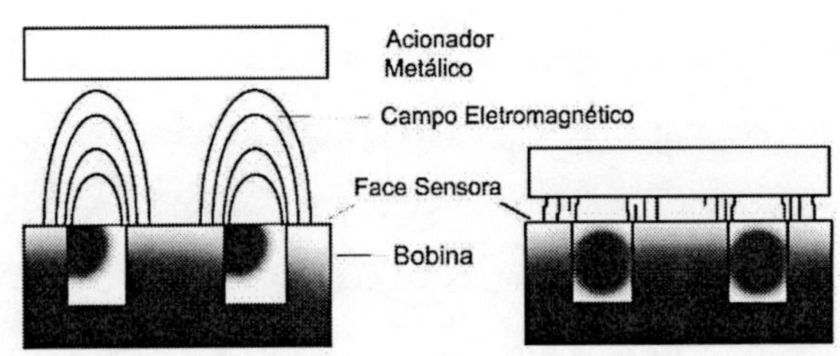

Fonte: autor

A aproximação dos acionadores faz com que o campo magnético gerado seja alterado, alterando assim o valor da tensão de excitação, que tem seu valor dependente da aproximação.

b) utilização

São utilizadas para detecção de abertura e fechamento de válvulas, para limitar posições extremas de máquinas, detectar a abertura ou o fechamento de porta de elevadores e a presença de qualquer objeto, sendo instalada, quando atuando como chave de fim de curso, no ponto de passagem do objeto ou corpo que se quer localizar ou limitar o movimento.

---

[72] Os sensores de posição magneto-resistivos foram incluídos no subitem 2.7.4 como sensores resistivos.

A chave indutiva apresenta, como referência, um *range* de medida da ordem de 0,5 a 10 mm, mantendo linearidade numa faixa de 1 a 2 mm. Pode apresentar resoluções da ordem de µm, sendo adequada em aplicações nestas condições. Consultas das suas características devem ser feitas com os fornecedores[73].

Algumas de suas características são:

- têm alcance limitado (os sensores ópticos e ultrassônicos podem ter melhores alcances);
- têm menor resolução do que as chaves capacitivas;
- não sofrem interferências em ambientes sujeitos a sujeira e pó;
- baixo custo;
- limitada a materiais magnéticos ou metálicos;

Com o mesmo princípio das chaves de proximidade, podem ser construídos sensores que identifiquem a posição da peça em relação ao sensor.

2.7.6.2 – Medidores de deslocamento com base nos transformadores diferenciais variáveis LVDT e RVDT

a) funcionamento

O funcionamento dos transdutores LVDT e RVDT já foi discutido no subitem 2.2.4(c), onde foi visto que se baseia no princípio da variação da indutância provocada pela alteração da posição do núcleo magnético em relação a uma bobina indutora que compõe o transdutor.

Como vimos, o LVDT e o RVDT consistem de uma bobina primária e bobinas secundárias montadas ao lado da primária nos LVDT e ao redor dela nos RVDT. O movimento de translação (nos LVDT) ou rotação (nos RVDT) do núcleo de material ferromagnético no campo gerado pelo enrolamento primário modifica o fluxo magnético entre as bobinas primárias e secundárias (ver figura 2.7.13), permitindo através da posição do núcleo inferir a do corpo cuja posição se deseja conhecer. Este corpo deve estar mecanicamente ligado ao núcleo móvel. Através da medida da tensão diferencial entre as bobinas secundárias podemos inferir a posição do núcleo das bobinas e, consequentemente a posição do corpo cuja posição queremos determinar.

Nos RVDT, como observado pela figura 2.7.13(b), as bobinas estão defasadas de 90°, de tal forma que quando a bobina primária estiver com ângulo φ igual a 45°, a indução em cada uma das bobinas secundárias será igual.

Quando φ valer 90°, a bobina B emitirá sinal zero e a A terá saída com amplitude máxima. Com φ = 180°, a bobina A emitirá saída zero e a B terá saída com amplitude máxima e assim por diante, para diferentes ângulos teremos uma defasagem entre a entrada e a saída variando de -180 a +180 graus quando φ

[73] Ver exemplo de fabricante de chave indutiva em KEYENCE, c2021a.

variar de 0 a 360º. Com isto poderemos inferir a posição do rotor e, consequentemente do eixo conhecendo, portanto, seu deslocamento em relação a um referencial inicial.

Evidentemente é necessário um sistema de controle, como uma placa eletrônica capaz de interpretar os sinais que são enviados pelo transdutor de forma a convertê-los em ângulo, ou posição, que é a informação desejada.[74]

Figura 2.7.13 – Esquemas funcionais: (a) LVDT; (b) RVDT.

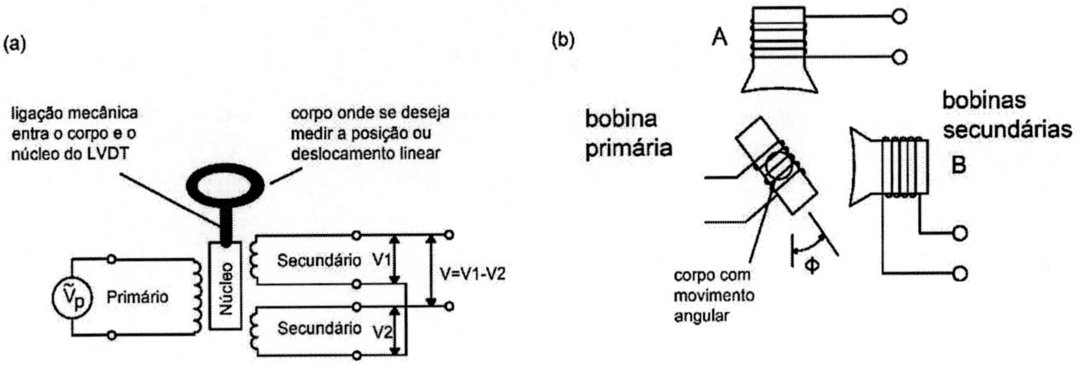

Fonte: autor

b) utilização

Por serem sensores passivos, o LVDT e o RVDT requerem uma excitação em corrente alternada em frequência e tensão não padronizadas, podendo ser necessário circuito de condicionamento do sinal de entrada. Em caso de medida de posição de corpos que oscilem no seu movimento, a frequência associada à tensão primária deve ser cerca de 10 vezes o valor da frequência do movimento que gera entrada no sistema para que se possa detectar esta frequência de entrada. Valores típicos de frequência na bobina primária variam de 50 a 25000 Hz[75].

Os medidores de deslocamento com base no transdutores LVDT e RVDT necessitam de conversores analógicos-digitais caso se deseje saída digital, o que pode contraindicar o seu uso em algumas aplicações. Por terem saída analógica, podem atingir boas exatidões nas medidas, diferentemente do encoders (ver item 2.7.8) que pela sua construção dão saída digital com exatidão limitada ao seu mecanismo intrinsicamente digital[76].

[74] Alguns detalhes do funcionamento do RVDT podem ser encontrados em YOUTUBE, 2012.
[75] Para dados de operação consultar fabricantes, como por exemplo, OMEGA, c2015 e a METROLOG, [20—a].
[76] Ver exemplo de fabricante de RVDT em METROLOG, [20—b].

De forma geral podemos listar algumas vantagens dos sensores de posição com base nos LVDT e RVDT, que norteiam sua utilização na indústria:

- boa precisão, sensibilidade e linearidade;
- boa resolução;
- baixo atrito;
- baixa resistência mecânica;
- boa isolação elétrica e ambiental.

Devido à massa do núcleo a ser movimentado, os sensores com base nos LVDT e RVDT apresentam inércia, o que exige tempo para responder. O tamanho físico dos sensores também pode impedir sua utilização em locais de pouco espaço para instalação. Como todos os sensores magnéticos, interferências magnéticas podem prejudicar o seu funcionamento.

2.7.6.3 – Sensores de posição por efeito Hall[77]

a) funcionamento

Os transdutores de efeito Hall foram apresentados no subitem 2.2.4(d). Vimos que são elementos sensíveis às modificações no campo magnético circundante, sendo assim, muito utilizados em sistemas de controle e monitoração de bens de consumo e de variáveis de processos industriais, como posição e velocidade, de forma mais marcante.

Construídos a base de materiais semicondutores, sendo rápidos, pequenos, baratos e por dispensarem a construção mecânica de enrolamento, os transdutores por efeito Hall vêm substituindo as bobinas no sensoriamento dos campos magnéticos. Além destas vantagens, os materiais semicondutores podem perceber campos magnéticos estáticos.

Pela sua velocidade de resposta, pela robustez e durabilidade os sensores de efeito Hall podem ser usados numa infinidade de aplicações e por isso podem ser encontrados numa grande gama de formatos e sensibilidades. Na utilização dos sensores Hall, imãs são presos aos eixos ou corpos cuja posição se deseja medir provocando assim as modificações do campo magnético incidente na parte sensível do semicondutor.

Na figura 2.7.14 está representado um sensor Hall típico, com três terminais.

---

[77] Para aplicações dos sensores por efeito Hall ver INSTITUTO NBC, 2013b.

Figura 2.7.14 – Aspecto típico de um sensor Hall com três terminais.

Fonte: autor com base em HONEYWELL, [20--?]

b) utilização

As possibilidades de uso dos sensores devem ser obtidas com os fabricantes[78]. A saída do transdutor dependerá do seu posicionamento em relação ao campo magnético ao qual o transdutor esteja exposto e do movimento da peça (eixo, disco, etc.), que se movimentando, alterará o campo magnético.

No tocante à posição, se o interesse for somente a avaliação da aproximação de uma peça, por exemplo, a adição de um imã solidário à peça cuja posição se quer medir, provocará a modificação do fluxo magnético atuando sobre o sensor, como esquema da figura 2.7.15. A avaliação do campo pelo sensor permitirá detectar a posição do corpo em relação à face do sensor. Neste esquema o movimento do imã é de afastamento ou aproximação do sensor. O gráfico associado mostra a variação do fluxo percebido pelo sensor em função da distância entre eles.

Figura 2.7.15 – Arranjo para medição da aproximação de peça.

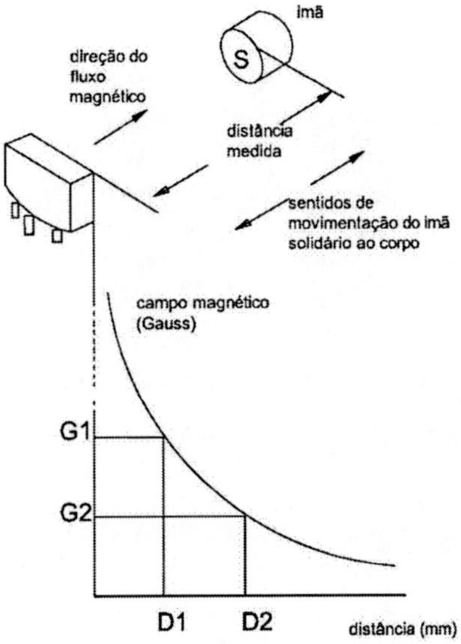

Fonte: autor - adaptado de HONEYWELL, [20--]

[78] Para aplicações ver, por exemplo, HONEYWELL, [20--] e INSTITUTO NBC, 2013b.

O arranjo mostrado na figura 2.7.15 pode ser utilizado também para medição de velocidade de aproximação ou afastamento de uma peça, levando-se em conta a variação da posição no tempo.

Diferentes posicionamentos do sensor em relação ao campo magnético podem ser pensados, gerando diferentes orientações das linhas do campo magnético. Assim, por exemplo, posicionando uma roda dentada construída de material ferromagnético entre um imã e o transdutor Hall, conforme figura 2.7.16, as linhas do campo de força ficam concentradas, gerando um sinal na forma de pulso. A contagem dos pulsos gerados no movimento da peça em ambos os sentidos, feitas por processadores eletrônicos, permite avaliar a posição da peça em relação a uma referência inicial.

Figura 2.7.16 – Esquema construtivo que permite avaliar a posição angular de uma roda dentada num arranjo com imã fixo.

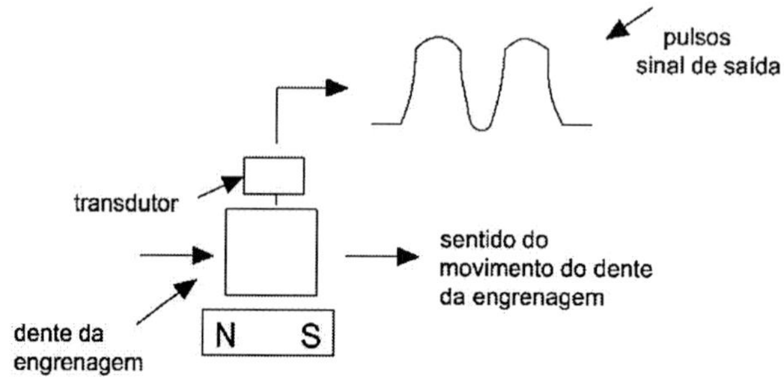

Fonte: autor

2.7.6.4 - Sensor incremental magnético

a) funcionamento

Este tipo de medidor de posição é muito utilizado para medir posição e deslocamento linear de máquinas-ferramenta em processos de automação industrial em geral. Tem basicamente duas partes: um sensor de detecção que consiste de uma cabeça magnética sensora, que é de fato um pequeno transformador, e a outra parte, fixada ao corpo cujo deslocamento se deseja medir, que produz variações no campo magnético da cabeça sensora. A parte fixada no corpo é uma fita ou um disco, conforme queiramos detectar movimentos lineares ou rotativos, respectivamente, a qual possui propriedades magnéticas capazes de variar o campo magnético da cabeça magnética sensora.

A cabeça sensora é constituída de um núcleo (em geral ferrite de bário) de estreito ciclo de histerese, conjugado com dois enrolamentos, um primário, chamado de enrolamento de interrogação, que é alimentado com uma tensão alternada bastante elevada, com valores típicos entre 50 e 100 kHz, e outro enrolamento dito de saída, que tem tensão de saída variável conforme a cabeça sensora tenha mudança na relutância do campo magnético ao qual está submetido o sistema.

Tal mudança de relutância no núcleo se dá devido à presença de uns segmentos de material magnético dispostos ao longo do disco ou fita, os quais têm espaçamento entre si conhecido. Este espaçamento definirá a resolução do sensor. Como o disco ou fita está fixado no material cuja posição angular ou linear se quer conhecer, será gerada uma mudança de tensão no enrolamento de saída, a qual gerará um pulso na saída da cabeça sensora. A contagem dos pulsos permitirá saber quantos segmentos foram percorridos pela cabeça sensora, permitindo assim conhecer o ângulo ou comprimento deslocado.

Um esboço do sensor incremental magnético para medição de deslocamento linear está mostrado na figura 2.7.17.

Figura 2.7.17 – Sensor magnético e fita magnética de detecção de posição.

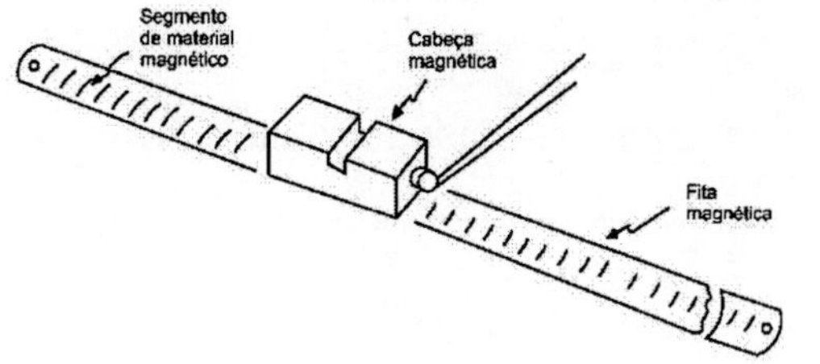

Fonte: autor

b) utilização

Os sensores de deslocamento incrementais magnéticos podem medir comprimentos tão longos quanto 100 m com resolução de 1 mícron. As distâncias entre a cabeça magnética e o disco ou fita sensora são pequenas, da ordem de valores menores que 2,5 mm, e trabalham sem contato ou atrito.

2.7.7 – Sensores ultrassônicos

a) descrição do funcionamento

O princípio de funcionamento dos transdutores ultrassônicos já foi apresentado no subitem 2.2.5(c). Estes são a parte central dos sensores de posição ultrassônicos. O funcionamento destes sensores baseia-se no envio e recepção de uma onda ultrassônica. A presença do objeto interfere na propagação da onda permitindo a detecção da presença do material.

b) utilização

Uma das principais aplicações dos sensores ultrassônicos é para contagem ou verificação de presença de objetos transparentes (ver figura 2.7.18), nos quais os sensores ópticos têm uma aplicação mais limitada.

Figura 2.7.18 – Exemplo de aplicação de um sensor ultrassônico.

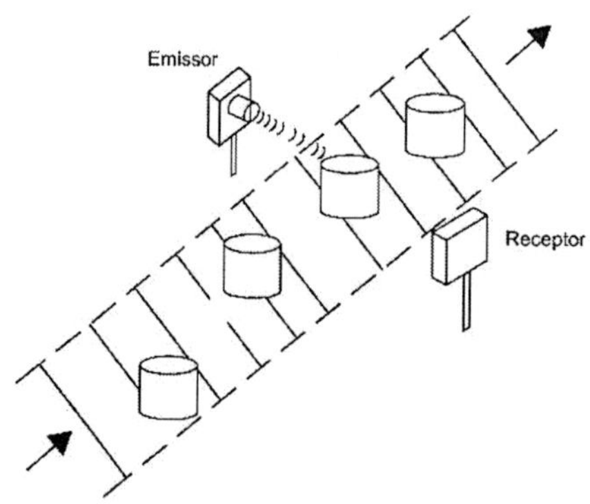

Fonte: autor

Pode também ser utilizado em medições onde haja barreiras físicas entre o objeto cuja posição se quer detectar e o sensor, como na presença ou ausência de conteúdos dentro de invólucros.

2.7.8 – Encoders

a) funcionamento geral

Os encoders são sensores de movimento linear ou rotativo os quais transformam estes movimentos em uma sequência de pulsos elétricos que são interpretados digitalmente. Quando estes movimentos mecânicos devem ser monitorados por sistemas digitais, o encoder aparece como uma interface conveniente entre o mecanismo cujo movimento interessa medir e a unidade de processamento digital.

Construtivamente são dispositivos eletromecânicos que convertem os deslocamentos lineares ou angulares em pulsos de natureza digital (0 ou 1; luz ou sombra, por exemplo). Funcionam como sendo conversores analógico-digital de deslocamento. Para funcionar são acoplados nos eixos cuja rotação se deseja medir ou nos objetos cujo deslocamento interessa conhecer.

Na figura 2.7.19(a) está representado o mecanismo central de um encoder com leitura óptica para detecção de movimentos de rotação. Na figura 2.1.19(b), o mesmo dispositivo de encoders voltados para a detecção de movimentos lineares. Nestes dispositivos, de um dos lados da cremalheira (para o caso de movimento linear), ou do disco (para movimentos rotativos) aparecem lâmpadas de LED, que iluminam a cremalheira ou o disco. Do outro lado são instalados fototransistores que detectam a presença ou a ausência de luz. Cada vez que a luz atinge o fototransistor sabe-se que se deslocou um dente de cremalheira ou um furo do disco. Este deslocamento gera uma onda quadrada, como representado na figura 2.5.19(c). Esta onda quadrada é convertida em sinal digital associando "0" à ausência de luz e "1" à presença (ou vice-versa). O sinal contínuo de um movimento linear ou rotativo será assim discretizado de forma a detectar a posição do corpo que se desloca. Para termos a efetiva medição da variável, portanto, um sistema eletrônico tem que ser acoplado ao sensor para traduzir a onda quadrada em termos de movimento e deslocamento.

Figura 2.7.19 – Esquema de funcionamento dos encoders do tipo óptico para: a) medidas de deslocamento angular; b) medidas de deslocamentos lineares; c) codificação do sinal de saída.

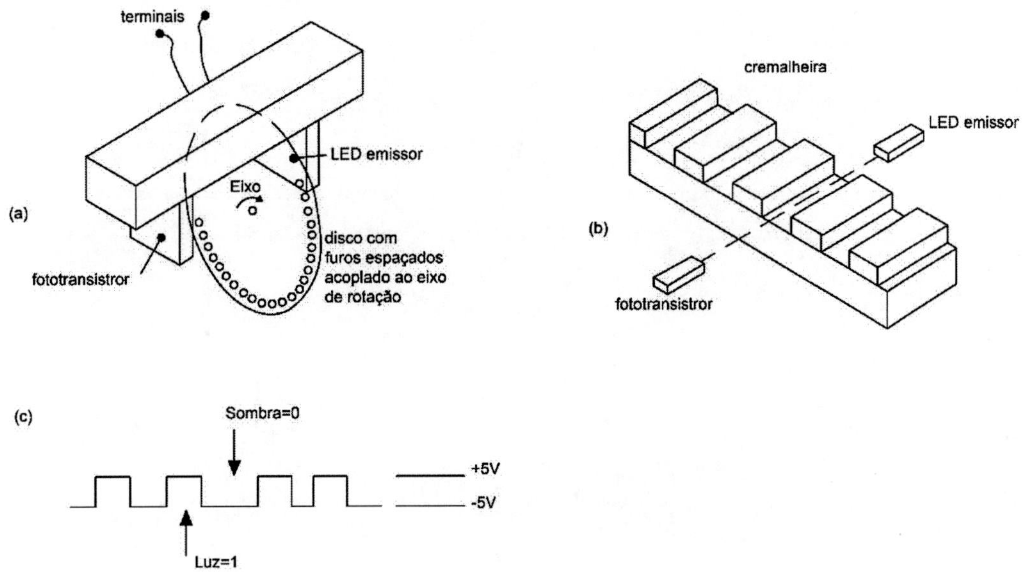

Fonte: autor

b) tipos de encoders

Os encoders podem ser de dois tipos básicos: *incremental ou absoluto*. Por sua construção, como será visto a seguir, os encoders do tipo incremental medem o deslocamento de um objeto somente em relação ao ponto inicial de partida deste, previamente definido. No entanto, por exemplo, caso haja uma pane de energia que desenergize o encoder, a última posição medida por ele será perdida, sendo esta uma diferença básica entre a operação dos encoders incrementais, que medem os incrementos de pulsos, e os absolutos, que são capazes de codificar e recuperar a posição atual do corpo de forma unívoca. Por exemplo, podemos saber com os encoders incrementais, quanto uma peça que está sendo trabalhada se deslocou para a esquerda em relação à posição anterior, ou em relação a uma posição considerada como zero, caso em que teremos que saber o sentido do movimento e, no caso de encoders incrementais angulares, o número de voltas dadas pelo disco. Já os encoders absolutos codificam univocamente cada posição ocupada pelo corpo cujo deslocamento ou posição está sendo medida, através da geração de um endereço digital para cada ponto. Esta diferença entre o encoder incremental e o absoluto será vista a seguir.

c) tecnologias utilizadas

Os encoders incrementais usualmente operam por um dos três princípios básicos: contato, óptico e magnético. A maioria usa sensores ópticos para prover sinais elétricos na forma de trens de pulso, os quais, por sua vez, podem ser traduzidos em informação de sentido de movimento, de deslocamento, posição ou velocidade, conforme o tipo de encoder. Aqui apresentaremos somente os encoders ópticos.

2.7.8.1 – Encoder incremental óptico

Na figura 2.7.20(a) temos representado um disco típico de um encoder óptico para medidas angulares e na figura 2.7.20(b) uma "fita" típica para medidas lineares em um encoder incremental. Nestas figuras observam-se duas trilhas divididas em setores.

Figura 2.7.20 – Estrutura típica de geração de informação do encoder incremental: (a) para deslocamento angular; (b) para deslocamento linear; (c) defasagem do sinal de saída gerado pelas trilhas A e B.

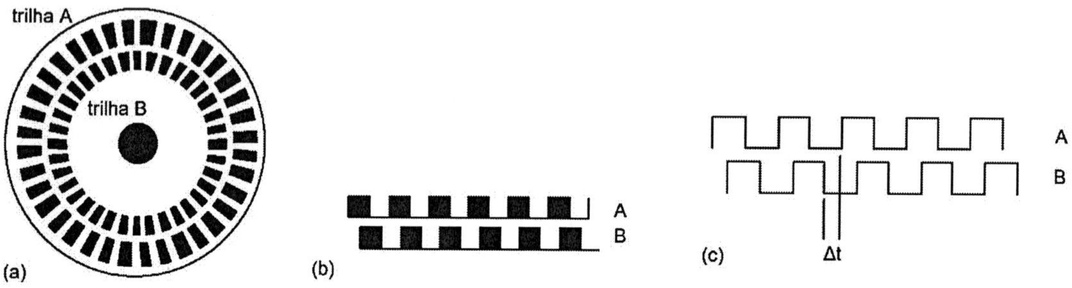

Fonte: autor

Cada um dos setores é, alternadamente, um furo, pelo qual pode passar a luz emitida por LEDs, e outro opaco à luz. Quando a fita ou disco conectado à peça cujo deslocamento incremental linear ou angular se quer medir se desloca, a luz dos LEDs passará ou não por cada setor, conforme encontre um furo ou uma parte opaca. A passagem da luz será detectada por fototransistores localizados na outra face do disco, em posição oposta ao LED, conforme figura 2.7.19. Alguns encoders podem ter discos e fitas com parte da superfície espelhada em lugar de furos. Nestas áreas espelhadas a luz é refletida sendo absorvida nas outras, gerando igualmente uma codificação binária.

Como pode ser observado pelas figuras 2.7.20(a) e (b), a trilha A é defasada da B. Esta defasagem permite conhecer o sentido do movimento do disco ou fita. Se a trilha A deixar passar luz antes da B significa um sentido de deslocamento. Se a B antes da A significa o oposto. Desta forma, podemos conhecer o sentido do movimento analisando a defasagem entre as ondas quadradas geradas, como na figura 2.7.20(c).

Pela contagem do número de pulsos da onda quadrada gerada se pode conhecer o deslocamento do objeto de interesse ou sua posição em relação a um referencial previamente definido. A exatidão da medida será tanto maior quanto maior for a resolução do encoder. Esta resolução dependerá do número "N" de setores contidos em cada trilha. Numa medição angular, por exemplo, em uma volta completa (360°), se queremos medir um deslocamento mínimo de 1°, serão necessários 360 setores por trilha, pois, a resolução R, será dada por: R= 360/N, no caso do encoder incremental.

Os encoders digitais produzem diretamente uma saída digital, eliminando a necessidade de um conversor analógico-digital. O encoder incremental pode ainda conter um ponto de referência numa terceira trilha de leitura. Este ponto é conhecido como o *ponto zero ou absoluto*. Ele determina a "origem" das contagens do encoder. Esta é a única posição que é possível se identificar sem a contagem de pulsos, conforme sinal de saída representado na figura 2.7.21. A utilidade desta memória é, por exemplo, viabilizar o retorno da contagem a uma origem conhecida, em caso de queda de energia elétrica. Neste caso, o encoder voltará à posição zero. A terceira trilha serve ainda para que possa ser controlada a contagem de pulsos em caso de interesse por esta contagem.

Figura 2.7.21 – Encoder incremental com 3 trilhas: (a) disco; (b) saída de cada trilha do encoder.

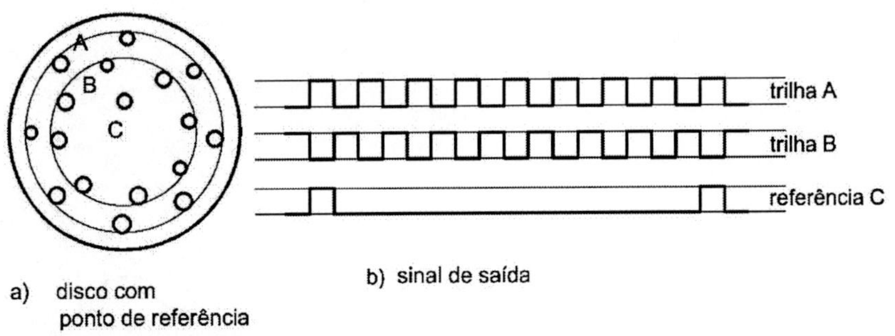

Fonte: autor

2.7.8.2 - Encoders ópticos absolutos

De forma similar aos encoders incrementais, o elemento básico dos encoders ópticos absolutos é um disco ou fita, conforme sejam desejadas medidas angulares ou lineares, respectivamente. A diferença básica é o maior número de trilhas nos encoders absolutos. Como cada trilha representará um número binário 0 ou 1, será possível compor um número escrito com código binário para cada posição do disco ou fita. Assim, de forma diferente do encoder incremental, o disco do encoder absoluto não detecta só o incremento de posição, mas pode detectar precisamente a posição em relação a um ponto definido como origem (ponto zero) ou a posição absoluta através de um endereço digital. As diferenças entre os discos do encoder incremental e absoluto podem ser observados na figura 2.7.22.

Figura 2.7.22 – Diferença entre os discos de encoder incremental e absoluto.

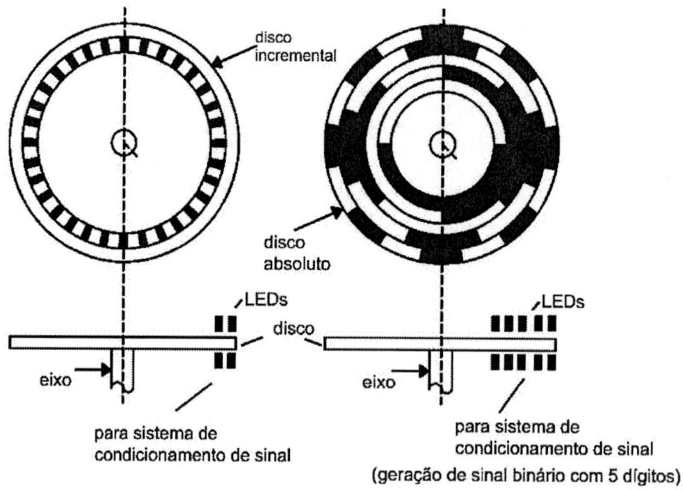

Fonte: autor

Para realizar a medição de posição do disco ou da fita nos encoders ópticos absolutos cada trilha é iluminada por um dos lados. A luz passará para o outro lado ou não, dependendo se temos área clara (ou refletiva) ou área escura. A presença de luz será detectada por elementos fotossensíveis, usualmente fototransistores, de forma similar ao encoder incremental. O encoder terá tantos fototransistores detectores quantas trilhas existirem, gerando um número de sinais de nível lógico zero ou um (luz passa ou não passa) igual ao número de trilhas. Com a detecção de luz e sombra pelas fotocélulas, um código binário decodificado para informar a posição ou o incremento será gerado como saída. Se tivermos quatro trilhas, por exemplo, poderemos gerar quatro dígitos que, interpretados como números binários, podem ser lidos de tal forma a gerar uma sequência numérica de 0 a 15 (16 números), indicando cada qual uma posição, como ilustrado na figura 2.7.23. Um encoder que utiliza o código binário com "n" caracteres digitais (0 ou 1) requer n trilhas e 2^n setores.

Figura 2.7.23 – Exemplo de disco de encoder com 4 trilhas e 16 setores em cada trilha, gerando uma saída numérica de 0 a 15. As áreas negras geram uma saída "1" as claras zero (ou vice-versa).

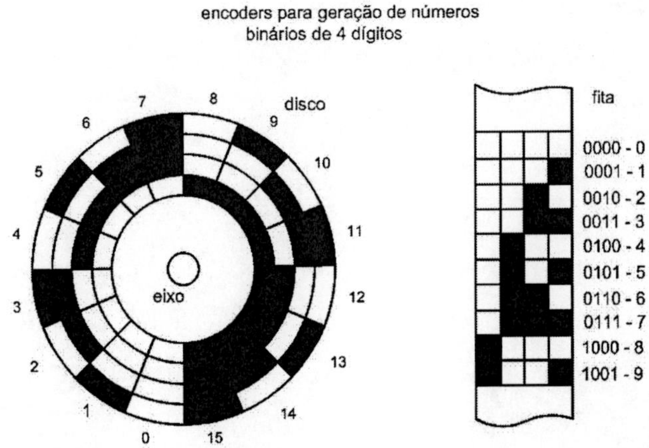

Fonte: autor

A resolução digital mínima do sistema fica limitada ao incremento que o sistema permitir. Se, por exemplo, numa medida linear de comprimento "L" é desejável que a informação de saída digital tenha "n" bits, a resolução "R" que se consegue medir é dada por: $R=L/2^n$. Como valor usual as escalas dos encoders ópticos lineares são constituídas por um conjunto de traços e espaços da ordem de 40 μm de largura. De forma análoga, se tivermos um disco de 360° e se quisermos gerar 8 bits de informação do sensor quanto à posição de um corpo teremos uma resolução de 360/256 = 1,4°.

Como as saídas com codificação binária digital, embora mais conhecidas, têm o inconveniente de mudarem mais de um dígito em cada mudança numérica, muitos encoders utilizam outra forma de saída conhecida como saída com código Gray. Neste código as mudanças numéricas se dão com a mudança de somente um dígito sendo mais rápidas de processar e com redução no consumo de energia para leitura, em relação ao uso do código binário clássico[79]. Pelo seu funcionamento, a saída do encoder óptico absoluto é diretamente digital e sempre fornece através do seu código a posição absoluta da posição do corpo objeto da medida.

Em resumo, os encoders podem medir posição, deslocamento, movimento (anti-horário e horário; para esquerda ou para direita) e velocidade. Os encoders incrementais e absolutos medem o deslocamento sofrido por um corpo em relação a um ponto de referência fixo e definido no encoder como posição zero, pelo operador que utiliza o medidor, mas a posição absoluta só será possível de se conhecer com o uso do encoder absoluto. Com eles podemos, por exemplo, saber quanto um corpo se deslocou em relação à posição ou ao ângulo considerado como zero e a localização exata, angular ou linear (dentro da precisão do instrumento) de qualquer posição ocupada pelo corpo.

---

[79] Para mais informações sobre o código Gray ver INSTITUTO NBC, 2012b.

b) utilização dos encoders[80]

Quando da utilização dos encoders deve-se pesar a necessidade de grande exatidão das medidas, a qual dependerá da quantidade de trilhas ou setores por trilhas dependendo de ser absoluto ou incremental. Quanto maior a exatidão desejada maior será o custo do medidor uma vez que terá circuitos mais complexos e, no caso dos encoders absolutos, maior número de fototransistores e diodos emissores de luz.

Os encoders têm linearidade inerente, porém, com a posse do seu sinal de saída pode-se programar para que tenham outro tipo de resposta não linear. A ausência de contato físico entre materiais nos encoders ópticos aumenta a durabilidade dos medidores e reduz muito a sua manutenção. Com a simplicidade do circuito de condicionamento de sinal, o qual já é produzido na forma digital, não há necessidade de conversor de sinal, simplificando e barateando a construção. Observe-se que apesar da simplicidade construtiva os encoders ópticos necessitam da garantia do alinhamento das fotocélulas de forma a evitar erros de leitura. A necessidade de acoplamento mecânico com o corpo cujo deslocamento se deseja medir pode também desaconselhar seu uso. Os encoders incrementais apresentam desvantagens em relação aos encoders absolutos no que tange à perda de informação no caso de queda de energia.

As características de uso dos encoders digitais devem ser sempre obtidas com os fabricantes[81].

Questões de síntese do conteúdo

2.7.1 – Cite algumas aplicações industriais de medidores de deslocamento.

2.7.2 – Qual a diferença entre sensor de deslocamento e de posição?

2.7.3 – Quais os principais tipos de sensores de deslocamento e de posição?

2.7.4 – O que é uma chave de fim de curso? Cite dois princípios construtivos utilizados nestas chaves. Procure duas aplicações destes dispositivos.

2.7.5 – Indique uma aplicação típica para um medidor com princípio potenciométrico, uma para medidores com princípio capacitivo e outra para indutivo.

2.7.6 – Indique uma situação de medida onde o medidor de posição capacitivo mude sua constante dielétrica durante a medição.

2.7.7 – Quais os tipos de sensores que podem ser utilizados na construção das chaves de fim de curso?

2.7.8 – Explique o princípio de funcionamento de um medidor tipo RVDT.

2.7.9 – Qual o princípio de funcionamento dos sensores magneto-resistivos? E dos sensores Hall? Quais os materiais típicos para construção destes medidores?

---

[80] Mais informações podem ser encontradas em YOUTUBE, [2019?].

[81] Ver exemplo de fabricante de encoders em LEINE LINDE, 2021c.

2.7.10 – Cite uma aplicação em que os sensores de posição capacitivos sejam mais adequados que os indutivos.

2.7.11 – Encontre aplicações que indiquem a escolha de um sensor ultrassônico de posição ou presença.

2.7.12 – Qual a diferença entre um encoder incremental e um absoluto?

2.7.13 – Pesquisando, explicite quatro informações técnicas fornecidas por fabricantes de chaves potenciométricas.

2.7.14 – Quais sensores de posição ou deslocamento permitem medidas de deslocamentos angulares e lineares?

2.7.15 – Consultando catálogos de fabricantes, indique algumas características de medidores de posição capacitivo e indutivo fornecidas por fabricantes destes dispositivos.

2.7.16 – Pesquisando, descreva como funciona o chamado código Gray utilizado em alguns encoders.

2.8 - Medição de outras variáveis de processo

2.8.1 – Introdução

Com a crescente automação dos processos, sejam eles industriais ou não, muitos outros sensores além dos sensores de pressão, temperatura, vazão, nível e posição têm encontrado aplicações importantes. Neste capítulo procuraremos dar noções gerais que facilitem aos interessados nos sensores aqui abordados a entenderem seu funcionamento e obterem um detalhamento maior de suas características e aplicações. Apresentaremos, em linhas gerais, o funcionamento e aplicações dos *sensores/medidores* das seguintes variáveis de processo:

- umidade
- densidade
- viscosidade
- pH
- velocidade
- aceleração
- força/torque
- fumaça e gás
- analisadores químicos (analisadores de processo)

As aplicações destes sensores/medidores vão desde controle ambiental até a robótica. Indústrias farmacêuticas, petroquímicas, nucleares, papeleiras, cimentícias, alimentícias, a área da aeronáutica, aeroespacial e muitas outras fazem uso frequente destes sensores, tornando seu conhecimento de maior importância a cada dia que passa para a implementação da automação de seus processos.

2.8.2 – Sensores de umidade

2.8.2.1 – Parâmetros úteis na medição de umidade

A umidade traduz, em linhas gerais, a quantidade de vapor d'água contido no ar ou em um gás. Para avaliarmos a umidade vários termos são utilizados, sendo os mais comuns a umidade relativa, a umidade absoluta, o ponto de orvalho, a temperatura de bulbo úmido e a temperatura de bulbo seco.

A *umidade relativa* (Ur) é definida como a relação entre o peso do vapor d'água, Wv, presente em um dado volume de ar ou gás, submetido a uma dada condição de temperatura e pressão (Wv@T,p) e o peso da máxima quantidade de vapor d'água que seria possível dissolver neste mesmo volume de ar ou gás nas mesmas condições de temperatura e pressão (Wvmax@T,p), expressa em percentual, ou seja:

$$\text{Ur} = \frac{Wv@T,p}{Wvmax@T,p} \text{ x } 100$$

Quando o ar ou gás está saturado ocorre a condensação de gotículas nas superfícies do ambiente onde o ar ou o gás estão.

A *umidade absoluta* (Ua) é a relação entre a massa de vapor d'água dissolvida em uma mistura (mv) e a massa de ar seco ou de gás na mistura, (mg) ou seja:

$$\text{Ua} = \frac{mv}{mg}$$

Estes parâmetros vão nos permitir, por exemplo, conhecer a quantidade de vapor d'água presente no ar em um ambiente.

O *ponto de orvalho* é a temperatura na qual a condensação do vapor d'água dissolvido no ar ou no gás começa a ocorrer quando o resfriarmos, mantendo a pressão no local constante. Desta forma, isto corresponde à temperatura em que o ar ou gás se torna saturado de vapor d'água. Nesta temperatura o vapor d'água presente no ar ou gás começa a formar gotículas nas superfícies.

A *temperatura de bulbo seco* é a temperatura do ambiente onde estão presentes o ar ou gás e o vapor d'água nele dissolvido, medida por um termômetro colocado neste ambiente.

A *temperatura de bulbo úmido* é aquela medida no ar ou gás por um termômetro que tem seu sensor (bulbo) mantido umedecido. O ar ou gás circundante vaporizando a umidade que envolve o bulbo, o resfria, pois "roubam dele" calor para vaporizar a umidade (calor latente de vaporização).

A relação entre temperatura de bulbo úmido, seco, umidade absoluta e relativa e ponto de orvalho podem ser obtidas nas chamadas "cartas psicométricas".

2.8.2.2 – Medidores de umidade

Daremos aqui uma breve noção do funcionamento dos instrumentos utilizados para medição de umidade, quais sejam: a) higrômetros; b) psicrômetros; c) medidores do teor de umidade; d) medidores de ponto de orvalho.

Os *higrômetros* simples, em geral utilizados para fim não industrial, podem ser mecânicos e com sensores construídos com material orgânico, como o cabelo humano, pelo de cavalo e madeira. Os industriais se utilizam de modificações de características elétricas de materiais higroscópicos.

Materiais como pelos, madeira e membranas alteram seus comprimentos quando submetidos a variações de umidade, uma vez que absorvem esta umidade. As alterações de comprimento podem ser relacionadas com a umidade por eles absorvida. Este fato é utilizado na construção dos higrômetros mais simples.

Esquemas construtivos dos mais simples estão mostrados na figura 2.8.1(a) onde temos uma construção comum de um higrômetro de madeira e metal, ou higrômetro de lâmina, onde a madeira e o metal são unidos formando uma lâmina de dois materiais, semelhante a um bimetal. O laminado tem um extremo fixo e um livre. Com a presença da umidade, cada um dos materiais do laminado é deformado de forma diferente, gerando um movimento do extremo livre, o qual é conectado a um ponteiro, no caso de indicadores, ou a dispositivos capazes de alterar algum parâmetro elétrico, como resistores, capacitores e indutores. A escala é graduada em umidade percentual e, no caso de transmissores, o sinal de saída destes será proporcional a este deslocamento, permitindo a medição da umidade.

Figura 2.8.1 – Higrômetro com sensor em lâmina de madeira e metal.

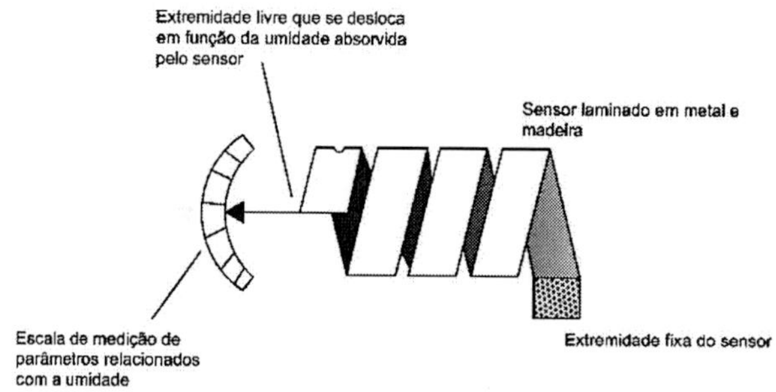

Fonte: autor

A forma mais comum de construção dos higrômetros para fins industriais é com a utilização de materiais que alteram suas grandezas elétricas diante da modificação do valor da umidade dos locais nos quais estão inseridos. Um exemplo construtivo é o dos *higrômetros resistivos* (figura 2.8.2). Nestes, eletrodos condutores são montados na forma de pentes interpenetrados, onde as lâminas de cada um dos pentes não têm contato entre si (são isoladas pelo ar). Sendo revestidos de materiais higroscópicos (cloreto de lítio, por exemplo), os eletrodos conduzem corrente elétrica entre si quando a umidade é absorvida pelo material higroscópico. A resistência a esta condução será inversamente proporcional à umidade absorvida pelo material higroscópico, permitindo assim o conhecimento da umidade do meio de inserção dos eletrodos.

Figura 2.8.2 – Sensor de um higrômetro resistivo.

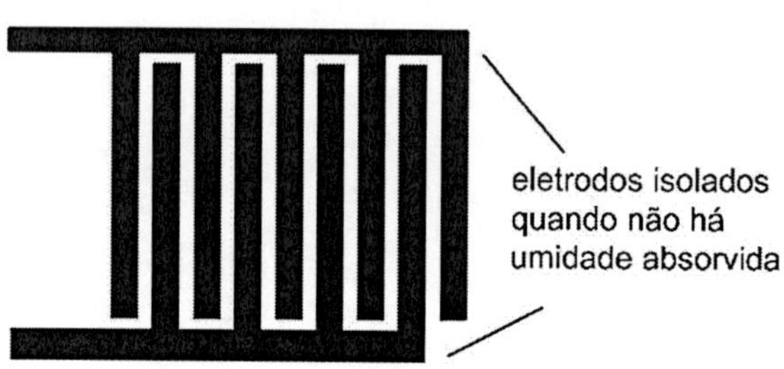

Fonte: autor

Utilizando o fato de que alguns materiais alteram sua constante dielétrica de forma conhecida quando absorvem umidade são construídos os *higrômetros capacitivos*. Estes são em geral, construídos de películas de polímeros que alteram sua constante dielétrica com a umidade, de forma linear[82]. Estes higrômetros quando compensadas as mudanças de capacitância por efeito da temperatura podem apresentar precisões tão boas quanto 0,5% do valor medido.

---

[82] Ver exemplo de fabricante de medidores de umidade resistivos e capacitivos em NICAWE, c2018.

Os *higrômetros piezoelétricos* usam dois osciladores de cristal piezoelétrico, um deles mantido isolado do meio ambiente e, portanto, em atmosfera seca e o outro exposto ao local onde a umidade se deseja conhecer. Com a absorção da umidade, o cristal exposto altera sua massa e com isto, sua frequência de vibração. Através da comparação entre a frequência de vibração do cristal isolado e o exposto podemos conhecer a umidade relativa do ar ou gás no qual o medidor está inserido, com sensibilidade que vai até 1 ppm (parte por milhão) de umidade presente no ar ou gás.

Os *psicrômetros ou termo-higrômetros* trabalham com base nas medidas das temperaturas de bulbo seco e úmido do ar ou gás. Esta última, bulbo úmido, é obtida envolvendo o sensor em ambiente umedecido. O termômetro com o reservatório úmido registrará uma temperatura mais baixa do que o que está no reservatório seco, devido ao efeito de arrefecimento pela evaporação da água. A diferença de temperatura possibilita que a umidade relativa seja calculada. A medida da temperatura de bulbo úmido e da temperatura de bulbo seco nos permite ainda conhecer, através de dados de cartas psicométricas[83] inseridos nas memórias de dispositivos eletrônicos, dados de interesse sobre o vapor d'água dissolvido no ar ou gás, como o seu peso específico, sua umidade relativa ou sua pressão. Como o bulbo mede a temperatura local teremos no mesmo instrumento a temperatura e umidade local[84].

Pode-se conhecer também a saturação do ar ou gás com vapor d'água através da determinação do ponto de orvalho da mistura. Os *medidores de ponto de orvalho* trabalham resfriando o ar junto a uma superfície de amostra até que este inicie sua condensação, medindo-se a temperatura em que isto ocorre. Nesses medidores, uma superfície como a de um aço polido espelhada é resfriada por um sistema de resfriamento até que o ponto de orvalho seja alcançado, ou seja, até que as gotículas comecem a se formar na superfície espelhada. Mede-se então a temperatura em que isto ocorre determinando-se assim, o ponto de orvalho da mistura vapor d'água no ar ou gás.

No que tange à medição de umidade pode-se ainda detectar o *teor de umidade em materiais* de interesse. Para tanto, uma forma de fazê-lo é pela utilização de *micro-ondas* que são geradas e emitidas sobre o material que está impregnado de umidade[85]. Esta umidade impregnada modifica a amplitude das micro-ondas. A razão entre a amplitude da onda emitida e da onda que passa através do material permite a medida do teor de umidade no material.

Pode-se ainda utilizar o processo de *absorção de infravermelho* para se detectar o teor de umidade de materiais. Nesta forma de detecção, os materiais absorvem ou dispersam raios infravermelhos incidentes sobre eles. Estes raios serão direcionados sobre o material em forma de feixe e a energia dos raios refletidos

[83] As chamadas cartas psicométricas são ábacos que permitem, a partir de informações como a temperatura de bulbo úmido e a temperatura de bulbo seco, obter outras informações como a umidade relativa, por exemplo.
[84] Ver exemplo de fabricante de medidores de umidade em SIGMA, [20--].
[85] Ver exemplo de fabricante de medidor de umidade por micro-ondas em LENOX, 2021b.

é medida. A diferença entre o comprimento de onda e a amplitude do sinal incidente e do sinal refletido é avaliada. A diferença entre estes dois fatores estará relacionada com o teor de umidade do material.

2.8.3 - Densidade

2.8.3.1 – Conceituação

A medida da densidade pode ser importante para garantir a especificação de produtos, o peso de embalagens de líquidos e o cálculo de massas em diversas aplicações. Os instrumentos de medição ou medem diretamente a relação entre massas ou pesos e volumes ou medem o efeito da variação da densidade em outra grandeza física.

Primeiramente deve-se distinguir três termos por vezes confundidos: peso específico, massa específica e densidade.

Peso específico, (γ), de um material é definido como o valor que resulta da divisão do peso (W) de um volume (V) qualquer deste material por este volume (V), ou seja, γ=W/V. Sua unidade no sistema SI é Newton/m^3.

Massa específica, (ρ), de um material é definida como o valor que resulta da divisão da massa (m) de um volume (V) qualquer deste material por este volume (V), ou seja, ρ=m/V. Sua unidade no sistema SI é kg/m^3.

O termo *densidade (G)* (em inglês *specific gravit*) de um material *líquido* se refere à relação entre a massa específica deste material dividida pela massa específica da água, ou seja, $G=\rho_{material} / \rho_{água}$.

Estas densidades devem estar referenciadas a uma determinada temperatura, uma vez que os volumes dos materiais dependem da temperatura em que eles estão. Dizemos assim, por exemplo, densidade a 15°C (G@15°) significando que as densidades são medidas a esta temperatura.

Em locais com a gravidade constante, o mesmo valor para a densidade pode ser obtido pela divisão do peso específico do material pelo peso específico da água, uma vez que massa e o peso estão relacionados por $\gamma=\rho.g$, onde g é a aceleração da gravidade no local da medição das densidades.

A medida da *densidade de gases* e vapores é em geral referenciada à massa específica (ou peso específico) do ar medido a 20°C.

2.8.3.2 – Instrumentos de medição de densidade

O que chamamos de *densímetro são medidores de massa específica ou peso específico* e não de densidade tal como a definimos aqui.

Indicaremos aqui o princípio de funcionamento dos densímetros que funcionam como simples indicadores de densidade, dos densímetros com transmissão magnética, dos que medem por vibração, dos que medem por pressão de coluna líquida e por radiação.

Os *indicadores de densidade* são tubos de conformação cilíndrica, com graduações na parte externa, usualmente feito de vidro, com um peso em um dos seus extremos, conforme figura 2.8.3. Mergulhado no líquido cujo peso específico "γ" se deseja medir, estes tubos afundam até que o empuxo "E" gerado sobre eles pelo peso do líquido deslocado equilibre seu peso "Wm". Neste momento saberemos qual o volume "V" deslocado de líquido o qual será igual ao volume do cilindro afundado. Sabendo que o empuxo é calculado como $E=\gamma.V$ e conhecendo o peso do cilindro poderemos conhecer o peso específico do líquido "γ" ou a massa específica "ρ" (conhecendo a gravidade local) através da leitura direta nas graduações do tubo:

$\gamma = Wm/V$

Figura 2.8.3 – Indicador de densidade.

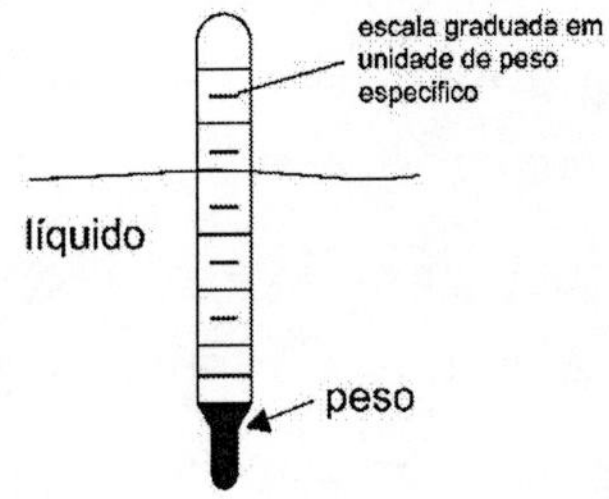

Fonte: autor

Alguns indicadores de densidade têm acoplado a eles um termômetro de forma a medirem a temperatura em que está sendo obtida a medida do peso específico ou da massa específica. São os chamados *termodensímetros.*

Alguns transmissores de sinal associados à densidade são construídos com base no mesmo princípio dos indicadores. Neste caso, são usados dispositivos magnéticos para captar a posição do tubo flutuador. Solidário ao tubo flutuador que fica mergulhado no líquido cuja massa específica ou o peso específico se deseja medir, está o núcleo de uma bobina. O deslocamento do tubo do flutuador desloca o núcleo magnético a ele solidário. A movimentação do núcleo varia a indução nas bobinas instaladas externamente à carcaça do medidor. As variações da indutância das bobinas provocam variações na tensão em circuitos elétricos permitindo, através da leitura destas tensões, o conhecimento da posição do núcleo. A determinação da posição do núcleo permite conhecer a posição do flutuador do densímetro, viabilizando o conhecimento da massa ou peso específico do fluido. A figura 2.8.4 ilustra o esquema de um destes instrumentos.

Figura 2.8.4 – Transmissor magnético de densidade.

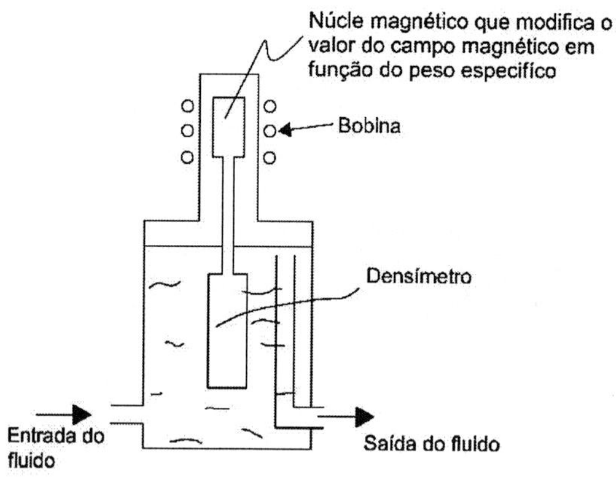

Fonte: autor

Outra forma de medir a massa específica ou o peso específico é através de tubos em forma de U que vibram em frequências conhecidas. Nestes instrumentos o fluido cuja massa ou peso específico se deseja medir passa pelo interior do tubo em forma de U, conforme figura 2.8.5. O tubo metálico é forçado a oscilar comandado por circuitos osciladores. A frequência de oscilação do tubo variará com a massa ou peso específico do fluido. Quanto maior a massa ou o peso específico, menor será a frequência de vibração do tubo em forma de U, permitindo através da leitura da frequência o conhecimento da massa ou peso específico[86]. Esta construção é semelhante à dos medidores tipo coriolis para vazão (ver item 2.5.7.3).

Figura 2.8.5 – Tubos em forma de U para medição de densidade.

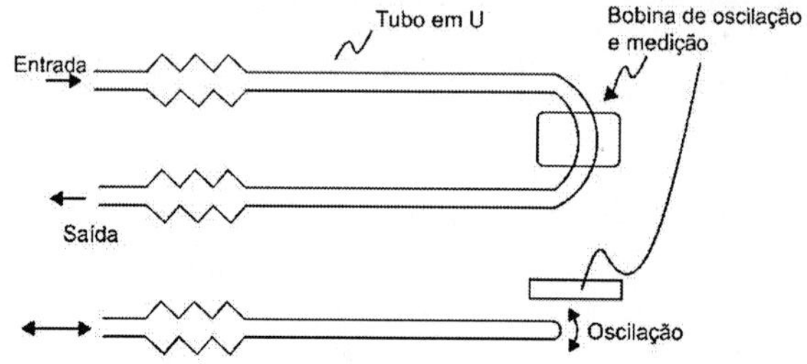

Fonte: autor

Outra construção de medidores de massa ou peso específico são os que inferem estes valores através da medição da pressão gerada pela *coluna líquida* do fluido cuja densidade se deseja medir. Neste caso, podem ter recipientes com volume conhecido, que são preenchidos com o fluido, conforme figura 2.8.6.

---

[86] Ver exemplo de fabricante de medidor de densidade por frequência de vibração de tubo em METROVAL, [20—b].

Figura 2.8.6 – Medidor de densidade pela pressão da coluna líquida.

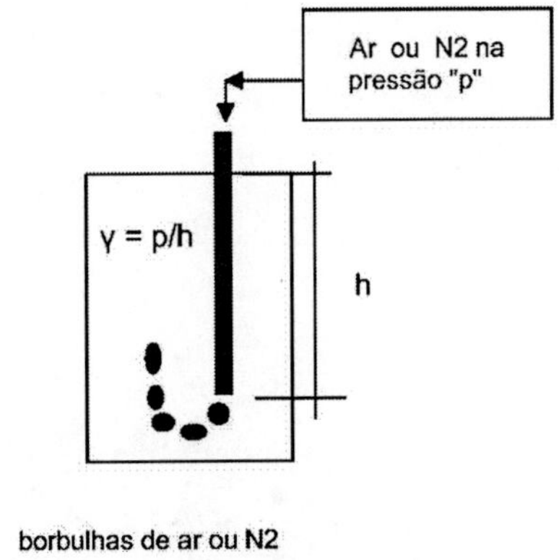

Fonte: autor

Estes medidores, também conhecidos como borbulhadores, medem a massa ou peso específico indiretamente através da medida de pressão da coluna líquida dentro de um recipiente. Neste caso a construção inclui um tubo pelo qual é borbulhado ar ou gás, cuja pressão de injeção do ar ou gás, p, é medida (ver figura 2.8.6). Com esta medição pode-se conhecer a pressão na ponta do tubo que está afundada no fluido cuja massa ou peso específico se quer medir, até uma altura “h”. Como conhecemos “h”, com a informação da pressão de injeção de ar ou gás, a qual informa a pressão na ponta do tubo borbulhador, podemos conhecer a peso específico, já que γ=p/h.

Se não queremos conhecer a altura h de mergulho do tubo, podemos trabalhar com dois tubos montados como mostrado na figura 2.8.7. Ali as extremidades dos tubos distam um comprimento Δh conhecido. Neste caso, duas fontes de suprimento de ar são utilizadas, uma para cada tubo. A diferença de pressão do ar ou gás insuflado em cada tubo permitirá conhecer o peso (γ) ou a massa específica (ρ), onde $\gamma=\Delta p/\Delta h$ e $\rho=\Delta p/g.\Delta h$, sendo g a aceleração da gravidade local.

Figura 2.8.7 – Borbulhadores para medição de densidade.

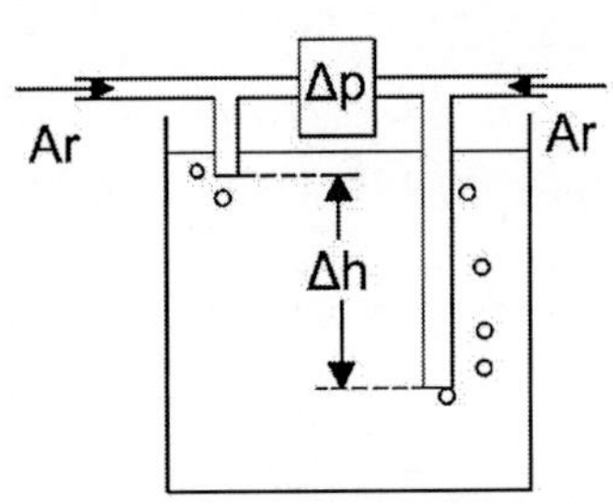

Fonte: autor

Medidores de densidade podem ainda ser construídos com a utilização de *radiação*. Neste caso, temos uma fonte de radiação em um dos lados de um tubo e um dispositivo detector da radiação do outro lado do tubo. O tubo é calibrado vazio. Quando o preenchemos com o fluido cuja massa ou peso específico se quer medir, há uma variação da radiação que transpassa o fluido permitindo-nos, através da medida da variação da intensidade da radiação, a determinação da densidade do fluido que preenche o tubo[87].

Os medidores anteriores são utilizados para medidas de massa ou peso específico em líquidos. *As densidades de gases são tomadas em relação ao ar.*

As massas e pesos específicos dos *gases* sendo muito menores que o dos líquidos vão utilizar sistemas de pequeno peso e que possam ter sensibilidade para medir as baixas densidades dos gases. Assim, medidores semelhantes aos *indicadores de densidade*, descritos no início deste item 2.8.3.2, podem ser utilizados substituindo o tubo de vidro por balões preenchidos com gases de densidade conhecida e medindo-se o empuxo destes balões quando imersos nos meios cuja densidade se quer conhecer.

Para *transmissão* em caso de medição de massa ou peso específico *de gases* são utilizados medidores de palhetas vibrantes. Nestes, palhetas são postas a vibrar no meio cuja massa ou peso específico se quer medir. As variações na frequência de vibração da palheta permitem conhecer a massa ou peso específico do gás.

A *seleção* do densímetro mais adequado para cada caso vai depender do custo, do *range* de medição desejado, do tipo de fluido e das condições de pressão e de temperatura às quais o medidor será submetido. Pressões altas podem impedir a aplicação de medidores de vidro assim como fluidos corrosivos ou abrasivos encontram melhor aplicação para densímetros por radiação e fluidos voláteis podem exigir densímetros selados.

2.8.4 – Viscosidade

2.8.4.1 – Conceituação

A viscosidade espelha a facilidade com que um fluido escoa. Se aplicamos uma força sobre um fluido as suas várias camadas moleculares tendem a resistir às mudanças de posição relativa ao deslizarem umas sobre as outras vencendo uma força "F" de resistência relacionada à viscosidade.

As unidades utilizadas para medida de viscosidade no sistema SI são poise e centipoise (poise/100). Um centipoise (cp) é a viscosidade da água a 20°C. As escalas Saybolt são também muito utilizadas na prática para medições de viscosidade e se referem ao tempo que uma determinada quantidade do fluido cuja viscosidade se quer conhecer leva para passar por um capilar ou por um orifício de diâmetro padrão.

---

[87] Ver exemplo de fabricante de medidores de densidade radiativos em VEGA, [201-].

2.8.4.2 – Medidores de viscosidade

Os viscosímetros podem ser de laboratório ou instalados em linha com os processos industriais. Alguns dos viscosímetros mais utilizados na prática diária dos laboratórios são os medidores Saybolt e os medidores de arraste, que são os que medem o tempo de queda de corpo em líquido padrão, comparando este tempo com o de queda no corpo cuja viscosidade se quer medir.

O *medidor Saybolt* é muito utilizado para medição visual de viscosidade e determina o tempo que um determinado volume de fluido, cuja viscosidade se quer medir, leva para escoar por um orifício padronizado ou por um tubo capilar padronizado. O tempo expressa a unidade chamada segundo Seybolt. Esta unidade pode com facilidade ser convertida em outras unidades de viscosidade.

Os que medem o tempo de *queda de corpos* no fluido operam com corpos padronizados (esferas, por exemplo) que são lançados dentro de recipientes cheios com o fluido cuja viscosidade se quer medir. O tempo que o corpo leva para se deslocar de uma altura predefinida de líquido pode ser relacionado a sua viscosidade. Esta é uma indicação visual. O tempo dependerá também da geometria do objeto.

Os medidores anteriores, embora possam ser adaptados para uso industrial não são utilizados em aplicações "em linha". Para medidas industriais são utilizados outros princípios como os viscosímetros de arraste, vibração e de pistão oscilante.

O *viscosímetro de arraste* trabalha com dois cilindros concêntricos, conforme esquema da figura 2.8.8. O cilindro externo é fixo e o interno se move a velocidade constante acionado por um pequeno motor elétrico. O espaçamento entre os cilindros é conhecido e é preenchido com o fluido cuja viscosidade se quer medir. Por efeito da viscosidade do fluido, o cilindro interno arrasta o fluido que por sua vez tende a arrastar o cilindro externo. Este cilindro externo é fixado por uma mola de torção que se distende conforme a força de arraste atua nele.

A distensão da mola permitirá, após calibração, o conhecimento da viscosidade do fluido entre os dois cilindros a qual pode ser indicada em escala adequada, conforme figura 2.8.8. Tal dispositivo permite que a informação seja traduzida em sinal elétrico mediante o acoplamento de transdutores adequados à mola de torção, ou transdutores que meçam o deslocamento angular relativo entre o disco interno e o externo[88].

---

[88] Ver exemplo de fabricante de viscosímetro de arraste em BRASEQ, [20--].

Figura 2.8.8 – Esquema de viscosímetro de arraste.

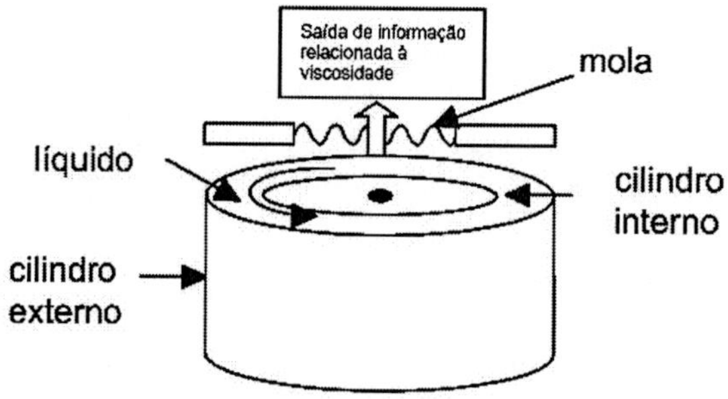

Fonte: autor

O *viscosímetro de vibração* é construído com uma barra imersa no fluido, que é forçada a vibrar em uma determinada frequência. A variável resultante da vibração que se vai relacionar com a viscosidade que se deseja medir pode ser ou a amplitude de vibração da barra, a qual permitirá inferir a viscosidade do fluido, ou a potência exigida para que a barra se mantenha vibrando a uma amplitude constante, ou o tempo que a barra leva para parar de oscilar quando se desliga a fonte de excitação de vibração, o qual será tanto menor quanto maior for a viscosidade do fluido. As lâminas vibratórias podem ser de diversos materiais e protegidas com coberturas adequadas para o caso de utilização com fluidos agressivos ao material da lâmina[89].

Os *viscosímetros de pistão oscilante ou eletromagnéticos*, esquematizados na figura 2.8.9, também se adequam bem às medições de viscosidade “em linha”. Seu principal elemento construtivo é um pistão de metal magnético que é submetido a um campo magnético variável que o força a executar um movimento oscilante dentro de uma câmara preenchida com o fluido cuja viscosidade se deseja medir. Mantida a intensidade do campo magnético, o período da oscilação do pistão será proporcional à viscosidade.

Em todas as medidas para se obter exatidão, é importante a manutenção das variáveis que influenciam a viscosidade, como a temperatura, em valores constantes.

[89] Ver exemplo de fabricante de viscosímetro com lâminas vibratórias em EMERSON, c2021d.

Figura 2.8.9 – Esquema construtivo do medidor de viscosidade com pistão oscilante.

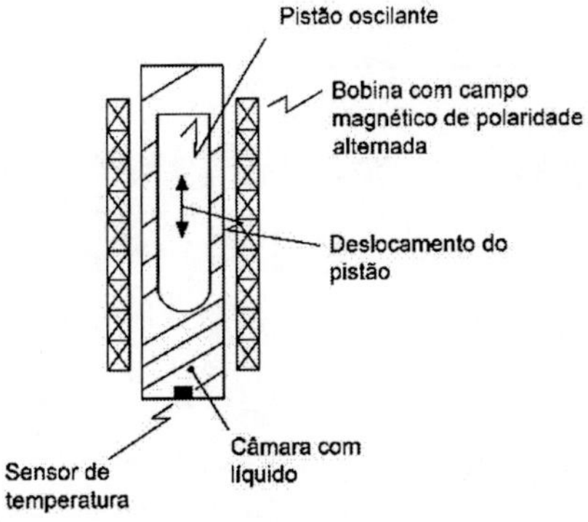

Fonte: autor

2.8.5 – Medição de pH

2.8.5.1 – Conceituação

Alguns processos necessitam de meios ácidos, ou básicos (alcalinos) ou neutros para ocorrerem dentro das especificações desejadas. Sejam processos industriais ou não industriais (controle de água de piscinas, por exemplo) a acidez ou alcalinidade da água é uma variável cuja medida é importante. A medida desta acidez ou alcalinidade é expressa pelo pH (potencial de hidrogênio) que indica se a água contém íons de hidrogênio e de hidroxila (OH^-) em proporções iguais (caso em que a água será neutra) ou com preponderância de um ou de outro, caso em que, a água será dita básica, se tiver excesso de íons hidroxila, e ácida se tiver excesso de íons de hidrogênio.

O pH (potencial de hidrogênio) da água varia de 0 a 14. Terá valor 7 à temperatura de 25°C, se a água estiver neutra. O pH maior que 7 indica água alcalina. O pH menor que 7, água ácida. Como o pH utiliza base logarítmica decimal, uma variação de pH de 2, por exemplo, significa que a concentração de hidrogênio na água variou de 100.

Por definição, o valor do pH é determinado por:

$$pH = \log_{10} H^+,$$

onde H^+ é a concentração de íons de hidrogênio.

Os analisadores de pH, também conhecidos como peagâmetros, são instrumentos analíticos que medem a concentração de íons de hidrogênios em uma solução aquosa e são utilizados na agricultura, no tratamento e purificação da água, na fabricação de papel, na indústria petroquímica, na produção e desenvolvimento de medicamentos e fabricação de alimentos, dentre outros.

2.8.5.2 – Formas de medição

Quando queremos apenas ter informação sobre a alcalinidade ou acidez da água, utilizamos *indicadores químicos* que alteram sua coloração quando em contato com o meio cujo pH se quer medir. A precisão destas medidas é baixa, sendo no melhor dos casos de 0,1 unidade de pH. O papel de tornassol tem sido um dos sensores mais utilizados se tornando rosado em meios ácidos e azulado em meios alcalinos.

O método mais preciso de determinação do pH, o qual é usado industrialmente, se baseia em efeitos eletroquímicos que certas substâncias apresentam quando são colocadas em presença de íons hidrônios (H_3O^+) (numericamente igual aos íons de hidrogênio). Estes efeitos são produzidos por certos dispositivos que fornecem um potencial elétrico proporcional ao pH da solução que está sendo medida.

Assim, os medidores de pH de uso industrial têm como peça chave dois eletrodos de medição. Um dos eletrodos funciona como referência e é imerso em um líquido de pH conhecido, como por exemplo, uma solução saturada de cloreto de potássio (KCl). O outro eletrodo é imerso na solução cujo pH queremos conhecer. A diferença entre o potencial elétrico medido na solução de referência e o medido na solução cujo pH se quer determinar é medida e convertida em sinal. O sinal medido é proporcional à diferença dos pHs, permitindo conhecer o pH da amostra.

A figura 2.8.10 ilustra o esquema de um medidor de pH.

Figura 2.8.10 – Esquema construtivo de um peagâmetro com duas sondas.

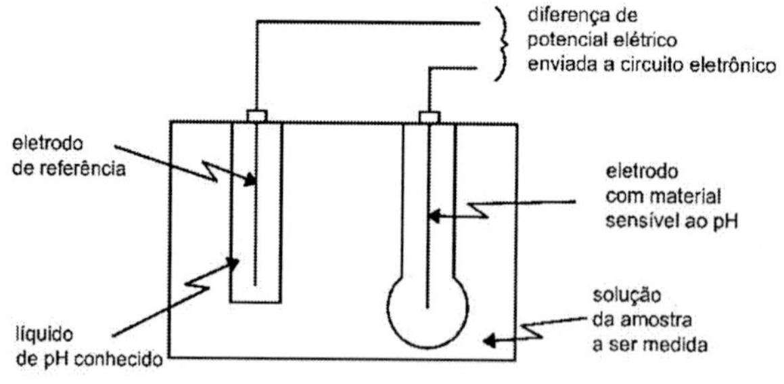

Fonte: autor

Assim, basicamente, o medidor de pH funciona como um amplificador de alta impedância que mede com exatidão tensões do eletrodo e produz indicações em unidades de pH ou sinais proporcionais ao pH[90]. Em aplicações onde a temperatura varia, faz-se necessária a compensação de temperatura. Em geral os

[90] Ver exemplo de fabricantes de analisador de pH em METTER TOLEDO, [20--] e em EIT ENVIRONMENT AND ENGINEERING, c2019.

compensadores de temperatura estão acoplados aos peagâmetros. Quando atuando diretamente em sistemas de controle de acidez, por meio de válvulas que injetam produtos neutralizadores, os medidores de pH devem ficar próximos dos reagentes.

2.8.6 – Medição de velocidade

2.8.6.1 – Introdução

Medir velocidade tem inúmeras aplicações. Túneis de vento para testes aerodinâmicos, veículos, máquinas que transladam ou rotacionam e fluidos em escoamento têm na velocidade uma das variáveis medidas.

Medir velocidade de rotação de uma máquina e velocidade de fluidos, apesar de terem a mesma referência, ou seja, serem medições de velocidade, têm instrumentos de medidas muito diferentes. Aqui daremos uma vista geral em alguns instrumentos, pelo tipo de aplicação.

2.8.6.2 – Medição da velocidade de vento (anemômetro) e de gases em escoamento

Um dos instrumentos para medição de gases é o *medidor térmico*. Este medidor tem boa precisão e é utilizado na faixa de referência de 0 a 5 m/s de velocidade de escoamento do fluido cuja velocidade se quer medir. Seu princípio de funcionamento se baseia na capacidade do gás frio em escoamento retirar calor de uma sonda cuja temperatura é mantida constante. A corrente para um resistor, que constitui o coração da sonda, varia conforme varia a velocidade do fluido, pois esta variação de velocidade implicará em mais ou menos retirada de calor da sonda. Para mantermos a temperatura da sonda constante em detrimento da vazão de gás, temos que variar a corrente que vai para o resistor. A medida desta corrente nos permitirá inferir o calor retirado pelo fluido e através dele, a vazão circulante na sonda. A corrente será proporcional à velocidade do fluido.

Outro medidor é o da classe dos *medidores de discos com palhetas* (*vanes instruments*), mostrados na figura 2.8.11.

Figura 2.8.11 – Medidor de vazão de gás tipo palheta (vanes).

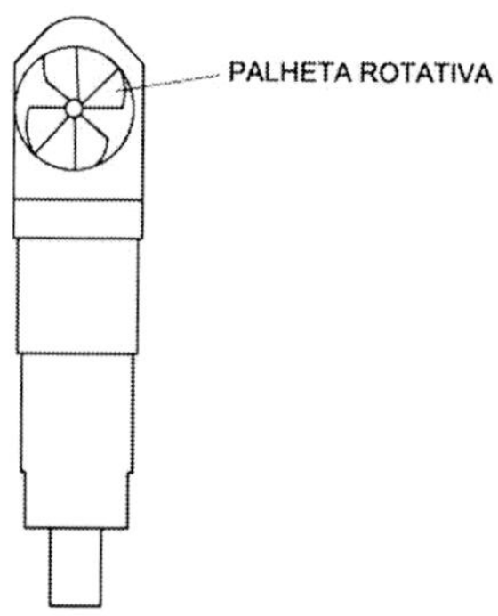

Fonte: autor

Os medidores de disco com palhetas (*vanes instrument*) convertem rotação em sinal elétrico. Neles o fluido em escoamento promove a rotação do disco de palhetas. As palhetas se deslocam através de um campo magnético criado por um transdutor de proximidade indutivo (ver item 2.2.4). Este transdutor "conta" a rotação do disco de palhetas ou a quantidade de palhetas que passa por ele, convertendo esta contagem em uma sequência de pulsos que uma vez "contados" permitem o conhecimento da vazão que provocou a rotação do disco de palhetas.

Diâmetros de disco de 60 ou 100 mm são adequados para medidas de fluxos turbulentos a velocidades baixas e medianas, como os escoamentos em saídas de dutos. Pequenos diâmetros são mais adequados para medições dentro dos dutos. Como regra geral, a área da seção reta do duto deve ser 100 vezes maior que a da seção reta do disco de palhetas utilizado.

O terceiro tipo de medidor utilizado para medir velocidade de escoamento de fluidos são os *tubos de Pitot*. Estes instrumentos já foram apresentados no item 2.5.3(c) para medição de vazão.

Figura 2.8.12 – Tubo de Pitot.

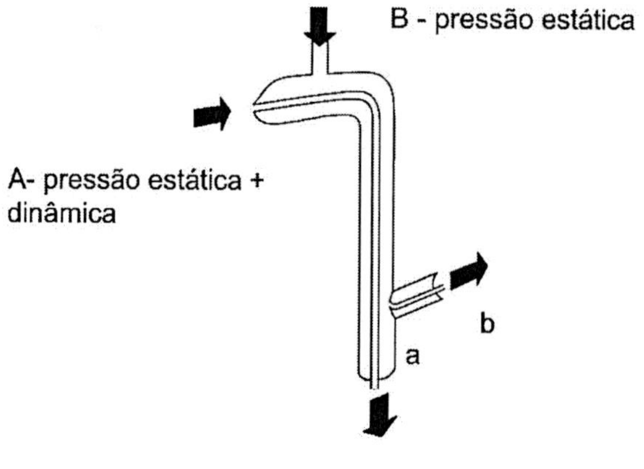

Fonte: autor

Os tubos de Pitot possuem duas aberturas ou tomadas de pressão, que o comunicam ao fluido de processo em escoamento, conforme tomadas A e B na figura 2.8.12. A tomada "B" se situa em um plano paralelo às linhas de fluxo do escoamento do fluido. A tomada "A" se situa em um plano perpendicular à direção de escoamento do fluido. Assim, a tomada "A" situada no plano perpendicular ao escoamento, bloqueia as moléculas de fluido que colidem com ela, captando desse fluido sua energia total, ou seja, a energia estática devido à pressão reinante no duto de escoamento do fluido, que é aquela que se mediria com um manômetro que fosse colocado no duto, mais a pressão dinâmica, devido ao movimento do fluido e de valor igual a $v^2/2g$ (energia cinética do fluido). Medindo-se a diferença de pressão entre os pontos "A" e "B", (A-B), através da conexão ao Pitot de um medidor de pressão diferencial em "a" e "b" (ver figura 2.8.12) é possível conhecermos a velocidade do fluido que passa pelo Pitot.

A expressão que relaciona a pressão diferencial, Δp, entre as tomadas "A" e "B", medidas em "a" e "b" está a seguir, para a medida de velocidade do fluido:

$v = s \cdot \sqrt{\frac{2\Delta p}{\rho}}$ onde:

v- velocidade do fluido em m/s;

s= fator de ajuste de unidades do tubo de Pitot;

ρ= massa específica do fluido em escoamento, em kg/m^3;

Δp= pressão diferencial entre as tomadas do Pitot, em Pascal

Assim, conhecendo a pressão diferencial, a massa específica do fluido em escoamento e o fator de ajuste de unidade, podemos conhecer a velocidade do fluido em escoamento.

Observemos que a velocidade em todos os três medidores descritos anteriormente (térmico, palhetas e Pitot) dependerá do posicionamento da sonda ou do tubo. Quanto mais próximo às paredes do tubo menor será a velocidade percebida. O posicionamento ideal é aquele que permita conhecer a velocidade média do fluido em escoamento. Para escoamento turbulento em tubulações fechadas, este valor médio ocorrerá próximo de 0,7 do diâmetro interno do tubo.

A seleção do melhor medidor para cada aplicação poderá não ser tão simples e mais de um medidor pode ser aplicado dependendo da escolha, do custo e das facilidades que ofereçam os fornecedores. Em linhas gerais os fabricantes disponibilizam mapas de seleção, como o apresentado na figura 2.8.13.

Figura 2.8.13 – Mapa para seleção de medidores de velocidade de gases.

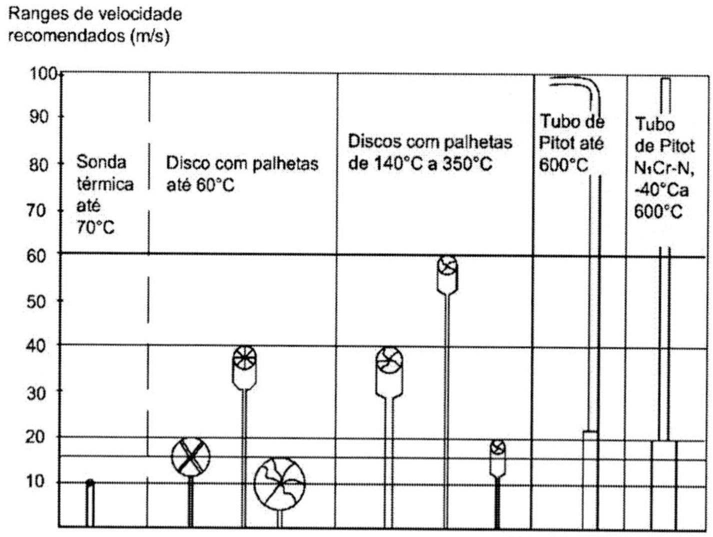

Fonte: autor adaptado da TESTO, 2008.

Em linhas gerais, sondas térmicas são usadas para medidas num *range* de 0 a 5 m/s de velocidade do gás em escoamento, os discos com palhetas na faixa de velocidade de 5 a 40 m/s. O *range* de medida do Pitot dependerá da pressão diferencial que admitiremos na sonda utilizada. Velocidades no entorno de 1 a 12 m/s são recomendadas, sendo que os melhores resultados ocorrem nos limites mais altos dos *ranges*.

Considerando as temperaturas de operação onde as medições ocorrem, as sondas térmicas são recomendadas para temperaturas no entorno de 70°C. Medidores do tipo disco com palhetas são utilizados até cerca de 350°C e tubos de Pitot acima desta temperatura.

2.8.6.3 – Medição de velocidade em máquinas rotativas e com movimentos lineares

Vários dispositivos podem ser utilizados para medições de velocidade de translação ou rotação de diversos tipos de equipamentos como veículos, máquinas e correias transportadoras. Os mais comuns são os encoders, os dispositivos com emissão de ondas ultrassônicas, os de ondas eletromagnéticas, os transdutores magneto-resistivos, os dispositivos por efeito Hall e os transdutores de indução ativa.

Os *encoders* já foram discutidos no item 2.7.8. Estes instrumentos medem diretamente o deslocamento translacional ou o deslocamento rotacional de um corpo. Se tomarmos duas medidas consecutivas de posição informadas pelo encoder acoplado ao corpo cuja velocidade se quer medir, e dividirmos a diferença de deslocamento pelo tempo teremos então a medida da velocidade média, que será tanto mais próxima da instantânea quanto menor o tempo transcorrido entre uma medida e outra. Desta forma, o medidor de velocidade com encoder acopla dispositivos de medição de tempo e circuitos que, além de gerarem sinal de saída como informação da velocidade, executam as operações matemáticas necessárias.

Como vimos no item 2.7.8(a) os *encoders* tem sistemas de régua, para medidas de translação ou de discos, para medidas de rotação, que devem ser acoplados mecanicamente nos corpos cujo deslocamento, e no nosso caso a velocidade, se deseja medir. Na régua ou no disco temos os emissores de luz de um de seus lados e fotossensores do outro.

A velocidade de corpos em deslocamento pode também ser medida por emissão de *ultrassom* ou de *ondas eletromagnéticas* (infravermelha, laser ou micro-ondas) que são refletidas pelo corpo cuja velocidade se deseja medir. Nestas medições, a onda emitida com uma determinada frequência é refletida pelo corpo. Como este está em movimento, a frequência da onda refletida pelo corpo será diferente da onda emitida originalmente, tendo menor frequência quando o corpo se afasta e maior frequência quando o corpo se aproxima do emissor da onda. Pela diferença entre a frequência da onda emitida e da refletida, pode-se inferir a velocidade do corpo em movimento.

Este método de medição de velocidade já foi discutido no item 2.5, quando discutimos medição de vazão com medidores ultrassônicos e no, 2.7, quando discutimos medidores ultrassônicos de posição.

A figura 2.8.14 ilustra a aplicação de medidores com radar na medição de velocidade de veículos.

Figura 2.8.14 – Medição de velocidade por instrumentos tipo radar.

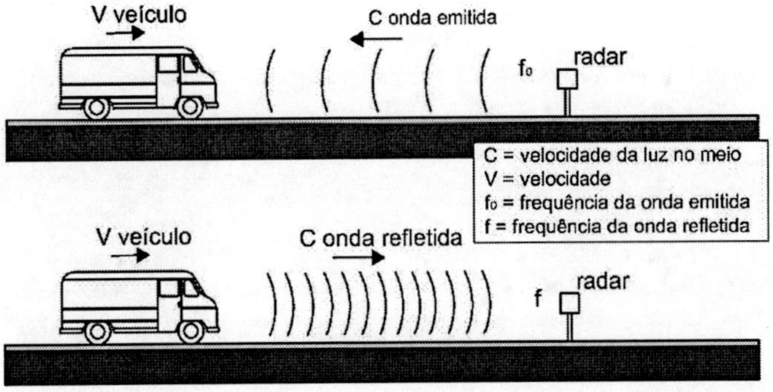

Fonte: autor

Os medidores com base em *transdutores magneto-resistivos*[91] podem medir variações do campo magnético provocadas pelo movimento do corpo cuja velocidade se deseja medir. Este valor é contabilizado num determinado tempo e dividido por este tempo, disponibilizando o valor da velocidade.

Como exemplo de aplicação temos a figura 2.8.15 onde o objetivo é a medição de velocidades angulares, onde um disco magnético representado na figura 2.8.15(a) altera o valor do campo magnético

[91] Ver exemplo de fabricante de medidor de velocidade com transdutor magneto-resistivo em HONEYWELL, c2021g.

incidente sobre o elemento magneto-resistivo conforme o eixo ou outros dispositivos móveis acoplados ao disco se rotacionam[92].

Figura 2.8.15 – Aplicações de transdutores magneto-resistivos com disco magnetizado.

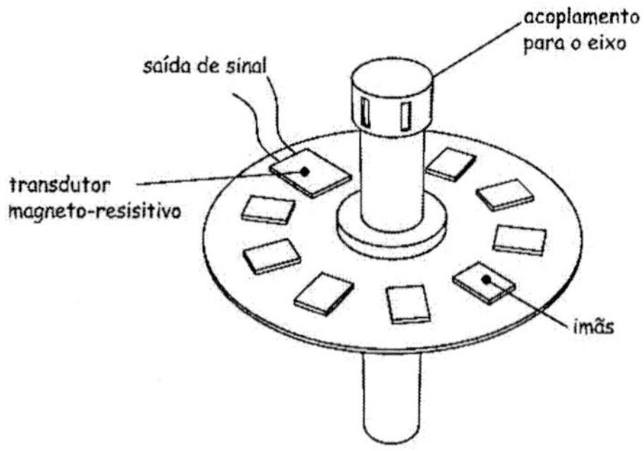

Fonte: autor adaptado de MTE-THOMSON, 2021.

Medições de velocidade de translação ou rotação podem também ser feitas por dispositivos que utilizam o efeito Hall. O *efeito Hall* já foi discutido no subitem 2.2.4(d) e 2.7.6.3. Como comentado, o efeito Hall consiste, em essência, (ver figura 2.8.16(a)), no aparecimento de uma tensão (tensão Hall) em um semicondutor, quando este é submetido a um campo magnético e é feito passar pelo semicondutor uma corrente elétrica.

Figura 2.8.16 – (a) efeito Hall; (b) esquema de medidor de rotação por efeito Hall.

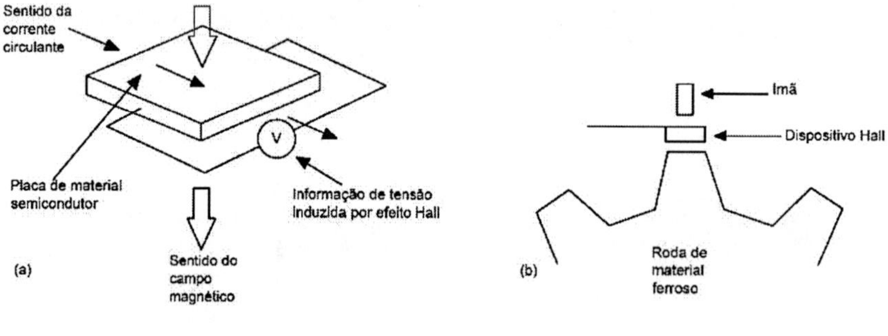

Fonte: autor

Para que seja feita a medição da velocidade montagens adequadas têm que ser feitas com os transdutores Hall. Na medição de velocidades de rotação são comuns as montagens utilizando cremalheiras ou rodas dentadas. Na figura 2.8.16(b) temos um esquema de rodas dentadas para medida de rotação. Quando da passagem de um dente da roda pela região do campo magnético que atua sobre o elemento

---

92 Para exemplo de fabricantes de sensores de velocidade magneto-resistivos ver SIEMENS, [20--] e MTE-THOMSON, [c2021].

semicondutor, esta passagem provoca uma alteração no valor do campo e, consequentemente, da tensão induzida no semicondutor. Esta variação de tensão provoca um pico de tensão que é detectado por um circuito adequado. Contabilizados os picos na unidade de tempo (picos/s) e conhecendo-se o ângulo entre dois dentes da roda dentada, pode-se calcular a velocidade angular: velocidade = [(picos) x ângulo entre picos] / tempo de medida. Nas medidas de velocidades lineares a montagem é similar com a utilização de cremalheiras.

Em medições de velocidade de eixos ou volantes de máquinas podemos utilizar esquemas como os da figura 2.8.17. Nestes arranjos, o movimento do eixo ou do volante modifica o campo magnético sobre o transdutor Hall, quando da passagem do imã solidário à parte cujo movimento se deseja medir.

Figura 2.8.17 – Arranjo para medição de rotação com sensor Hall: (a) de um eixo; (b) de um volante de máquina.

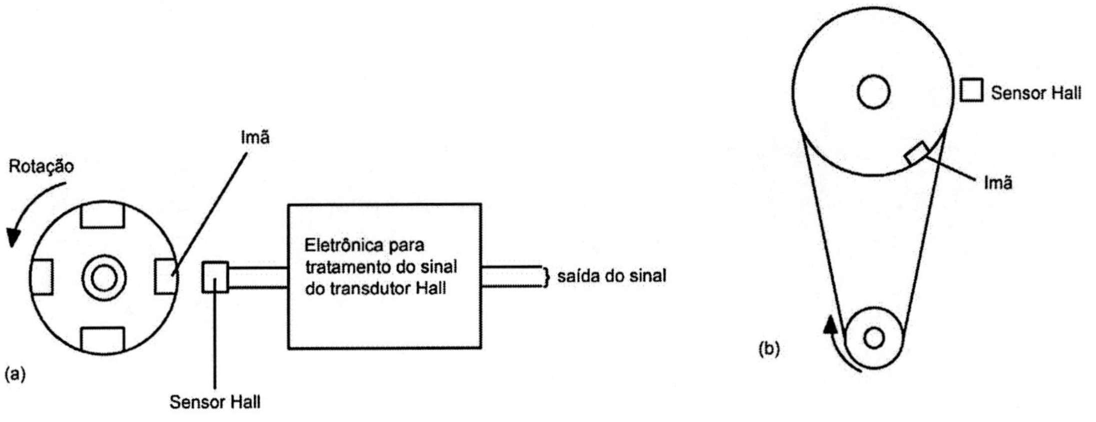

Fonte: autor

Diferentes posicionamentos do sensor em relação ao campo magnético podem ser pensados, gerando diferentes orientações das linhas do campo magnético. Um arranjo possível para medição de velocidade é pela instalação de um imã tripolar, onde os imãs são montados lateralmente com uma distância conhecida do sensor Hall, como representado na figura 2.8.18. A forma da curva de variação do campo magnético em função da voltagem permite conhecer a distância ou posição entre o sensor e o corpo através da medida desta voltagem. Com a medida conjunta do tempo de deslocamento pode-se determinar a velocidade média do corpo com boa sensibilidade.

Figura 2.8.18 – Arranjo com imã tripolar para medição de velocidade.

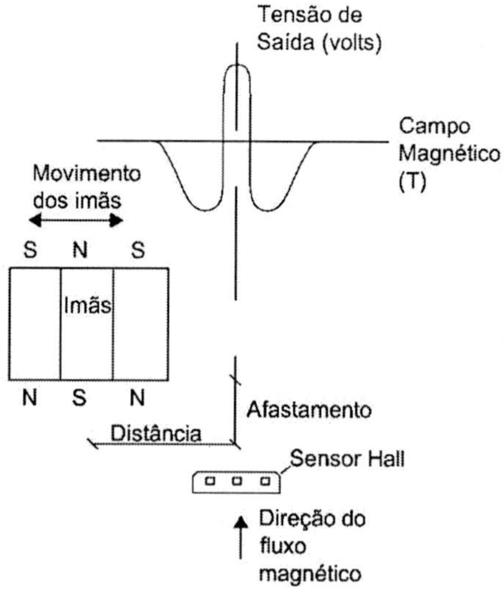

Fonte: autor com base em HONEYWELL, [20--?].

Alguns medidores de velocidade de uso manual (*tacômetros ou velocímetros*), como os da figura 2.8.19, podem medir diretamente a rotação de eixos. Estes medidores podem detectar através de *transdutores fotoelétricos*, a passagem periódica de uma referência inserida no eixo, contabilizando pelo número de passagens a rotação do eixo. Dispositivos com *sensores indutivos ativos* (ver subitem 2.2.4(a)) também podem ser utilizados. Neste caso a tensão gerada por estes pequenos geradores elétricos é convertida em medida de rotação.

Figura 2.8.19 – Tacômetros manuais.

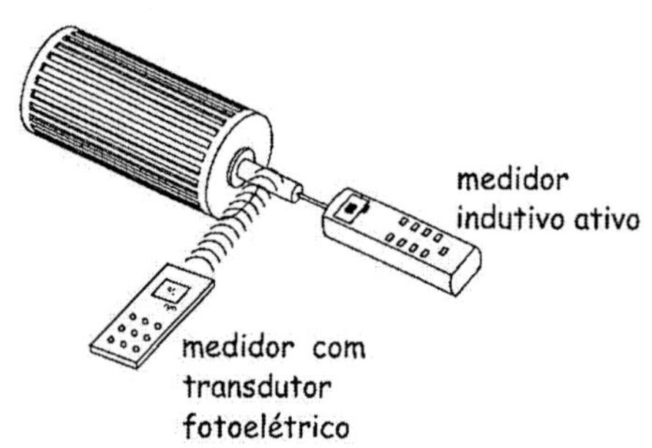

Fonte: autor

Tacômetros ou velocímetros conectados por cabos são de uso corrente em veículos. Os cabos servem somente para transmissão do movimento, tendo em um dos extremos dispositivos de acoplamento, como engrenagens, que se conectam por sua vez aos eixos ou discos cuja rotação se deseja medir. Na outra ponta do eixo estão dispositivos que permitem a geração de um sinal proporcional à velocidade.

Nos tacômetros de construção eletromecânica, um imã é conectado a esta ponta. Este imã gira dentro de um copo metálico e induz nele correntes de Foucoult. As variações na rotação do imã, alteram o campo magnético induzido no copo metálico variando assim a corrente nele induzida. A decodificação destas correntes em unidades de rotações por minuto (rpm) permite conhecer a rotação na outra ponta do eixo.

2.8.7 – Medição de aceleração

Muitos medidores de aceleração, ou acelerômetros, utilizam os mesmos transdutores/sensores usados para medir velocidade. Neste caso, são computadas as variações das velocidades no tempo, as quais divididas pelo tempo de medição destas variações permitem o cálculo matemático da aceleração. Desta forma, encoders, medidores ultrassônicos ou por efeito Hall são de uso comum.

Os acelerômetros dedicados às medições de acelerações são construídos com o uso de uma massa com calibração conhecida "m", sobre a qual atuam forças inerciais, "F" que dependem da aceleração "a", se baseando, portanto, na Lei de Newton, F=ma.

Estes sensores são presos solidariamente ao corpo cuja aceleração se deseja medir. Quando os corpos são acelerados, as massas calibradas, em geral de mínimas dimensões, são "empurradas" ou "freadas" por bases nas quais se apoiam. Os esforços de reação das massas sobre as bases provocam forças (F) que são medidos por transdutores como os piezoelétricos, os *strain gauges*, os transformadores lineares de diferencial variável (LDVT) e os capacitivos. Contra o movimento das massas podem atuar também molas que em conjunto com os transdutores anteriores avaliam as forças (F) que atuam sobre a massa. Conhecendo-se a massa "m" e medindo-se a força "F" pode-se determinar a aceleração "a".

A figura 2.8.20 ilustra o esquema de um acelerômetro piezoelétrico. Os capacitivos, resistivos e outros possuem esquemas construtivos similares[93].

[93] Para acelerômetros ver ANGST+PFISTER, [2021] e em HONEYWELL, c2021h.

Figura 2.8.20 – Esquema de acelerômetro piezoelétrico.

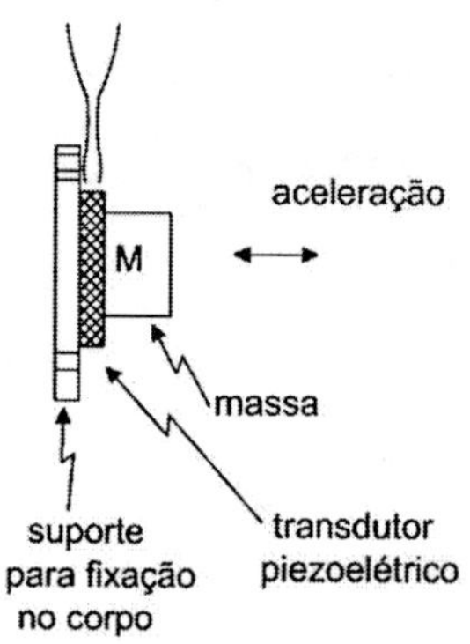

Fonte: autor

2.8.8 – Medição de força e torque

Os instrumentos *medidores de força* têm na sua construção os *transdutores elétricos e os mecânicos. Os elétricos* usuais são do tipo *strain gauges* e os transdutores piezorresistivos, dentre outros. Os *transdutores mecânicos* são dispositivos como molas e sistemas hidráulicos, onde as forças são relacionadas com pressões. As forças podem atuar diretamente nos transdutores elétricos, ou sofrerem amplificação ou redução por sistemas de alavancas ou por arranjos adequados dos dispositivos hidráulicos. Para transferir os efeitos da força para estes dispositivos esta atua em plataformas, como nas balanças de pesagem, e em botões de atuação para forças localizadas.

Os *medidores* que incorporam um *transdutor tipo mola* trabalham na faixa onde a relação entre a força (F) e a deformação da mola (d) por efeito desta força, é conhecida. Em molas lineares (figura 2.8.21) esta relação é dada por $F=K_m d$, onde K_m é a chamada constante elástica da mola que depende da construção da mola (material, tratamento térmico, etc.).

Figura 2.8.21 – Esquema de balança com mola.

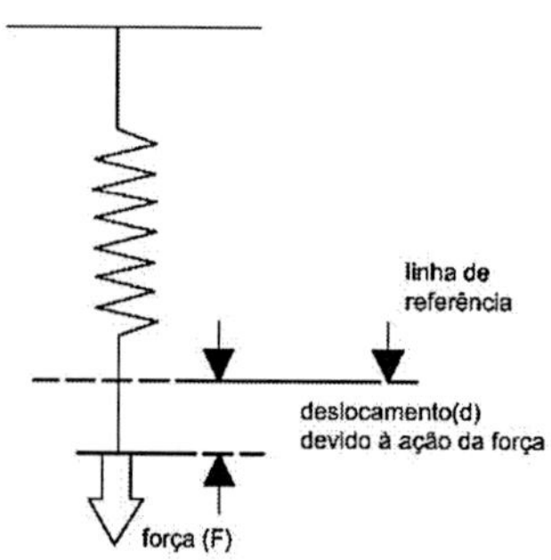

Fonte: autor

Nos dispositivos hidráulicos as forças atuam em pistões encapsulados em cilindros gerando pressões nos fluidos aprisionados no sistema hidráulico, que dependendo das áreas de contato dos fluidos, pode amplificar ou reduzir o valor das forças atuantes num transdutor elétrico capaz de gerar sinal relacionado à força, conforme figura 2.8.22, onde temos um pistão com redução da força atuando sobre o transdutor.

Figura 2.8.22 – Pistão encapsulado com redução da força (F) para (f) atuando sobre o transdutor.

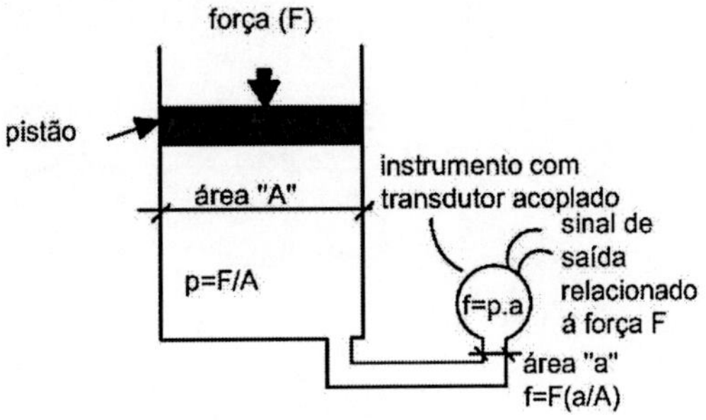

Fonte: autor

Os *medidores* que geram *saídas elétricas* incorporam, de forma geral, *transdutores elétricos*, de forma mais comum os *transdutores tipo strain gages ou tipo piezorresistivos* (ver itens 2.2.2(b) e (c)), os quais são deformados ou movimentados mecanicamente por efeito da força ou por intermédio dos transdutores mecânicos.

Os sensores de força a base de *transdutores piezorresistivos* foram apresentados no item 2.2.2(c). Uma das apresentações construtivas é com quatro transdutores implantados em finos filmes de silicone na forma de diafragmas, como esquema da figura 2.8.23, onde a deformação do diafragma por efeito da força modifica o valor das resistências da ponte de Weathstone formada pelos transdutores[94].

[94] Para sensores de força com princípio piezorresistivo ver, como exemplo, HONEYWELL, c2021a.

Figura 2.8.23 – Medidor de força piezorresistivo: (a) diafragma de silicone com sensores piezorresistivos implantados; (b) aspecto físico

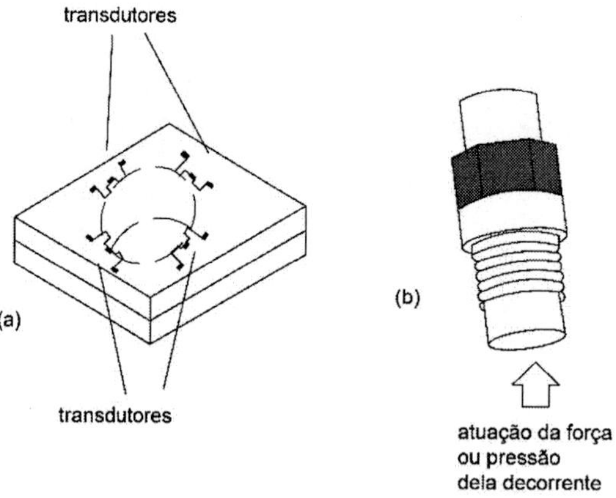

Fonte: autor

A outra classe de transdutores muito utilizados em medição de força é a dos *strain gauges* também conhecidos como extensômetros ou células de carga. Estes transdutores já foram apresentados no item 2.2.2(b). Seu princípio de funcionamento é o da variação da resistência elétrica quando tracionados ou comprimidos. A determinação do valor das variações desta resistência permite que conheçamos o valor das trações ou compressões que produzem as deformações. Estes medidores são muito utilizados, sendo comuns em balanças de uso industrial e comercial[95]. Os extensômetros podem se apresentar em diferentes configurações medindo forças da ordem de décimos de Newtons até algumas dezenas de kilonewtons, com boa precisão[96]. Estes sensores caminham cada vez mais para sistemas micro (ver capítulo 2.9), o que reduz em muito o consumo de energia.

A escolha entre as tecnologias utilizadas para sensores de força dependerá da aplicação e a consulta aos fabricantes é mandatória. Algumas características comparativas dos medidores piezorresistivos e *strain guage* podem ser encontradas nos manuais dos fabricantes[97].

Em linhas gerais, os extensômetros apresentam uma ótima precisão, de cerca de 0,1% do fim de escala, já vindo calibrado do fabricante. Têm como pontos fracos a mais difícil miniaturização e a necessidade de sistemas de condicionamento de sinais elétricos. A tecnologia piezorresistiva apresenta como pontos fortes uma maior sensibilidade que os *strain gauges*, resposta rápida, melhor linearidade, baixo custo, boa performance em trabalhos cíclicos, onde a força varia com altas frequências e pode ser apresentado em

---

[95] Ver exemplo de fabricante em WIKA, c2021d.

[96] Referências de medidores de força com *strain gauges* podem ser encontradas em WIKA, c2021c e HBM, c2021a.

[97] Para comparação entre tecnologias de medidores de força ver TEKSCAN, [201-].

tamanhos reduzidos. Tem como pontos fracos uma menor exatidão que as células de carga sendo, de forma geral, calibrados pelo usuário e sofrendo variações da resistência com a temperatura no local de instalação.

Outros transdutores associados a elementos que sofrem deformação pela ação da força podem ainda ser utilizados, como os *transdutores capacitivos* (ver item 2.2.3), os quais podem ser utilizados onde a ação da força modifica a distância entre as placas de um capacitor de placas paralelas, permitindo, através da medida da variação do valor da capacitância o conhecimento da força que produz esta variação.

Materiais semicondutores que alterem sua frequência de vibração natural ou qualquer parâmetro elétrico (resistência ou capacitância) quando submetidos a esforços vêm ocupando espaços como transdutores nos medidores de força, com as vantagens e desvantagens associadas a cada tipo de transdutor.

A *medição de torque* é em geral feita através da deformação que esta solicitação provoca em um tubo ou eixo de resistência mecânica ao torque conhecida, ou seja, um tubo ou eixo de características mecânicas conhecidas e previamente calibrado. Assim, quando aplicamos um torque (ou momento) ao tubo ou eixo, se fixarmos uma das extremidades, a outra rotacionará em relação àquela. Medindo a deformação, desde que conheçamos as características do tubo ou eixo, poderemos conhecer o torque que a provoca. A deformação pode ser medida por transdutores do tipo *strain gauges* ou RVDT que se deformarão junto com o tubo de torção. Um esquema de instalação típica com *strain gauges* em tubos de torção é mostrado na figura 2.8.24.

Figura 2.8.24 – *Strain gauges* instalados em tubos ou eixos de torção para medição de torque.

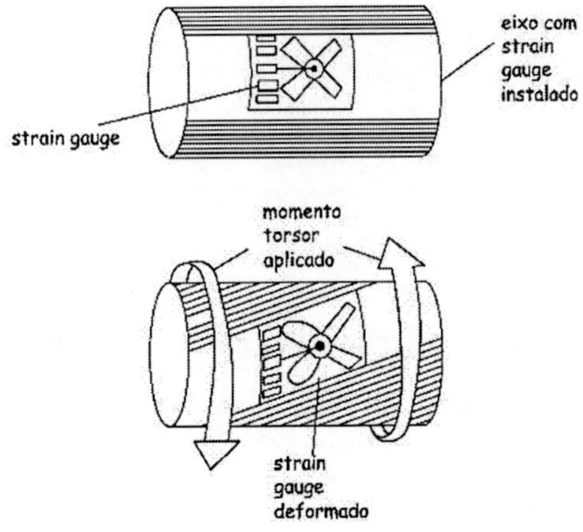

Fonte: autor

2.8.9 – Detectores de fumaça e gases

A detecção de fumaça e gases torna-se importante para se inferir a presença de chama, para saber a possibilidade da ocorrência dela em locais onde se deseja sua ausência, ou para poder identificar a presença de contaminantes ambientais ou de elementos que possam contaminar processos industriais e para detecção de gases tóxicos que possam pôr em risco a vida humana, dentre muitas outras aplicações.

Além de avaliarem a presença ou ausência dos gases e fumaça os detectores, podem avaliar a quantidade ou tipo de gás detectado. Os tipos mais comuns de sensores de fumaça e gases são aqueles que atuam através de *sensores ópticos*, através dos princípios de *transporte de eletrólito sólido*, os que atuam por *alterações de características elétricas de semicondutor* e os que atuam por *absorção de radiação infravermelha.*

Os *sensores ópticos* detectam os efeitos da fumaça ou de gases não transparentes por estes penetrarem no sensor ou por estes simplesmente transpassarem o caminho de um raio de luz emitido[98]. No primeiro tipo, aqueles que a fumaça penetra no sensor, conhecidos como detectores ópticos de raios refletidos, o emissor de luz e o detector estão no mesmo invólucro. A fonte de luz e uma célula fotoelétrica estão em geral, em ângulo reto, como mostra a figura 2.8.25. Logo à frente do emissor de luz está um receptor de luz.

Figura 2.8.25 – Detector de fumaça e gás do tipo óptico.

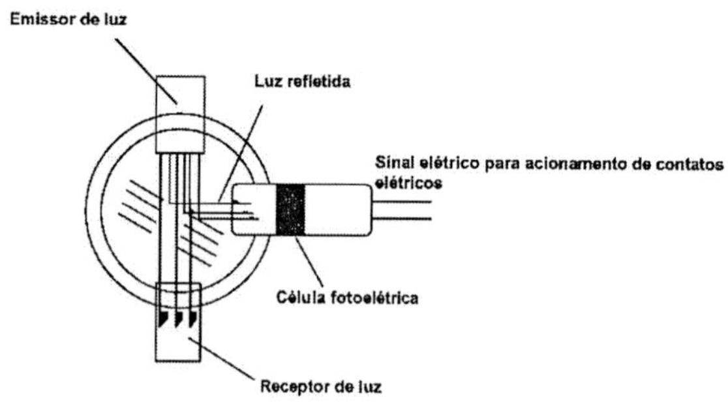

Fonte: autor

Entrando fumaça no sensor, haverá modificação do índice de refração do meio para o qual a luz incide. Com isto o feixe de luz emitido pela fonte, se refrata parcialmente, sendo a outra parte refletida. A parte refletida é direcionada para uma célula fotoelétrica. Usando o dispositivo como chave detectora de fumaça, o acréscimo de intensidade de luz na célula, ativa um sinal que faz acionar dispositivos de proteção (alarmes, bombas, etc.).

A célula fotoelétrica e o emissor de luz podem também estar alinhados de tal forma, que sem a presença de fumaça a célula recebe os raios, só acontecendo da célula não perceber a totalidade do feixe emitido quando a fumaça fizer o raio mudar de direção. Neste último tipo de construção, a falha do emissor de luz pode ser facilmente detectada, uma vez que a célula fotoelétrica para de receber luz.

Os detectores ópticos são *utilizados* em detecção de fumaça e gases produzidos por queima de fiação, papel, combustíveis e outros materiais que geram fumaça capaz de mudar o índice de refração do

[98] Ver exemplo de fabricante de detector de fumaça em ZEUS DO BRASIL, [2021].

meio. São aplicados em detecção de fumaça e gás em centros de processamento de dados, em dutos de ar-condicionado, dentre outras aplicações. Por sua construção podem também sinalizar quando estão sujos. Estes detectores podem também detectar a presença de gases indesejáveis no ar. Neste caso é comum a utilização de uma pequena bomba que aspira o ar para dentro do detector.

O outro tipo de detector óptico, onde o gás transpassa o caminho entre a luz emitida e o detector de luz, é o que tem o emissor de luz e a célula fotoelétrica montados em locais diferentes, de tal forma que a célula enxerga o emissor de luz. Estes sensores são também conhecidos como *detectores lineares*. Neste tipo de detector, a presença da fumaça escurece o caminho dos raios luminosos projetados pelo emissor, diminuindo a luz recebida pela célula fotoelétrica. A distância entre o emissor de luz e a célula pode chegar a 100 m de comprimento. A largura varrida por estes sensores é de cerca de 10 m, podendo desta forma proteger uma área de cerca de 1000 m^2. Por suas características estes detectores são utilizados em salas com tetos elevados e de grandes dimensões, áreas de armazenamento de materiais e equipamentos, fábricas e hangares. Por serem discretos ferem pouco a estética dos ambientes sendo arquitetonicamente indicados quando há preocupação com a aparência do local.

Outra forma de sentir fumaças e gases é com os *sensores de gás por eletrólito sólido*[99]. Estes sensores (transdutores) são em geral cobertos com material sólido capaz de reagir com a substância que se quer identificar. A substância aderindo à superfície gera potenciais elétricos que podem fazer circular correntes que são detectadas por circuitos eletrônicos capazes de gerar sinais relacionados com a concentração ou com a pressão parcial do tipo de gás analisado[100]. Os sensores podem ser classificados como potenciométrico ou amperimétrico, conforme a saída de sinal seja uma força eletromotriz ou uma corrente elétrica, respectivamente.

Nesta classe de sensores se enquadram, por exemplo, os analisadores de oxigênio com óxido de zircônio[101]. Este material é uma cerâmica capaz de conduzir íons de oxigênio quando aquecido. Assim se colocamos um disco de óxido de zircônio com uma face sentindo o gás a ser medido e com a outra face em contato com o ar ambiente (gás de referência), uma tensão elétrica proporcional à quantidade de oxigênio presente no gás medido é gerada entre dois eletrodos que sejam conectados a cada face do disco de óxido de zircônio, sempre que houver diferença de concentração de oxigênio entre cada lado do disco.

Uma melhoria nesta tecnologia dos sensores do tipo eletroquímico é conseguida com os *sensores eletrocatalíticos*[102]. O método utilizado para identificar o gás nestes sensores é chamado de voltametria

---

[99] Ver exemplo de fabricante e sensor de gás por eletrólito sólido em WINSEN, 2003.

[100] Ver exemplo de fabricante de sensores eletroquímicos em EMERSON, c2021l.

[101] Ver exemplo de fabricantes de analisadores de oxigênio com óxido de zircônia em YOKOGAWA, c2021e e EMERSON em c2021h.

[102] Para mais detalhes sobre este princípio de sensores eletrocatalíticos ver JASINSKI, G. *et al.*, 2006. Ver exemplos de detectores de gás e chama em LENOX, 2021a.

cíclica (*cyclic voltammetry*), o qual consiste em oxidar e reduzir a espécie química em análise num eletrodo polarizado usando uma voltagem linearmente variável. A concentração de gás pode ser determinada por informação das reações eletrocinéticas ocorridas no sensor. Na presença da voltagem aplicada, os gases reagem na superfície do eletrodo, influenciando a corrente que flui através do sensor. A concentração do gás determinará a curva de voltagem na saída do sensor. Mais de um tipo de gás pode ser detectado nestes sensores simultaneamente. O sensor mais largamente utilizado e o de zircônia itria-estabilizada (YZS), um condutor de íon oxigênio. Sensores YZS são usados em controle de combustão de motores automotivos. Outros eletrólitos sólidos de uso comum são os chamados Nasicom e Lisicon que são carbonetos de metais alcalinos, os quais tem sódio móvel e cátions de lítio, respectivamente, muito utilizados em sensores potenciométricos para sentir CO2, NO ou SO2.

Os *detectores de gases com semicondutores*[103] são algumas vezes chamados pelo nome do seu inventor, de sensores *tipo Taguchi* (*Taguchi Gas Sensor - TGS*). O elemento sensor destes detectores é um filme fino de material semicondutor, sendo o dióxido de estanho (SnO_2)[104] o material geralmente utilizado. Este material é sinterizado sobre um tubo cerâmico de alumina, o qual contém no seu interior um aquecedor por resistências elétricas, o qual mantém a temperatura elevada (cerca de $250^{O}C$), de forma a manter alto o número de elétrons livres e evitar a condensação de vapor na superfície do semicondutor. O elemento assim construído é capaz de capturar oxigênio, o qual adere ao material. A condutividade do elemento é baixa no ar limpo. Na presença do gás detectável, a condutividade do sensor aumenta dependendo da concentração do gás no ar. A medida da variação da resistência elétrica do elemento sensor permite a determinação da concentração do gás.

No processo de medição, inicialmente o oxigênio presente na amostra é adsorvido (pré-adsorção) sendo depois adsorvido o gás a ser analisado. Este segundo gás reage com o oxigênio, sendo o gás produto da reação finalmente desorvido da superfície do detector. A capacidade do sensor de gás é medida pela sua capacidade de trocar elétrons com o gás. Quando reage com o gás, a condutividade do semicondutor sensor aumenta com a adsorção das moléculas de oxigênio. A condutividade diminui quando o oxigênio adsorvido doa elétrons. A base do processo de trocas se dá pela reação reversível do oxigênio da atmosfera com as lacunas do óxido, com a consequente redução da concentração de elétrons.

Alguns sensores de gases com semicondutores trabalham pelo *princípio capacitivo* na detecção de determinados gases inflamáveis ou tóxicos. O gás a ser analisado reage ou adere nas superfícies do material semicondutor, ou seja, é adsorvido por este, modificando a densidade de elétrons condutores no sensor. No caso do sensor capacitivo eles medem a modificação da constante dielétrica do filme entre os eletrodos, a

[103] Ver exemplo de fabricante de detectores com semicondutores em MIXSEN, c2017.
[104] Ver mais informações em WEBER, 2000. Ver exemplo de produtos em MIXSEN, c2017.

qual será uma função da concentração de gás. O filme condutor responde a diferentes gases como CH4, N2, CO, CO2, etanol, tolueno e suas misturas[105].

Os *sensores de dispersão de infra vermelho*[106] para medidas de condições atmosféricas, em particular para detecção de gás de exaustão fornecem informações confiáveis e seletivas. Os métodos não dispersíveis são reconhecidamente mais simples em estrutura e fáceis de usar que os dispersivos. As moléculas de gás absorvem seletivamente a energia correspondente à sua própria energia vibrante quantizada, a qual é usualmente localizada na região infravermelha. Gases como o CO2, CO, e o CH4 têm espectros de absorção próprios na região infravermelho, permitindo sua deteção e a determinação de sua concentração.

2.8.10 – Analisadores de processo

2.8.10.1 – Conceituação

Os analisadores de processo são sistemas que objetivam determinar os componentes presentes numa determinada amostra de matéria processada, seja ela sólida, líquida ou gasosa. Nas indústrias, as análises de processo podem ser feitas em laboratórios (*off-line*), onde as amostras são retiradas do processo e conduzidas por meios externos (operadores) a sistemas de análises em laboratórios de campo ou centralizados; podem também ser feitas coletando a amostra automaticamente do processo e inserindo-a em sistemas de análise sem a intervenção de operadores, ou seja, análise *on-line*[107]. O coração dos sistemas de análise são os espectrógrafos de massa ou então os cromatógrafos. Com eles podemos conhecer as substâncias e as quantidades destas, presentes em uma determinada amostra do processo.

Dependendo dos resultados de interesse, temos dois tipos básicos de análises:

- análise qualitativa, onde o interesse é determinar os componentes de uma mistura sólida, líquida ou gasosa;

- análise quantitativa, onde o interesse é a determinação da quantidade de cada componente da amostra. O resultado desta análise pode ser expresso em %volumétrico, g/m^3, partes por milhão (ppm), partes por bilhão (ppb) e outras.

---

[105] Informações adicionais sobre a característica dos medidores TGS podem ser encontradas em KUMAR, 2009.

[106] Ver exemplo de fabricante de sensores de absorção de infravermelho em YOKOGAWA, c2021e.

[107] Para classificação dos tipos de analisadores ver TREVISAN e POPPI, 2006.

2.8.10.2 – Tipos de analisadores de processo quanto à análise

O analisador é, em geral, um equipamento de alta tecnologia que opera automaticamente e tem por finalidade a determinação qualitativa e/ou quantitativa de determinadas substâncias em amostras do processo de interesse.

Existem vários tipos de analisadores os quais são escolhidos em função do tipo de substância ou informações que desejemos analisar, como:

a) para análise de gases

- condutibilidade térmica (análise de H2, CO2 e N2, por exemplo);
- absorção de radiação infravermelha (análise de CO2, CO, CnHm e Umidade);
- paramagnetismo (análise de O2);
- galvânico com célula de zircônia (análise de O2);
- cromatógrafo (análise de H2, N2, CO2, Co, CnHm e outros);
- quimioluminescência (análise de NOx, NO, NO2 e NH3).

b) para análise de líquidos

- analisador de pH;
- condutivímetro (determinação de condutividade e concentração de ácidos);
- colorímetro (determinação de concentração de cloro, sódio e outros);
- turbidímetro (avaliação de turbidez);
- oxigênio dissolvido no líquido;
- óxido redução.

Classicamente os analisadores têm dentre suas funções:

- gerar dados que permitam o controle de processos;
- monitorar possíveis contaminações que possam provocar danos ao processo, ou ao meio ambiente, ou ao ser humano;
- otimizar operações de sistemas industriais;
- garantir especificações desejadas nos produtos.

Os analisadores podem ser dedicados a um tipo de análise, como análise de pH (discutido no item 2.8.5), análise de monóxido de carbono, análise de oxigênio (apresentada no item 2.8.9), análise de hidrogênio ou podem ser voltados para analisar os componentes de uma mistura como, por exemplo, em uma mistura de hidrocarbonetos a quantidade de CH4, C2H6, etc. Os analisadores de processo com menos complexidade operacional podem ser instalados no campo em abrigos do tipo armário, como o esquematizado na figura 2.8.26, para ficarem protegidos das intempéries.

Figura 2.8.26 – Abrigo para analisadores simples.

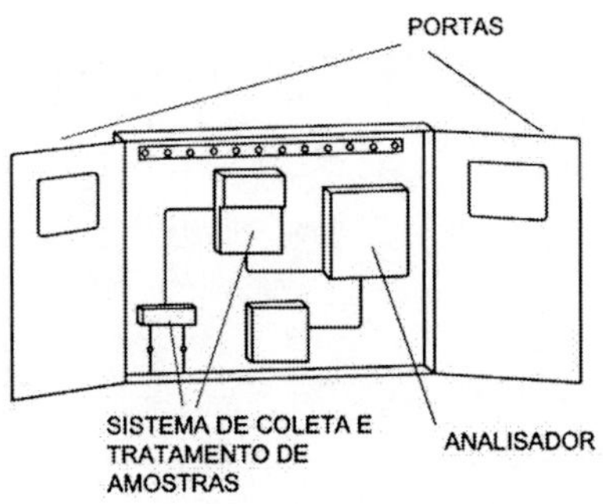

Fonte: autor

Analisadores mais complexos, que exigem alimentação de gás para conduzir a amostra, como os cromatógrafos (ver a seguir), são, em geral, instalados em abrigos especificamente desenhados para seu enclausuramento, chamados de *casas de analisadores*, que são em geral de alvenaria ou montadas em containers de dimensões comerciais (cerca de $30m^3$), nos quais se abrigam os analisadores, seus sistemas de condicionamento e operação, cilindros de gases, e sistemas de tratamento e descarte da amostra[108].

Em linhas gerais, os analisadores mais simples são compostos de duas partes (ver figura 2.8.27): a) o detector da mistura analisada avaliando suas quantidades, por meio de sistemas apropriados e sensíveis às substâncias que se deseja analisar. b) o tratamento eletrônico das informações, que permite que as análises feitas pelo detector sejam convertidas em informações inteligíveis a instrumentos ou operadores humanos.

Figura 2.8.27 – Partes componentes do analisador de processo.

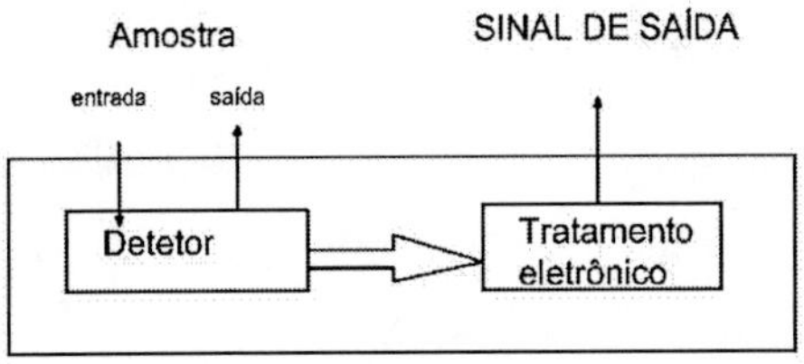

Fonte: autor

Os analisadores mais complexos são os espectrômetros (ou de absorção ou infravermelho) e os cromatógrafos[109]. Ambos permitem a determinação da composição da amostra, (coletando-a continuamente do processo, ou seja, trabalhando em linha com o processo) e a determinação da concentração em uma

[108] Para fornecedor e integrador de sistemas de análise ver "*gas analysis e liquid analysis*" em EMERSON, c2021g.

[109] Um resumo sobre sistemas de análise pode ser encontrado em CEPEP, 2015.

mistura de um ou mais dos gases componentes da mistura. De forma geral, estes analisadores têm uma parte adicional de coleta e condicionamento da amostra a ser analisada. Assim, nos espectrômetros e nos cromatógrafos utilizados em automação industrial identificamos duas partes importantes: a) o sistema de coleta e condicionamento da amostra; b) o analisador em si. Após análise da amostra colhida do processo esta é descartada ou retorna ao processo. O esquema geral de um sistema de análise está na figura 2.8.28.

Figura 2.8.28 – Esquema de sistema de análise com sistema de coleta e condicionamento de amostra e analisador de processo

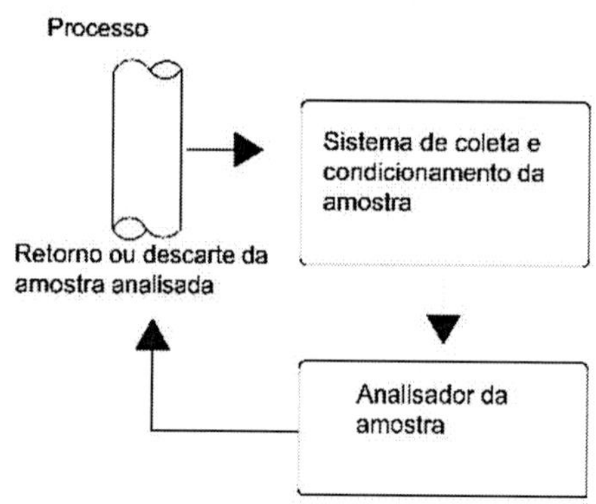

Fonte: autor

2.8.10.3 – Sistema de coleta e condicionamento da amostra

Os *sistemas de coleta e condicionamento da amostra* retiram do processo, usualmente de forma contínua, a amostra para ser analisada no analisador de processo (cromatógrafo, por exemplo) e a coloca em condições de ingressar nele, uma vez que as condições que o equipamento de análise (analisador de processo) exige para fazer a análise (pressão, temperatura, umidade, corrosividade, etc.) são usualmente diferentes das condições do fluido durante seu processamento. Esta adequação da amostra coletada é chamada de *condicionamento da amostra.*

Em linhas gerais, portanto, o sistema de coleta e condicionamento da amostra de um sistema de análise tem, além da função de captação da amostra e da de transportar a amostra do processo para o analisador, a função de condicionar a amostra de forma adequada aos requisitos do equipamento de análise e ao descarte ou recirculação da amostra para o processo.

2.8.10.4 - Analisador de absorção ou infravermelho industrial ou espectrômetros

Os analisadores conhecidos como de absorção ou infravermelho ou espectrômetros[110] se utilizam para detecção, da característica que possuem os gases de absorverem certas faixas de frequência de radiação

[110] Para informações mais simples sobre analisador de absorção ou infravermelho ver LUCENA, 2019.

emitida no espectro visível ou infravermelho, sobre eles incidente, de forma seletiva. Um esquema deste equipamento está na figura 2.8.29.

Figura 2.8.29 – Esquema de espectrofotômetro.

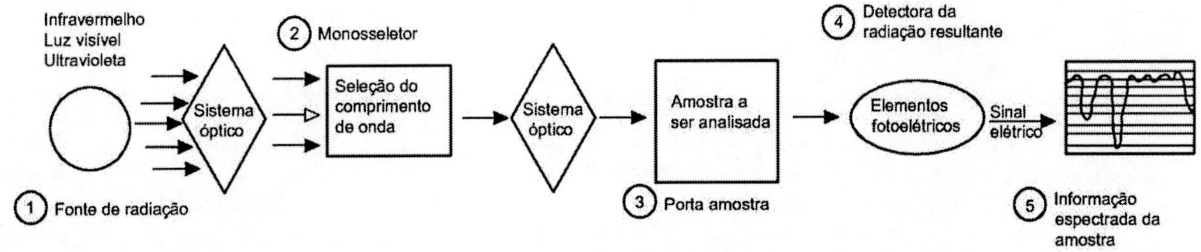

Fonte: autor

Basicamente no espectrômetro se identificam algumas partes básicas (ver figura 2.8.29): 1- a fonte de radiação, responsável por produzir as radiações em frequências adequadas para a análise pelo equipamento; 2 - o monosseletor que seleciona os diferentes comprimentos de onda da radiação que transpassará a amostra; 3 - o porta-amostra, que é o local onde a amostra será acondicionada para análise; 4 - o detector das frequências não absorvidas que gera um sinal elétrico característico da amostra analisada e de amplitude e duração relacionada com a concentração da amostra; 5 - o equipamento de saída de informação que permite a obtenção do resultado das análises de forma inteligível ao operador.

Nestes sistemas de análise a amostra a ser analisado preenche uma câmara de análise na qual incide a radiação. Parte da energia da radiação emitida é absorvida pelo gás. As faixas de frequências absorvidas dependem do tipo de gás. Como cada molécula possui um padrão único de absorção de radiação infravermelho, essa propriedade funcionará como uma verdadeira "impressão digital" de cada substância (ver figura 2.8.30), servindo para identificar o gás em questão de forma qualitativa e quantitativa. Para tal, a radiação não absorvida é recebida por um elemento fotossensível o qual gera informação eletrônica ou gráfica que se traduz em curvas que têm valor máximo (picos) e o tempo de permanência identificáveis visualmente ou eletronicamente. A informação qualitativa é obtida pela identificação das faixas absorvidas pela amostra e a quantitativa (concentração do gás) vem da relação entre a quantidade de energia emitida e a recebida pelo detector. A quantidade de energia que transpassa o gás e é recebida pelo detector de radiação depende da concentração do gás. Assim, o detector recebe menos radiação do que a emitida gerando um sinal elétrico, em mV, proporcional à intensidade do feixe de radiação incidente sobre ele.

Figura 2.8.30 – Espectro típico de frequências absorvidas por diferentes gases no espectrômetro.

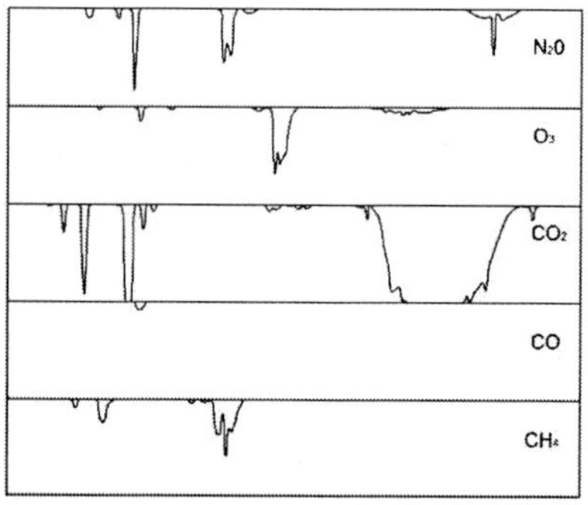

Fonte: autor

Outro tipo de analisador de maior complexidade operacional é o cromatógrafo. Com o uso da cromatografia é possível se separar os diversos componentes de uma mistura. O método consiste em transportar a amostra por meio de um fluido carregador injetado no cromatógrafo somente para transportar a amostra, chamado de fase móvel. A fase móvel carrega o fluido a ser analisado até um tubo capilar conhecido como coluna de separação, onde ele passará pela chamada fase estacionária ou fixa. Passando através do tubo capilar em contato com a fase estacionária, a amostra é separada em seus diversos componentes, que passam a circular enfileirados pelo tubo de análise dos componentes. Estes componentes separados na coluna de separação serão identificados pelo detector do cromatógrafo, um a um. Os detectores dos cromatógrafos são de diversos tipos como o detector por condutividade térmica, o detector por ionização em chama, o detector por captura de elétrons e o detector espectrométrico de massa.

A cromatografia é classificada conforme a natureza da fase móvel em gasosa ou líquida. Se a fase móvel (fluido que transporta a amostra) é um gás, a cromatografia é chamada de cromatografia em fase gasosa ou cromatografia a gás[111]. Quando a fase móvel é um líquido, a cromatografia é chamada de cromatografia em fase líquida ou cromatografia líquida. O esquema de construção de um cromatógrafo está na figura 2.8.31. Neste esquema pode-se ver o cilindro de alimentação do gás que movimentará a amostra (caso de cromatografia em fase móvel gasosa), a entrada de amostra, a coluna de separação dos componentes da amostra, o detector que analisa os componentes e a saída de informação que fornece as curvas que permitem a determinação dos componentes e suas quantidades em relação à quantidade total da amostra analisada.

[111] Um resumo sobre cromatografia gasosa pode ser encontrado em DEL GRANDE, [20--].

Figura 2.8.31 – Esquema de cromatógrafo gasoso.

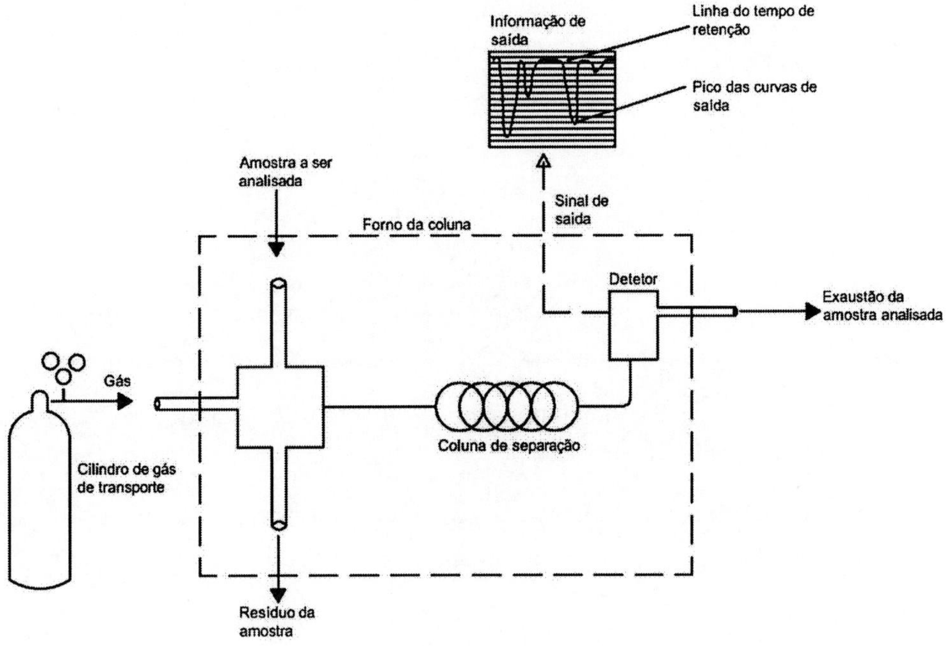

Fonte: autor

O resultado da cromatografia são gráficos com a forma típica mostrada na figura 2.8.31, na parte denominada "informação de saída", nos quais temos os picos das curvas e o tempo de ocorrência das mesmas. Com estas informações de saída os gases separados na coluna do cromatógrafo e analisados pelo detector podem ter seus tipos e quantidades determinadas pela análise da área de cada pico e pelo tempo de retenção dentro da coluna. A área do pico permite calcular a concentração de cada componente da amostra separada na coluna e o tempo de retenção, que é o tempo transcorrido desde a introdução da amostra na coluna de separação até o valor máximo da altura do pico, permite identificar o componente que sai (que é eluído) do detector.

Questões de síntese do conteúdo

2.8.1 - Defina umidade relativa, umidade absoluta e ponto de orvalho.

2.8.2 – Pesquise na internet um fornecedor de medidor de umidade relativa e explicite características dos instrumentos fabricados por ele, como princípio de funcionamento, exatidão, *range* de medida de umidade, *range* de medida de temperatura, temperatura máxima de trabalho, resolução e outras. Explicite o nome do fabricante e o endereço do site ou do catálogo.

2.8.3 – Cite um princípio de funcionamento de um densímetro utilizado em laboratório e de um utilizado industrialmente.

2.8.4 – Faça o mesmo que o pedido na questão 2.8.2 para viscosímetros.

2.8.5 – Como funcionam os medidores de pH? E os que analisam oxigênio?

2.8.6 – O que são anemômetros? Cite três tipos de anemômetros. Qual dos tipos você indicaria, a princípio, para medir velocidade em um túnel de vento onde se tivesse velocidades de corrente de ar na faixa de 10 a 30 m/s?

2.8.7 – Para medir velocidade de eixos, que sensores você indicaria?

2.8.8 – Para medir deslocamento linear de corpos em movimento em esteiras, que sensores você indicaria?

2.8.9 – Faça o mesmo que o pedido na questão 2.8.2, para acelerômetros.

2.8.10 – Que tipo de transdutores são incorporados aos instrumentos que medem força?

2.8.11 – Descreva brevemente como funcionam os medidores de torque com transdutor do tipo *strain gauge*.

2.8.12 – Que tipo de sensor de fumaça você recomendaria para hangares? E para pequenos ambientes? Pesquise um fabricante de sensor de fumaça, explicitando-o, e diga o princípio de funcionamento do detector por ele fabricado.

2.8.13 – Cite dois tipos de analisadores de correntes fluidas em processos industriais. Qual você recomendaria para medir os componentes de uma corrente com mistura de gases?

2.8.14 – O que é chamado de fase móvel em cromatógrafos de processo?

2.8.15 – Pesquise fabricantes de cromatógrafos e tente identificar que facilidades (gases, ar, vapor, etc.) são disponibilizados nas casas de cromatógrafos industriais.

2.9 - Micro e nanossensores

2.9.1 – Introdução

O século XXI vem assistindo o desenvolvimento de sensores e atuadores de tamanho cada vez mais reduzido. São micro e nanossensores e atuadores. O termo micro tem sido usado para artefatos com tamanho variando de 1 a 1000 micrômetros ($1\mu m = 10^{-6}m$). O termo nano se refere àqueles com dimensões da ordem de 10^{-9}metros ($1nm = 10^{-9}m$).

Na base da maioria dos sensores micro e nano está a tecnologia de fabricação dos chamados Sistemas Micro Eletromecânicos e mais conhecidos pela sigla em inglês como MEMS (*Micro Electro Mechanical Systems).*

Os MEMS vêm, desde os anos 80, evoluindo rapidamente e encontrando inúmeras aplicações. A tecnologia dos MEMS, apesar de só permitir a produção de dispositivos em larga escala há poucas décadas, vem avançando a passos largos graças, principalmente, ao interesse da indústria por estes sistemas[112]. A evolução da miniaturização dos sistemas e a evolução da tecnologia de manipulação e construção de artefatos micro, levou, a partir do início do século XXI, ao desenvolvimento dos Nano Sistemas Eletromecânicos, ou NEMS (*Nano Electro Mechanical Systems*).

Um dispositivo MEMS ou NEMS[113] é caracterizado, principalmente, pela presença de sensores e/ou atuadores, em conjunto com a microeletrônica. Esses sistemas aparecem como resultado da sinergia entre várias tecnologias, em particular a da microeletrônica baseada em silício, a micromecânica que desenvolve processos de fabricação em escalas micro, e do desenvolvimento de materiais e tecnologias nano[114].

Estas tecnologias são suportadas por várias áreas de conhecimentos, como por exemplo: a área de ciência dos materiais, que viabiliza, dentre outros artefatos, transdutores com propriedades elétricas importantes como os piezorresistivos e cristais ressonantes; a área de física, que permite o manuseio de micro e nanoelementos; a de química, que viabiliza as reações necessárias para modificação de propriedades e características dos sensores. Estas áreas interagem para produzir sistemas integrados em um único *chip*, criando dispositivos capazes de desempenhar funções de sensoriamento e mesmo de controle e atuação. "A tecnologia MEMS é um processo de natureza multidisciplinar, uma combinação de conceitos da microeletrônica, engenharia mecânica, ciência dos materiais, física e química, reunidos para produzir sistemas integrados em um único chip..." (TORRES, 2014)

A expectativa é que no transcurso do século XXI os MEMS e NEMS venham a ser incorporados, ou no termo mais corrente, embarcados, em todas as coisas do nosso dia a dia. A tecnologia dos micro e nanossensores e atuadores presentes nos objetos, máquinas, equipamentos e dispositivos em geral de nosso uso diário permitirá a efetiva implantação da Internet das Coisas ou IoT (*Internet of Things*) e da IIoT (*Industrial Internet of Things*) e com estas, ações mais abrangentes de automação.

O fato de que a evolução tecnológica dos micro e nanossensores concorre para barateá-los não é a única razão para a difusão do seu uso. As grandes razões são a inteligência, exatidão e confiabilidade desses sistemas. A possibilidade de se criar sensores inteligentes vai conduzindo os MEMS e os NEMS para todas as áreas, incluindo a automação industrial. Diferentemente dos *chips* tradicionais, onde se evitava modificações nos circuitos por efeitos do ambiente, os micro e nanossensores incluem uma camada nos seus *chips* para atuar como sensor das modificações do ambiente, como pressão, temperatura, vazão, aceleração, força, composição química, presença de micro organismos e outras tantas grandezas de interesse nos processos industriais.

---

[112] Para um resumo da evolução dos MEMS ver SCME, 2010.
[113] Para diferenças entre MEMS e NEMS ver SCME, [c2012?].
[114] Para detalhes sobre nanotecnologia ver BOYSEN *et al*, 2011.

Assim, os micro e nanossensores permitem que se detecte modificações de valores de grandezas físicas, químicas e biológicas, como deformações mecânicas, variações em composições químicas, variações eletromagnéticas, variações em hormônios corporais, dentre outras, convertendo estas modificações de valores em alterações de grandezas elétricas como resistência elétrica, capacitância elétrica e indutância, dentre outras. Neste sentido esses sensores são de fato micro e nano transdutores, segundo o conceito de sensores e transdutores, discutido no capítulo 2.2.

Micro e nanossensores são dispositivos, que apesar de pequenos, trabalham, de forma geral, com os mesmos princípios dos sensores comuns. Sua capacidade de detectar partículas minúsculas é que os difere dos sensores comuns.

2.9.2 – Aplicações dos sensores micro e nano[115]

Os sensores de tamanho diminuto são tecnologias recentes para detecção de grandezas físicas, químicas e biológicas, com baixo custo e confiabilidade. Suas aplicações vão desde a indústria aeronáutica até a agricultura, passando pelas áreas biomédicas e de meio ambiente.

Algumas utilizações clássicas são:

- na análise de qualidade de ar e água;
- na monitoração de processos de fabricação de alimentos;
- na avaliação da segurança de embalagens de alimentos (*Smat Packaging – SP*);
- na área de energia, onde os nanossensores fotoelétricos trazem mais capacidade de conversão de energia;
- na medicina, onde sensores detectam células doentes, ajudam em análises sanguíneas e nos diagnósticos neurológicos;
- na detecção de gases para monitoramento de poluição;
- em processos industriais e não industriais para detecção de temperatura, pressão, deslocamento e vazão;
- na construção de acelerômetros e giroscópios;
- no monitoramento de crescimento e metabolismo geral das plantas;
- na nanobiotecnologia.

Micro e nanossensores vêm sendo, portanto, utilizados em uma gama de aplicações da vida cotidiana e em aplicações industriais, trazendo notáveis desenvolvimentos em áreas estratégicas para a vida social como a de telecomunicações, a médica e a biomédica e em áreas de produção de bens de consumo social, como a da indústria automobilística e a da eletrônica para lazer.

[115] Para resumo de princípios de funcionamento e aplicações de nanossensores ver FAISAL, 2015.

Os notáveis desenvolvimentos na área de micro e nanossensores vieram para a área de instrumentação e controle de processos no rastro do desenvolvimento dos MEMS e dos NEMS. Os diminutos sensores, ao lado dos diminutos atuadores, são as partes mais importantes dos MEMS, permitindo sentir variáveis comuns como temperatura, pressão, luz, aceleração dentre outras, gerando ações para ajuste de seus valores.

Dentre as áreas que desde o início das aplicações dos micro e nano sensores vêm demandando estas tecnologias podemos citar a indústria automobilística. Esta é uma grande consumidora, embarcando nos carros mais sofisticados dezenas de sensores, como os acelerômetros, que acionam disparadores de airbags, os sensores de frenagem (*anti-lock braking system* – ABS), sensores de nível de combustível e sensores que mandam informações para ajuste das suspensões ativas dos veículos. As áreas da biomedicina, as de comunicação e de eletrônica em geral, vêm utilizando de forma difusa os micro e nanossensores em seus produtos e serviços.

Na indústria, os microtransdutores vêm tomando lugar dos sensores/transdutores convencionais, embora mantendo boa parte de seus princípios de funcionamento. Assim, as propriedades piezorresistivas, por exemplo, já utilizadas para medir força e variáveis a ela associadas, como peso, pressão, aceleração e deformação, e que já estão em uso há muito tempo, quando foram conjugadas com a tecnologia de materiais, com a microeletrônica e com as técnicas de fabricação para pequenos dispositivos, tornaram possível a redução do seu tamanho e do custo de produção, criando os microtransdutores piezorresistivos, por exemplo.

Podemos ter uma ideia da importância e difusão dos sensores observando quantos são incorporados a dispositivos multifunção portáteis de nosso dia a dia, como esquematiza a figura 2.9.1. Estes sensores, baseados na tecnologia dos MEMS e NEMS, permitirão interação com nossas funções pessoais, com o ambiente e com os processos industriais com comandos simples. A inteligência acoplada aos sensores faz a diferença e traz enormes facilidades aplicativas.

Os micro e nanossensores facilitarão não só a interação das pessoas com as máquinas, mas também a interação das máquinas entre si, das pessoas entre si e dos objetos com os objetos.

Figura 2.9.1 – Presença dos micro e nanossensores nos dispositivos portáteis de uso no nosso dia a dia.

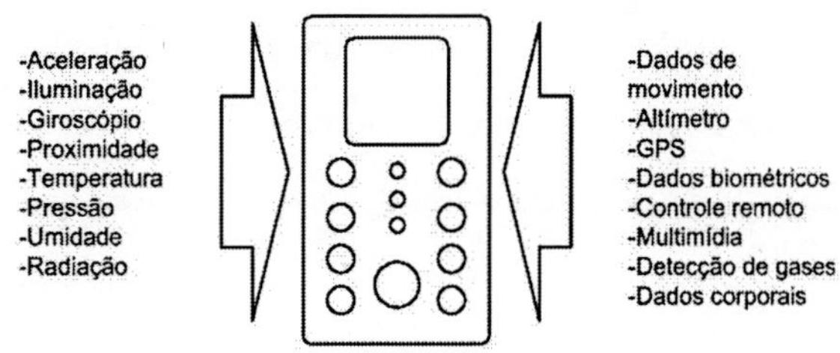

Fonte: autor

2.9.3 – Os MEMS e os NEMS

Os micro e nanossensores vêm, em grande parte das vezes, incorporados aos micro e nanossistemas eletromecânicos (MENS e NENS). Estes, como os circuitos integrados eletrônicos, têm como cérebro a microeletrônica, responsável por toda a sua capacidade de processamento, porém, o acréscimo dos sensores adiciona a esses dispositivos, a possibilidade de perceber o meio ambiente. Além disso, enquanto circuitos integrados tradicionais são desenvolvidos com base nas propriedades elétricas do silício, os MEMS e os NEMS também levam em conta suas propriedades mecânicas, além de considerarem outros materiais.

Podemos dizer que os MEMS e NEMS ganharam realidade com o uso das técnicas de micro e nanofabricação. Estas são em essência manipulações do silício e outros substratos usando processos de micro usinagem[116] e de nanotecnologia, que permitem a integração de estruturas mecânicas, sensores, atuadores e eletrônica, criando sistemas integrados em escala micro e nano.

Para a micro usinagem[117] de pequenos sistemas a base de silício parte-se de um substrato de silício, ou seja, de uma base para construção de silício, à qual é dada a forma final desejada para o dispositivo. Neste substrato coloca-se uma fina camada de SiO_2 (dióxido de silício), a qual no processo mais comum, é o material microusinado.

O processo de microusinagem usado para a fabricação dos MEMS mais simples, é o da fotolitografia e está esquematizado na figura 2.9.2. Nesta técnica usada para construção dos circuitos integrados, o circuito desejado é desenhado, fotografado e reduzido no tamanho desejado, criando uma foto-máscara. Sobre a camada de SiO_2 é colocada uma lâmina de material fotorresistente. Raios ultravioletas são focalizados sobre a peça assim constituída, sobre a qual se colocou a fotomáscara, de tal forma que o raio passa pelos espaços existentes na fotomáscara atingindo o material fotorresistente. Sistemas mais complexos podem utilizar raio X em lugar de raios ultravioletas.

O material que foi atingido pela luz modifica suas características, de forma tal que pode ser removido por uma solução química, deixando gravado no semicondutor o circuito desejado. Conforme a complexidade desejada para o dispositivo novas camadas podem ser depositadas, sendo repetido o processo de fotolitografia ciclicamente.

Para a construção das microestruturas dos MEMS, várias camadas são adicionadas e removidas. O material mais utilizado para fazer as microestruturas dos MEMS é o polisilício ou silício policristalino, o qual tem altíssimo grau de pureza. Como é um semicondutor, pode ser utilizado para construção dos microssensores dos MEMS. Quanto mais complexo for o projeto do MEMS, maior o número de camadas

[116] Para uma revisão de processos de microusinagem ver RIOMAR; BARBOSA; BENINI, 2018.
[117] Para mais detalhes sobre microusinagem ver STROSKI, 2019.

estruturais e de sacrifício. A última etapa de microusinagem de superfície é a remoção da camada de sacrifício (*striping*) feita, em geral, com ácido hidrofluorídrico.

Figura 2.9.2 – Fases típicas do processo de fabricação de MEMS por microusinagem.

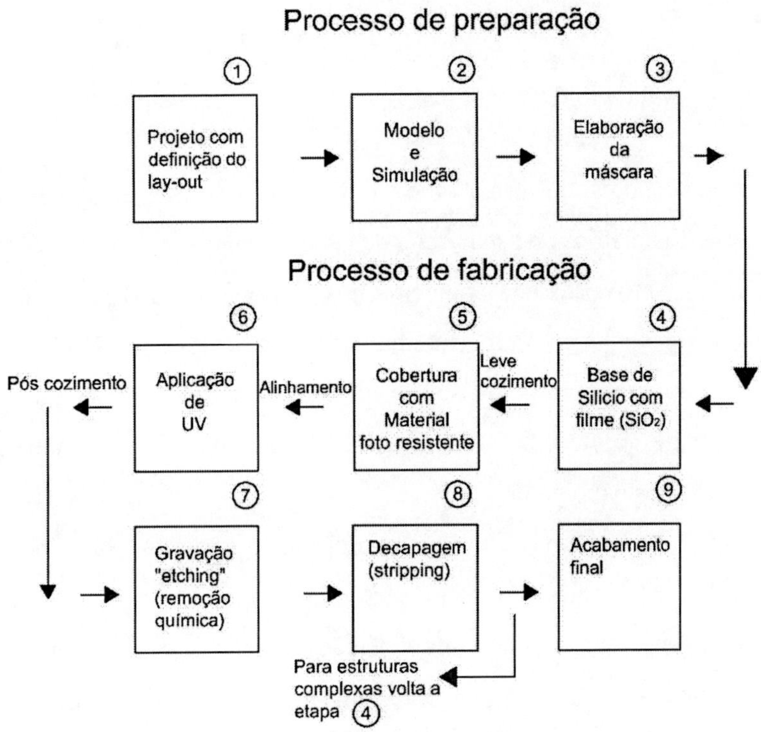

Fonte: autor

A fotolitografia descrita anteriormente, se adequa a MEMS construídos em superfícies planas, onde são removidos volumes para se obter o dispositivo desejado (processo de microusinagem de volume subtrativo). Outro processo é o de micro manufatura aditiva, onde o material é adicionado, criando estruturas tridimensionais.

Os NEMS podem utilizar técnicas de produção diferentes dos MEMS, uma vez que os materiais utilizados na fabricação de sensores e partes diversas dos NEMS, são nanomateriais[118], como o grafeno e seus derivados, o nanotubo de carbono, onde as características e propriedades podem se modificar de forma diversa à prevista pela física clássica, sendo as previsões de ocorrências e descrições físicas dentro da nanotecnologia, melhor descritas pela mecânica quântica.

Finalizados os processos construtivos centrais na fabricação dos MEMS e NEMS, faz-se o encapsulamento dos dispositivos. O encapsulamento objetiva proteger as partes mecânicas e eletrônicas, permitindo a inserção dos dispositivos nos meios físicos nos quais trabalharão. O processo de

[118] Discussões sobre nanomateriais podem ser encontradas em EUON, [2021].

encapsulamento é delicado devido à sensibilidade ao *stress* mecânico sofrido pelos circuitos, sendo este mais relevante quando consideramos os NEMS. É o encapsulamento que dá a forma comercial aos micro e nanossensores.

Informações adicionais sobre métodos de fabricação de MENS e NEMS podem ser encontrados em literaturas específicas[119].

2.9.4 – Tipos de micro e nanossensores

Os micro e os nanossensores, de forma típica, têm como base de funcionamento a monitoração de modificações nas características elétricas de materiais que são sensíveis às modificações do meio ambiente. Estas características elétricas são processadas por circuitos eletrônicos, em geral integrados em pequenos volumes. Seus princípios de funcionamento são semelhantes aos dos transdutores descritos no item 2.2.

Os nanossensores, embora em muitos casos funcionem e forma semelhante aos microssensores, são capazes de medir uma simples molécula e apresentam em muitos casos comportamentos específicos relacionados às características dos nanomateriais,

Olhando os princípios de funcionamento dos micro e nanossensores estes podem ser agrupados em ópticos, como os sensores de proximidade e de luz; biológicos, como os sensores de anticorpos, DNA e enzimas em geral; os químicos, que avaliam composições químicas e concentrações de determinados produtos, e os físicos, associados a sensores de pressão, força, massa e deslocamento. Como descrito anteriormente, por efeito das modificações nos valores de grandezas químicas, físicas e biológicas, são modificadas grandezas elétricas como corrente, tensão, capacitância, indutância e resistência.

a) micro e nanossensores ópticos

- sensores biométricos

Os sensores biométricos compõem a parte central dos leitores biométricos. Esses sensores são utilizados para identificação de características físicas, como a impressão digital, características dos olhos e até mesmo da posição dos vasos sanguíneos.

Os sensores biométricos são cada vez mais importantes e difundidos em automação. Uma grande gama de mudanças no controle dos processos produtivos será trazida com a utilização dos sensores biométricos. Estes permitirão maior integração dos operadores com as máquinas e mesmo entre os operadores. Destacam-se nesta classe os sensores de digitais.

Os sensores biométricos de digitais são baseados em microcélulas fotossensíveis ou fotodiodos. Num sensor de natureza digital, o DPS (*digital pixel sensor*), a qualidade da imagem é altamente afetada pela quantidade de pixels que ele possui. De forma geral, um sensor de boa qualidade contém milhões de células

---

[119] Ver como exemplo RIBAS, [2000].

fotossensíveis (fotodetectores). Cada pixel é representado por um fotodetector. Cada célula tem cargas elétricas modificadas de acordo com a quantidade de luz que a ela chega quando o obturador é ativado. A carga elétrica tem seu valor digitalizado, gerando um valor numérico digital. Assim, por exemplo, se não for captada luz, o que gerará uma carga zero, a cor associada será o preto. Se a carga for máxima, ela poderá ser relacionada com o branco. Valores de carga intermediários serão relacionados com cores intermediárias, geradas pela combinação de filtros vermelhos, verdes ou azuis (correspondentes às cores primárias) que cobrem cada célula e lhe permite responder de forma unívoca a uma única frequência de luz. Um esquema do microssensor óptico está na figura 2.9.3.

Figura 2.9.3 – Esquema de micro sensor óptico.

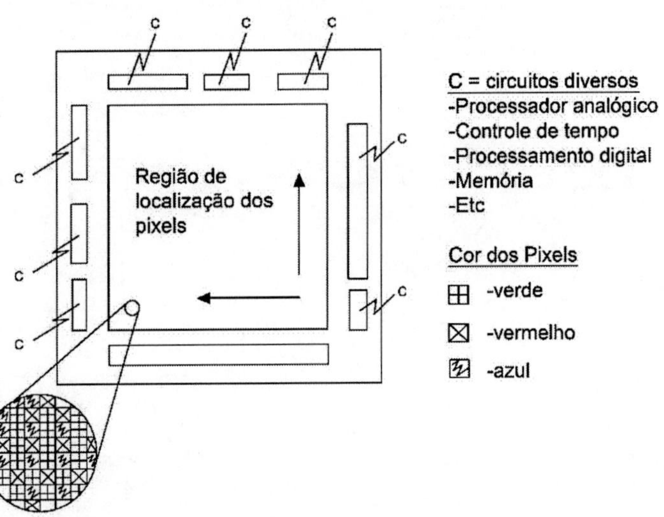

Fonte: autor

b) micro e nanossensores químicos

- sensor de presença de partículas no meio ambiente.

Como exemplos temos os sensores de dióxido de nitrogênio (NO_2) e de compostos de amônia (NH_3) que se utilizam de estruturas baseadas em sensores de nanotubos de carbono. Nestes nanotubos, quando uma molécula de NO_2 está presente no ambiente de medição, ela desloca um elétron do nanotubo, o qual reduz a sua condutividade. Na detecção de amônia (NH_3), reagindo-a com vapor d'água, ela cede um elétron para o nanotubo de carbono, aumentando a condutividade deste. Nesta mesma linha de sensoriamento com nanotubo, cobrindo a superfície dos nanotubos com diferentes materiais, como o ouro, eles se tornam sensíveis a determinadas moléculas e imunes a outras.

Sensores que usam nanofio semicondutor como elemento detector, também podem ser utilizados para detectar uma grande gama de vapores químicos. Neste caso, quando as moléculas agarram nos nanofios feitos de materiais semicondutores, como o óxido de zinco, a condutância dos fios se modifica, aumentando ou diminuindo conforme a molécula detectada. Assim, por exemplo, dióxido de nitrogênio reduz a condutividade enquanto monóxido de carbono a aumenta. Os sensores são calibrados para determinar qual o produto que está presente no ar, através da medida das modificações no valor de correntes, quando uma voltagem é aplicada no nanofio, como no esquema da figura 2.9.4. No esquema apresentado, a presença de hidrogênio em determinados ambientes pode ser detectada com o uso de nanopartículas de paládio, onde o hidrogênio é absorvido pelo paládio, modificando a resistência elétrica do nanossensor.

As nanopartículas podem detectar também compostos orgânicos voláteis, bastando para isto, envolvê-las com metais, como o ouro ou um filme de polímero, criando um detector de partículas orgânicas voláteis.

Figura 2.9.4 – Esquema de um nanossensor de hidrogênio.

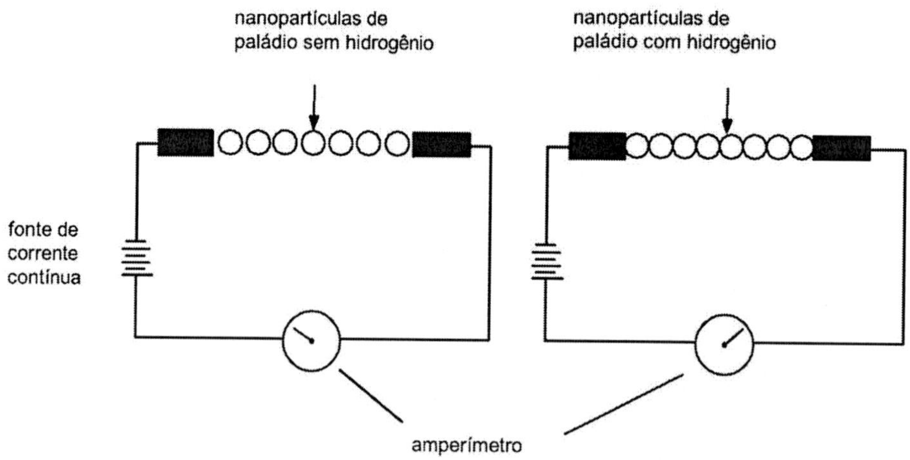

Fonte: autor

c) micro e nanossensores mecânicos

Da mesma forma que nos sensores químicos, os mecânicos também modificam suas características elétricas com as modificações do meio ambiente.

- acelerômetros

Este é um sensor bastante difundido uma vez que são acionadores de *airbags* de carros. Estes microssensores contêm uma minúscula massa em um eixo solidário a placas de microcapacitores que modificam sua capacitância com as modificações na aceleração do veículo. Um esquema de funcionamento do acelerômetro capacitivo[120] é o da figura 2.9.5. Neste, temos uma massa que pela variação de sua velocidade produz forças resistivas sobre um mecanismo elástico, o qual altera a distância entre placas de um

[120] Mais detalhes sobre acelerômetros capacitivos podem ser encontrados em STROSKI, 2019-2020 e SILVA, 2015.

microcapacitor de placas paralelas. Este microcapacitor tem algumas placas fixas e outras que se movimentam por efeito das forças de resistência ao movimento e, portanto, relacionadas com a aceleração. Os microacelerômetros possuem inúmeras aplicações e entre elas estão as aplicações em áreas de alto nível como é o caso das aeroespacial e de defesa.

Figura 2.9.5 – Microacelerômetro baseado no princípio capacitivo.

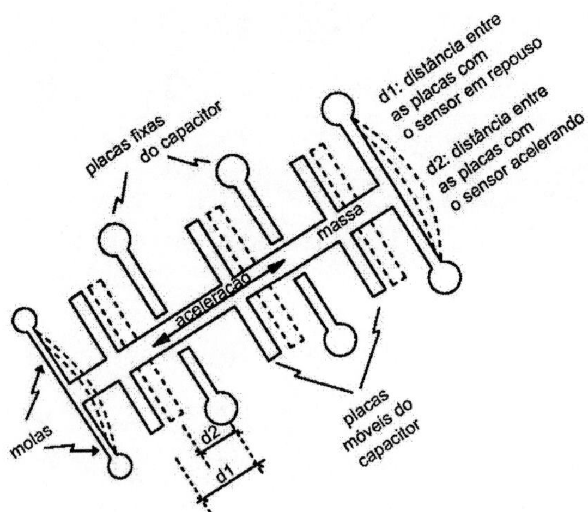

Fonte: autor, adaptado de STROSKI, 2019-2020

Os micro sensores funcionando por princípios capacitivos podem detectar, além da aceleração, grandezas relacionadas com as forças atuantes que sejam capazes de provocar modificações da capacitância sobre os sensores, como a pressão.

- *microgiroscópio*

Assim como os acelerômetros são utilizados para medir aceleração (linear ou angular), os microgiroscópios são sensores que medem movimentos angulares (ângulo, velocidade angular). A conjugação de acelerômetros e giroscópios vai permitir o monitoramento da posição de um objeto, utilizando uma Unidade de Medida Inercial, IMU (*Inertial Measurement Unit*), que em sua forma mais simples, contém três acelerômetros e três giroscópios montados ortogonalmente, (ou um acelerômetro triaxial e um giroscópio triaxial), fornecendo informações referentes aos seis graus de liberdade do objeto em que eles sejam montados[121].

Na construção dos micro giroscópios são utilizados micro ou nanossensores (micro e nanotransdutores) ressonantes. Estes modificam sua frequência de vibração, quando estimulados por uma fonte externa. Um esquema de giroscópio está representado na figura 2.9.6. Neste, um disco sensor mantém

[121] Para mais detalhes ver RODRIGUES *et al*, 2015.

o seu giro ao redor do eixo de inércia, vibrando. Alterações no movimento, por efeito das forças de Coriolis, são refletidas na vibração do disco, a qual é detectada por sensores usinados no substrato do MEM.

Figura 2.9.6 – Esquema de um micro giroscópio.

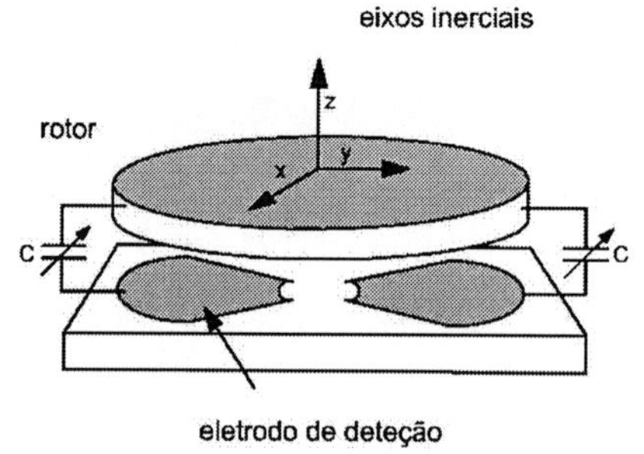

Fonte: autor, adaptado de STROKIS, 2019.

Estes micro sensores inerciais estão sendo empregados em aplicações nos mais diferentes setores. Na área de entretenimento, tecnologia da informação e automotiva. A maioria das aplicações citadas só é possível devido às características de baixo consumo de potência, tamanho reduzido e baixo custo. Outras aplicações incluem aquelas onde se exige alta precisão e desempenho, como é o caso de aplicações militares, táticas e aeroespaciais, aplicações de alto nível.

Nas aplicações militares, os microssensores inerciais já são utilizados em aviões, helicópteros, embarcações marítimas, em veículos aéreos não tripulados (VANT) e na orientação de mísseis. Em aplicações aeroespaciais são utilizados na monitoração de vibrações de estruturas aeroespaciais, em espaçonaves e satélites.

- *aplicações gerais*

Sensores ressonantes são aplicados para medição de diversas variáveis como, por exemplo, medição de pressão, umidade, concentração de gases, pH, elasticidade, radiação e qualidade de certos tipos de alimentos. Muitos deles são sensores passivos (não utilizam baterias), e transmitem informações por redes sem fio, sendo conhecidos como sensores PWR (passivo, *wireless* e ressonante). A frequência de ressonância modulada nesses dispositivos por ação das variáveis medidas, é enviada por redes sem fio, permitindo a medida remota das variáveis de processo.

É comum também o uso de sensores de umidade PWR para detectar água, podendo ser usado nos setores de engenharia civil para analisar o padrão de secagem da areia, concreto ou solo. Neste caso, o sensor consiste em um substrato de óxido de silício, com microeletrodos cravados em sua superfície. Uma camada de óxido de grafeno é depositada nos eletrodos fazendo-os atuar como um elemento sensor.

- *sensores de pressão, deformação e força*

A piezorresistividade, como vimos no item 2.2, é a mudança de resistência elétrica de um material quando ele é submetido a uma tensão mecânica. Uma boa parte dos micro e nanossensores ou micro e nanotransdutores resistivos são baseados em materiais piezorresistivos. Os piezomateriais são materiais tipicamente cerâmicos que geram uma carga elétrica quando deformados e, de forma inversa, se deformam quando submetidos a um campo elétrico. Os materiais piezorresistivos são em geral fixados em superfícies, as quais funcionam como sensoras, que sofrem deformação por efeito da grandeza física cuja medida nos interessa, deformações essas que geram tensões mecânicas nos piezomateriais, que por sua vez, provocam variação na resistência do material.

A figura 2.9.7 esquematiza um microssensor de pressão que compõe um MEMS. Os piezorresistores são fixados em um diafragma de silício que se deformando por efeito da pressão ou força, altera a resistência do piezorresistor, a qual pode ser inserida em uma ponte de Wheatstone para ter seu valor conhecido, como discutido no subitem 2.2.2(e).

Figura 2.9.7 – Esquema de um micro transdutor piezorresistivo.

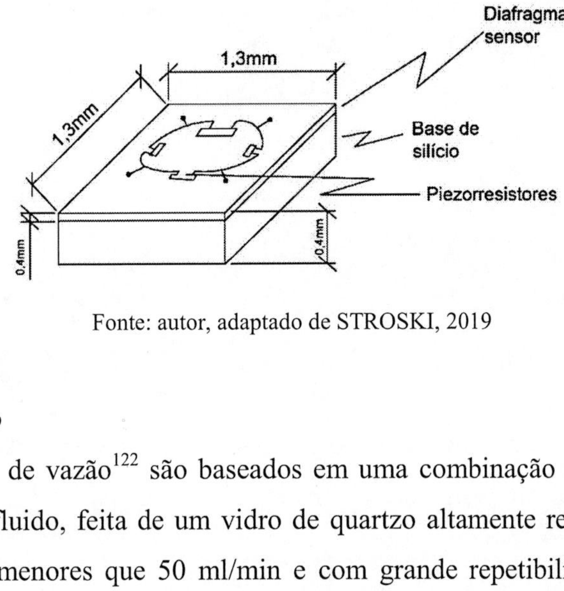

Fonte: autor, adaptado de STROSKI, 2019

- medidores de vazão

Os micro medidores de vazão[122] são baseados em uma combinação de um sensor MEMS térmico com uma passagem para o fluido, feita de um vidro de quartzo altamente resistente, com capacidade para medição de baixas vazões, menores que 50 ml/min e com grande repetibilidade, superando as medições tradicionais.

O sensor térmico é pouco sensível a modificações no estado do fluido como presença de bolhas, pulsações no escoamento e alterações de temperatura do fluido, permitindo alterações simples para adequação à mudanças na condutividade térmica do fluido em escoamento. A medição é de valores instantâneos que são integrados no tempo, o que permite grande confiabilidade da medição e detecção de anomalias nos valores medidos.

[122] Ver como exemplo AZBIL, 2021 e PETRO INDUSTRY, c2011.

d) sensores biológicos

Os biossensores são orientados para a detecção da presença de organismos vivos. O princípio de funcionamento de um biossensor está fundamentado na utilização de um sistema que contém dois componentes: o biorreceptor, que é o elemento de reconhecimento que viabiliza a ocorrência da reação bioquímica ou da ligação específica com o alvo (amostra=analito); e o transdutor, que recebe o sinal produzido pelo biorreceptor, quantificando-o e gerando o resultado em sinal adequado ao processamento.

Na classe dos sensores de tamanho reduzido, temos os nanobiossensores. Estes são dispositivos desenvolvidos em nanoescala que convertem eventos biológicos (distúrbios genéticos e metabólicos, ou infecções virais e bacterianas) em sinais processáveis. Logo, as reações bioquímicas oriundas desses eventos biológicos incorporadas aos elementos de reconhecimento (ácidos nucleicos, organelas ou células, enzimas isoladas, tecidos e anticorpos), são capazes de produzir sinais (elétricos, térmicos ou ópticos), os quais são associados a um sistema de transdução que converte o sinal entre os elementos de reconhecimento e o analito em um efeito detectável e mensurável. A reação de reconhecimento biológico sendo detectada pelo transdutor produz um sinal quantificável, diretamente proporcional à concentração de substrato específico. Assim, um sistema de informação processa esses dados, expressando os resultados de forma inteligível ao interessado.

Nanotubos de carbono ou nonofios, já descritos anteriormente, também são utilizados para detectar a presença de bactérias ou vírus. Neste caso, estes materiais devem ser adequados, adicionando-se a eles um anticorpo sensível à bactéria ou vírus a ser detectado. Quando a bactéria ou vírus se agarra no anticorpo, a condutância do nanotubo ou do nanofio se modifica, fornecendo uma eficiente ferramenta para detecção de vírus e bactérias.

Outro tipo de detector biológico é o dos nanossuportes (*nanocantilevers*). Estes dispositivos podem detetar uma simples molécula. Nestas aplicações, um suporte oscila na frequência de ressonância a qual modifica seu valor se uma molécula se agarra ao suporte, modificando seu peso. Cobrindo o suporte com moléculas com anticorpos, que agarrem algumas moléculas e vírus em particular, estes serão detectados pela variação na oscilação do suporte.

Nanobiossensores são utilizados para detecção de micro-organismos patogênicos, aditivos, toxinas e resíduos em produtos alimentícios, no controle de micro-organismos, bem como na detecção de contaminantes e resíduos em alimentos. Desenvolvimentos importantes de uso de biossensores vêm também sendo realizados no campo da medicina veterinária.

O advento dessa tecnologia proporciona o desenvolvimento de dispositivos cada vez menores para análises bioquímicas e diagnósticos moleculares com grandes melhorias na eficiência, precisão e sensibilidade dos resultados. A nanobiotecnologia vem possibilitando assim, detectar e manipular parâmetros bioquímicos e moleculares por meio de dispositivos em nanoescala.

2.9.5 – O futuro dos instrumentos

Os microssensores prometem ocupar os espaços dos grandes sensores tradicionalmente utilizados nas indústrias. A incorporação dos microssensores nos MEMS, vai permitir que eles não só substituam sensores tradicionais, como também que executem funções de coleta e armazenamento de dados[123], bem como acionamento de alarmes de limites e controle das variáveis medidas. Os microssensores não só viabilizarão as tecnologias IoT e IIoT, como permitirão um alto nível de automação e integração de processos, interação de pessoas e processos, e pessoas com pessoas[124].

O barateamento dos sensores será um dos vetores de sua difusão. Outro vetor é a capacidade de fácil comunicação com outros sistemas digitais como os de processamento de dados, o que permitirá tornar o mundo das coisas mais inteligente a cada nova melhoria tecnológica. Os processos de fabricação destes sensores poderão ser cada vez mais customizados, atendendo de forma quase ideal as necessidades dos usuários.

Os micro e nanossensores têm continuamente apresentado grandes vantagens em relação aos tradicionais, como baixo custo, tamanho reduzido, baixo consumo de energia, alta confiabilidade, inteligência e um desempenho promissor, além da possibilidade de fabricação em grandes escalas.

A implementação esperada na utilização dos MEMS e dos NEMS permitirá a agregação das funções de sensor, controlador e atuador em um único dispositivo. A difusão nos MEMS e NEMS nas coisas permitirá o controle sobre as características dos materiais de fabricação de objetos em geral, a informação sobre todas as coisas, viabilizando de fato a internet das coisas.

Peles inteligentes para cobrir asas de avião que se adequem às turbulências, roupas que modifiquem seus tecidos para aquecer mais ou permitir melhor resfriamento do corpo estão entre as realidades viabilizadas pelos MEMS e NEMS. Os processos de automação industrial poderão ser amplamente distribuídos e as malhas de instrumentação serão reduzidas a um único dispositivo que desempenhará o papel de medidor, controlador e manipulador.

Os dispositivos reduzidos a níveis cada vez menores prescindirão de baterias. A energia solar ou luminosa captada, as vibrações ou mesmo as brisas de vento permitirão a alimentação dos MEMS e dos NEMS. Junto com a redução dos tamanhos, virá a redução dos custos e o aumento do número de aplicações automatizando todas as coisas de uso da sociedade e da indústria em particular[125].

Com o advento dos derivados do grafeno e o desenvolvimento da tecnologia dos NEMS mais nos aproximamos do dia em que o silício deixará de ser a menina dos olhos da microeletrônica vindo a ser

[123] Exemplo desta capacidade pode ser visto no medidor de temperatura com data logger, em PHASE IV, c2021.

[124] Ver exemplo de sensores para IoT em HONEYWELL, 2021f.

[125] Para maiores discussões sobre o futuro ver entrevistas de KAKU, 1998 e KELLY, *[2006-2021]*.

substituído, talvez pelo *grafeno*. Nesta ocasião teremos efetivamente micro e nanomáquinas que circularão nos nossos corpos, entrarão por todos os espaços, se tornarão armas de guerra, combaterão vírus e bactérias, nos defenderão dos insetos, higienizarão nossos espaços hospitalares, hoteleiros e domiciliares, protegerão nossos alimentos e permitirão a automação de tudo.

As micromáquinas são hoje construídas com semicondutores incorporando elementos mecânicos micros como engrenagens, eixos e elementos de fixação e muitas partes móveis. Estamos ainda na infância da tecnologia de construção destes microequipamentos. Novos materiais e novas técnicas nano trarão impensáveis desenvolvimentos no campo dos equipamentos e da automação.

Questões de síntese do conteúdo

2.9.1 – O que são MEMS e NEMS? Qual a relação destes sistemas com os micro e nanossensores?

2.9.2 – Como os micro e nanossensores ajudam a viabilizar a IoT e a IIoT?

2.9.3 – Pesquisando na internet, cite um exemplo de aplicação de sensores de tamanho reduzido (micro e nano) nas seguintes engenharias: automotiva, de telecomunicações, engenharia civil, área biomédica e em monitoração do meio ambiente.

2.9.4 – Cite alguns tipos de variáveis sentidas pelos micro e nanossensores.

2.9.5 – Qual a diferença entre um circuito integrado e os MEMS ou NEMS?

2.9.6 – Pesquisando na internet, identifique e descreva outro processo de micro usinagem além da fotolitografia.

2.9.7 – O que são nanomateriais. Pesquisando na internet, cite três nanomateriais.

2.9 8 – Pesquisando na Internet explicite dois sensores ópticos, dois mecânicos e dois biossensores.

2.9.9 – Escreva em linhas gerais sua concepção de futuro da automação industrial.

2.10 - Dispositivos de identificação automática e captura de dados

2.10.1 – O que são os AIDCs?

Um dispositivo de identificação automática e captura de dados, AIDC (*Automatic Identification and Data Captur*), é qualquer dispositivo capaz de armazenar informações codificadas de caracteres numéricos, alfanuméricos ou outros, relacionadas a objetos, processos, pessoas, máquinas, endereços e dados em geral, que possam ser coletadas automaticamente e decodificadas por leitores de dados adequados ao tipo de AIDC em questão. O objetivo da coleta é a disponibilização das informações para sistemas de automação e gestão.

A maioria dos *sistemas* com AIDC, como esquematizado da figura 2.10.1, inclui: (1) o elemento físico que registra as informações a serem processadas; (2) um código capaz de identificar as características do que se deseja identificar; (3) um leitor do código, que seja capaz de decodificá-lo e enviar as informações para o dispositivo de processamento; (4) o dispositivo de processamento que recebe os dados a serem processados; (5) um software que processa as informações e as coloca num formato desejado e adequado a quem vai recebê-las; (6) um dispositivo de interface que permita a comunicação com os AIDCs.

Figura 2.10.1 – Esquema típico de um sistema de identificação automática e captura de dados.

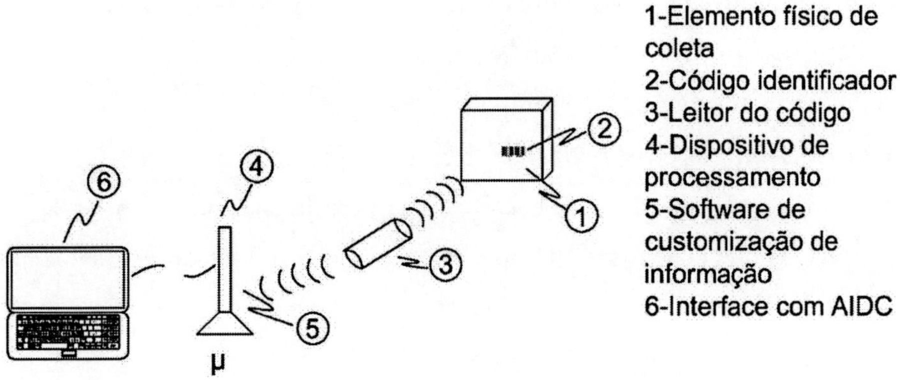

Fonte: autor

2.10.2 – Descrição geral dos tipos de AICDs de uso comum na indústria

Os AIDCs de uso mais comum nas indústrias são as etiquetas com código de barras lineares, as etiquetas com códigos de barras bidimensionais, os identificadores por rádio frequência (RFID), as fitas magnéticas, os que fazem o reconhecimento óptico de caracteres (OCR), os dispositivos biométricos (reconhecimento de voz, reconhecimento de digitais e de retina) e os leitores com "visão de máquina". Alguns desses AIDCs estão retratados na figura 2.10.2.

Figura 2.10.2 – Tipos de AIDCs: (a) código de barras linear; (b) código de barras bidimensional; (c) identificadores de rádio frequência (RFID); (d) cartões magnéticos

Fonte: autor

a) *etiquetas com códigos de barras lineares*

Os códigos de barras lineares foram os primeiros AIDCs a terem uso mais difundido na sociedade. Foram e ainda são utilizados na identificação de vários produtos alimentícios, farmacêuticos, matéria-prima industrial, produtos manufaturados e mesmo para identificar pessoas, como pacientes de hospitais e participantes de eventos.

Os códigos de barras lineares consistem de pequenas barras coloridas (pretas em geral) entremeadas por espaços, colocados lado a lado, que codificam informações numéricas, alfanuméricas e alguns caracteres. Um exemplo de código de barras linear está representado na figura 2.10.3. Os códigos de barras lineares de uso mais comum na indústria são constituídos por barras e espaçamentos de espessura variáveis, que se distribuem sobre a etiqueta, de forma adequada e definida por padrões de codificação.

O número de dados que podem ser codificados pelas barras é limitado pelo tamanho da etiqueta e pela resolução do leitor dos dados. A base sobre a qual as barras são impressas deve ser adequada para tal, de forma a dar contraste e resolução às barras.

Figura 2.10.3 – Exemplo de estruturação dos códigos de barras lineares.

Fonte: autor

A leitura dos códigos é feita por dispositivo de escaneamento óptico que traduz a codificação de barras em informação eletrônica inteligível aos sistemas de processamento, transformando-a em informações úteis. O dispositivo de escaneamento emite um feixe luminoso semelhante a raio laser o qual é refletido pelas barras e espaços de forma diferenciada, conforme sua espessura e cor. A leitura do scanner é limitada pelas "zonas mortas" como representado na figura 2.10.3. Os decodificadores a laser têm a vantagem de não necessitarem ter contato com a etiqueta de codificação.

A luz refletida que volta para o scanner tem duração proporcional à largura de reflexão do símbolo iluminado e a porcentagem de luz que é refletida de volta para o scanner será também maior quando o elemento iluminado for um espaço. A intensidade da luz é pequena (da ordem de 1mW), tornando o dispositivo intrinsicamente seguro em relação a faiscamentos que possam provocar explosões em atmosferas explosivas.

Embora os códigos de barra tenham sido desenvolvidos com muitas codificações, uma pequena parte delas é efetivamente utilizada. O Brasil, por exemplo, adota o sistema GS1 que é um conjunto de padrões utilizados em mais de 150 países, o qual permite gerir as cadeias de suprimentos, e identificar produtos, unidades logísticas, localizações, ativos e serviços.

Exemplos de padrões de códigos são[126]os definidos pela UPC/EAN (*Universal Product Code / European Article Number*). Este padrão só codifica números. O código UPC foi adotado inicialmente pelos Estados Unidos e Canadá e contém 12 dígitos. O padrão europeu é de 13 dígitos. Tanto os códigos EAN quanto UPC são denominados, de forma geral, como Número Global de Item Comercial - GTIN (*Global Trade Item Number*), referenciando-os como GTIN 12 para o UPC e GTIN 13 para o EAN.

Alguns outros códigos utilizados no mercado são GS1 128, que inclui todos os códigos ASCII e é muito utilizado na gestão de logística permitindo rastreabilidade por meio da codificação de informações adicionais como número serial, número de lote, data de validade, quantidades, número de pedido do cliente e outras informações; o Código 39, que inclui, além dos caracteres alfanuméricos, símbolos ($,/,+,%,*) e o Código ITF (*Interleaved Two of Five*), também com caracteres numéricos e de tamanho menor que os outros[127].

Os códigos de barras com caracteres alfanuméricos permitem identificar os atributos dos produtos e as informações a eles pertinentes, viabilizando a união de produto, atributo e mensagens relacionadas à produção.

Determinados códigos são mais adequados para tipos definidos de operações como mostra o quadro 2.10.1, onde alguns códigos são comparados.

Quadro 2.10.1 – Alguns padrões de códigos de barra e aplicações típicas.

Nome	EAN, UPC	ITF	CODE 39	CODABAR	CODE 128
tipo de caractere	somente valores numéricos de 0 a 9.	somente valores numéricos de 0 a 9.	valores numéricos de 0 a 9; alfabético; símbolos (-, ., espaço, $, /, +, %); caractere de início/ parada (*: asterisco)	valores numéricos de 0 a 9; símbolo (-, $, /, +); caractere de início/ parada ("a" a "d")	todos os códigos ASCII; valores numéricos de 0 a 9; alfabético, caixa alta/caixa baixa; símbolo; caractere de

[126] Mais informações sobre os padrões de códigos de barras podem ser obtidas em ACTIVE BARCODE, c2021.

[127] Para mais detalhes sobre código de barras, ver Guia de código de barras: seleção de tipo de código de barras, KEYENCE, 2019.

					controle ([CR], [STX], etc.)
características	Padronizado como o código de distribuição	Permite um tamanho de código de barras menor que o de outros tipos de códigos de barras com a mesma quantidade de dígitos.	A disponibilidade de caracteres alfabéticos e símbolos permite a indicação de números de artigos.	Possível indicar alguns caracteres alfabéticos e símbolos.	Suporta todos os tipos de caracteres; permite o tamanho mínimo do código de barras para indicação com somente os valores numéricos. (Mais que 12 dígitos)
desempenho de aplicação	É um código universal mundial, utilizado em grande parte dos produtos de consumo vendidos no varejo; usado no setor de livros	É considerado um código de Distribuição; é utilizado no manuseio de fichas, documentos, passagens aéreas e envelopes de remessa. Usado na indústria automobilística, bens em geral, armazenamento, indústria pesada e despacho de produtos.	É muito utilizado como o código de barras industrial; adotado pela AIAG (*Automobile Industry Action Group*) e pela EIA (*Electronic Industries Alliance*); usado em indústria de processamento, logística, bibliotecas, saúde e áreas de defesa (adotado pelo Departamento de Defesa dos Estados Unidos).	Usado em bancos de sangue, área médica e negócios de encomendas aéreas.	Usado em setor de empresas de distribuição, setor de alimentos e médico; também usado em operações logísticas.

Fonte: autor adaptado de KEYENCE, c2021b.

Os códigos de barras são projetados para serem escaneados bidirecionalmente e em velocidades altas de escaneamento. De forma geral, o escaneamento do código de barras permite a identificação do padrão que está sendo utilizado, tomando como referência informações disponíveis nos sistemas de processamento, armazenados nas memórias dos processadores, sendo transmitidos para os sistemas corporativos ou utilizados para outros fins mais imediatos.

Os códigos de barras possuem formas de autochecagem dos caracteres, palavras ou mensagens. No nível da palavra, por exemplo, caracteres de parada são colocados nos extremos do código, com caracteres de checagem dentro deste espaço limitado.

b) código de barras bidimensional

A evolução dos códigos de barra lineares foram os códigos de barra bidimensionais, como o da figura 2.10.4. É bidimensional porque é codificado nas direções horizontal e vertical, como numa matriz, permitindo multiplicar o número de dados que podem ser armazenados, em relação aos códigos lineares, em algumas centenas.

Os códigos bidimensionais permitem gravar informações como endereços da Web, arquivos de texto e dados numéricos, de forma simples. Como os códigos lineares, existem vários padrões de códigos bidimensionais. Muitas variações do tipo de codificação bidimensional são disponíveis. Exemplos destas variações são os PDF 417, o Código 49, o Código Um, o Código Aztec e o código de resposta rápida (QR *code*).

Enquanto os códigos de barras lineares contemplam linhas, os bidimensionais são compostos de espaços claros e escuros, círculos, quadrados, hexágonos e outras figuras. Os códigos, de forma geral, são padronizados por instituições como a *Society of Automotive Engineers* (SAE), *Semiconductor Equipment and Materials International* (SEMI), e principalmente pela *Association for Automatic Identification and Mobility* (AIM)[128] e pela *International Organization for Standardization* (ISO).

Um dos códigos bidirecionais mais utilizados é o conhecido como *Quick Response Code* (código QR). Apesar de terem sido popularizados somente nos últimos anos, os *QR Codes*, como são conhecidos, surgiram em 1994. Eles foram criados pela Denso Wave, uma empresa do grupo Toyota, e apareceram com a finalidade de facilitar a identificação das partes de carros nas fábricas e do processo de logística como um todo.

Existem diversos padrões de QR com diferentes estruturas e vários elementos funcionais. A ISO (2015) define os requisitos para a simbologia dos códigos QR, especificando as características dos símbolos, os métodos de codificação de caracteres de dados, formatos de símbolos, características dimensionais, regras de correção de erros, algoritmo de decodificação de referência, requerimentos para a qualidade de produtos e parâmetros de aplicações selecionados pelo usuário.

Num código QR[129], como o representado na figura 2.10.4, está indicado o tipo de conteúdo que foi armazenado, por exemplo, se foi apenas um número, ou se foi uma frase.

---

[128] Ver AIM, [202-b].

[129] Para informações gerais sobre QR *code* ver TECMUNDO, 2013.

Figura 2.10.4 – Características típicas do código QR.

Fonte: autor

De forma geral os códigos QR são elaborados com diversos quadros (pixels) pretos. Esses pequenos pixels (módulos) representam todo o conteúdo presente dentro do código. O conteúdo das informações depende da sua localização, sendo que os quadrados têm informações específicas. Os três de maior tamanho situados nos cantos do código (ver figura 2.10.4) funcionam para orientação, informando onde os demais dados estão, permitindo ainda que o leitor do código, consiga lê-lo em qualquer posição.

O quadrado mais destacado dentro do código e posicionado mais na parte inferior direita da figura 2.10.4, trabalha como um guia de alinhamento, mostrando como a imagem deve ser lida e processada. Outros pixels indicam a versão do código que está sendo utilizada, informam ao leitor o posicionamento das linhas e colunas dentro do código, explicitam se é uma mensagem de texto ou um direcionamento para outro site ou *link* na internet, informa se o código é composto por números, letras ou outros caracteres e, finalmente, contém as informações de interesse para os usuários. Estas últimas trabalham em grupos de oito pixels, que agrupados podem ser chamados de *bytes*.

A envoltória do código é importante para delimitar seu tamanho. A delimitação é feita por margens de cor clara. A capacidade em número de caracteres que podem ser armazenados variará com o tipo de caractere, suas funções e com o espaço disponível para as informações. Como existem algumas dezenas de tipos de códigos e eles variam em tamanho, quantidade e também na configuração dos módulos, a quantidade de pixels de informações varia significativamente. Os primeiros QRs foram desenvolvidos em matrizes de 21x21 pixels. Os avanços tecnológicos vão aumentando esse número permitindo o armazenamento cada vez maior de informações.

A capacidade de armazenamento se relaciona com o tipo de caractere codificado. Como referência podemos considerar:

- caractere numérico: até cerca de 7089 caracteres;

- caractere alfanumérico: até cerca de 4296 caracteres;

- caractere binário (8 bits) – até cerca de 2953 bytes (2953 conjuntos de 8 bits);

- caractere Kanji/Kana (caracteres / escrita silábica japonesa): até cerca de 1817 caracteres.

Os QRs contam com sistemas de prevenção de erros. Estes consomem parte do espaço de informações, assim, quanto melhor for o sistema para evitar erros, menor será o número de caracteres alfanuméricos presentes no código.

A leitura dos códigos bidirecionais pode ser feita com diversos dispositivos, incluindo aparelhos portáteis móveis como celulares. Em situações industriais, alguns scanners especiais podem ser necessários.

c) identificadores por rádio frequência - RFID

A origem da tecnologia RFID (*Radio Frequency IDentification*) remonta à Segunda Guerra Mundial. Os sistemas de radares utilizados por várias nações (Alemanha, Japão, Inglaterra e EUA) permitiam a notificação da aproximação de aviões, mesmo que eles ainda estivessem distantes, facilitando a preparação das defesas contra ataques inimigos. Contudo, não se tinha como diferenciar os aviões inimigos, dos amigos. A colocação nos aviões de um transmissor que podia retornar respostas a quem o interrogasse, permitiu a identificação dos aviões amigos. Esta foi a origem dos RFIDs. Posteriormente o RFID foi utilizado na guerra do Golfo para identificar os suprimentos militares para o campo de batalha.

A aplicação comercial dos sistemas RFID surgiu quando a empresa Wal-Mart obrigou que seus maiores fornecedores usassem RFID para identificação dos produtos embarcados para seus centros de distribuição. O Departamento de Defesa Americano adotou a mesma prática, sendo seguido por várias empresas varejistas.

Além de ser utilizado nos negócios de varejo, a tecnologia RFID foi ultrapassando outras fronteiras e sendo aplicada nas empresas voltadas para a manufatura, transporte e logística, saúde, bancos e outros segmentos de negócios. Com estes dispositivos é possível comunicar máquinas entre si e gerar de forma fácil dados para sistemas corporativos. As etiquetas RFID podem estar presentes em pessoas, animais, produtos, embalagens, enfim, em "coisas" diversas.

Os dispositivos que enviam os dados por rádio frequência, RFID, foram uma evolução importante do conceito de identificadores. Esses são *chips* dotados de antena que armazenam dados e os transmitem por meio de rádio frequência, sendo estes dados capturados por dispositivos próprios que não necessitam ter contato visual ou físico com os identificadores. A junção das tecnologias de RFID com a de processamento de dados constitui o que é chamado de *sistema de identificação por RFID*. Em linhas gerais esse sistema contém um transponder, que é a etiqueta de identificação (*chip* eletrônico), como a da figura 2.10.5, dotado de uma antena e que deverá conter o circuito e a informação a ser transmitida. Além da etiqueta, o sistema deve ter um leitor de RFID (transceptor) e um computador com dados relacionados com os códigos.

Figura 2.10.5 – Etiqueta de RFID com antena.

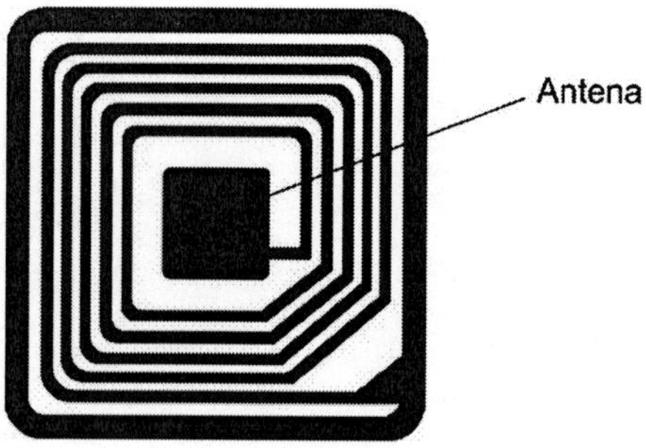

Foto: autor

A antena transmite a informação, emitindo o sinal do circuito integrado para o leitor. Este, por sua vez, converte as ondas de rádio do RFID em informações digitais. As informações convertidas digitalmente poderão ser lidas, compreendidas e disponibilizadas por um computador, para então ter seus dados analisados. As escritoras/leitoras (a parte central da comunicação dentro do sistema de RFID) gravam e leem as informações nas RFIDs ou simplesmente as leem. Para tal a leitora decodifica os dados das etiquetas que passam pelo campo eletromagnético gerado pela sua antena[130].

Existem dois tipos de etiquetas RFID: passiva e ativa. As *etiquetas passivas* utilizam a rádio frequência do leitor para transmitir o seu sinal e normalmente vêm com suas informações gravadas permanentemente quando são fabricadas. Contudo, algumas destas etiquetas são "regraváveis". As *etiquetas ativas* são muito mais sofisticadas e caras e contam com uma bateria própria para transmitir seu sinal a uma distância razoável, além de permitir armazenamento em memória RAM. No caso das etiquetas passivas, durante sua operação, a antena do leitor/escritor de RFID emite um sinal de rádio que ativa a etiqueta, através da indução de energia no transponder realizando a leitura ou escrita.

A complexidade dos leitores depende do tipo de etiqueta e das funções a serem aplicadas. Os mais sofisticados apresentam funções de verificação de paridade de erro e correção de dados, sendo utilizados algoritmos para decidir se o sinal é uma repetição de transmissão de uma etiqueta ou um sinal original.

A emissão de ondas de rádio é difundida em diversas direções e distâncias, dependendo da potência e da frequência usada, permitindo a leitura e gravação em diversos pontos e distâncias. O tempo decorrido nesta operação é inferior a um décimo de segundo, portanto, o tempo de exposição necessário da etiqueta é bem pequeno.

[130] Para mais detalhes sobre sistemas com RFID ver XIAOYONG, 2007.

Pela sua forma de operação, o RFID permite a obtenção de informação sem o efetivo contato. O leitor de RFID pode estar localizado a muitos metros de distância do identificador, permitindo o rastreamento de identificação remota de objetos que tenham os dados relacionados gravados no identificador.

As formas de RFID são padronizadas pelas normas ISO 18000 (2013) e pela AIM (*Association for Automatic Identification and Mobility*). A norma ISO 18000 define as operações de transmissão por ar dos RFIDs, o que inclui características eletrônicas das camadas físicas e camadas de comunicação de dados. Essa padronização permite que se tenha interoperabilidade dos dispositivos RFID e possibilidade de troca de informações entre os sistemas. Outras normas complementares são utilizadas como a ISO 14443, a qual define a interface aérea para identificação, aplicações agrícolas, bancárias e de outros negócios afins e a ISO 15693 que define a interface por ar e os protocolos de comunicação para sistemas em frequências fora da faixa abrangida pela ISO 18000.

d) faixas magnéticas

Os primeiros cartões com faixa magnética foram utilizados nos anos 60 em bilhetes de trânsito e nos anos 70, com a definição de padrões para estes dispositivos, em cartões bancários. Seu uso cresceu desde então. Padrões para faixas magnéticas são disponíveis na ISO e AIM[131].

Estes dispositivos encontram aplicações limitadas na indústria. Eles são essencialmente faixas magnéticas que podem ser encontradas na forma de cartões de crédito, chaves magnéticas e outros artefatos de uso diário. Consistem basicamente de uma tira de partículas de material magnético a qual contém as informações de interesse escritas através de finas barras magnéticas, com dimensões da ordem de alguns nanômetros ($1nm=1^{-6}mm$), protegidas por uma capa plástica.

Quando as barras magnéticas são polarizadas na mesma direção, a faixa magnética está limpa (em branco). Pela magnetização das finas barras aderidas na faixa magnética são escritas as informações de interesse. Estas barras ficam magnetizadas com polaridades de direções "norte" ou "sul", através do uso de um dispositivo eletromagnético especial, chamado codificador. Esse processo de escrita que é chamado de "*flux reversal*", causa uma modificação no campo magnético a qual pode ser detectada pelo leitor magnético do cartão. Como as barras serão magnetizadas N-N ou S-S, teremos dois estados diferentes, os quais são associados a informações binárias (N ou S) que são utilizadas pelos sistemas de processamento. O leitor magnético do cartão lê a informação gravada pela detecção das trocas no campo magnético das barras causadas pela gravação (processo *flux reversal*). Quando o cartão é varrido pelo leitor magnético os códigos magnéticos gravados são identificados.

Uma das desvantagens do uso das faixas magnéticas é a necessidade de haver contato entre a cabeça de leitura/gravação com o cartão magnético. O leitor tem que se mover ao longo de todo o comprimento da

---

[131] Ver AIM, [202-a].

faixa de gravação, mas não necessariamente a velocidade constante. Além disso, a base em que se fixa a faixa magnética deve ser de material não ferroso.

Apesar de terem baixo custo, estes dispositivos são de pouco uso nas indústrias, funcionando mais como elemento de autorização de acesso e raramente em identificação de produtos.

e) cartões inteligentes

Estes AIDCs podem ser considerados uma evolução das aplicações das faixas magnéticas e são igualmente de uso remoto na indústria. A primeira patente destes cartões foi obtida na França em 1974, mas sua utilização se iniciou neste país, a partir de 1982, sendo rapidamente difundida na Europa.

Cartões inteligentes são aqueles que têm um *microchip* embutido. Com isto, eles podem guardar mais informação que as faixas magnéticas comuns. Estes cartões podem ser reciclados para reuso, podendo ser programados. A presença de um *microchip* nos cartões inteligentes permite que vários métodos para aumentar a garantia de segurança das informações possam ser utilizados. Os cartões inteligentes podem ainda ser apresentados nas versões com contato e sem contato

Os custos dos cartões inteligentes são maiores do que os cartões de faixas magnéticas. A vantagem dos cartões inteligentes é a grande quantidade de dados que podem ser armazenados neles e a maior segurança das informações. A norma ISO 7816 (ISO, 1987) define padrões para as tecnologias com e sem contato dos cartões inteligentes tratando de aspectos de interoperabilidade, características de comunicação, propriedades físicas e de informações nos *chips* neles implantados.

f) identificador óptico de caracteres - OCR

São ainda utilizados como identificadores automáticos e capturadores de dados os reconhecedores ópticos de caracteres – OCR (*Optical Character Recognition*), os quais permitem a inserção de amostra de dados em uma forma inteligível ao elemento humano e têm baixa incidência de erros devido aos sistemas de processamento de controle de erros.

Nesta tecnologia pode-se reconhecer caracteres partindo de um arquivo de imagem escaneado, manuscrito, impresso ou digitalizado mecanicamente, gerando um arquivo editável por um computador. Assim, esta tecnologia permite automatização de dados cadastrais a partir de contratos, documentos pessoais e outros.

Apesar do uso do OCR ser anterior aos códigos de barra e, em 1975, ter sido adotado como um padrão para identificação de mercadorias, autorização de créditos e controle de inventário, pelo *National Retail Merchants Association* atual *National Retail Federation*, devido às dificuldades com as leituras, foi deslocado do mercado, na década de 80, pelos códigos de barras. Com o desenvolvimento de softwares a base de IA e redes neurais, capazes de reconhecer padrões de fontes (caracteres alfanuméricos e outros), os OCR voltaram a ser utilizados na indústria, ainda que de forma ocasional. Neste sistema, como nos demais, os caracteres são escaneados com uma fonte luminosa disponibilizando uma imagem que pode ser reconhecida pelo *software*.

A grande qualidade que indica o uso dos OCR é sua adequação à leitura de textos impressos ou escritos, com o auxílio de um computador. O processo inclui o escaneamento de cada caractere do texto, a tradução da imagem feita pelo escaneamento num conjunto de caracteres legíveis pela máquina, como o código ASCII, de forma a ser processado em computadores de gerenciamento de processos ou de gestão corporativa.

Por suas características o OCR é muito utilizado para digitalizar documentos, como manuais e livros, fazendo o processamento e classificação de documentos que venham identificados ou endereçados por textos. Seu uso industrial em funções fabris é muito pequeno.

g) dispositivos biométricos

Os dispositivos biométricos não são propriamente AIDCs, uma vez que não são aderentes a objetos e equipamentos, mas sim a pessoas. Também não podem ser definidos, pois definições de digitais, configuração de íris e timbres de voz são feitas naturalmente. De fato, os dispositivos biométricos são sensores que têm suas informações comparadas com bancos de dados pré-gravados nos sistemas de processamento.

Embora os dispositivos biométricos sejam utilizados há muito tempo na área nuclear e de defesa, sua aplicação no ramo de negócios foi mais tardia. As formas mais comuns destes dispositivos são em identificadores de digitais, identificadores de padrões de íris e dispositivos de reconhecimento de voz.

O *sistema* de identificação e captura biométrica para digitais e íris ou captura da voz, consiste de um leitor que escaneia as digitais e íris pessoais, ou registra eletronicamente a voz. As informações biológicas são convertidas, por programas adequados, em sinais elétricos inteligíveis aos sistemas de processamento, sendo comparadas com dados armazenados em bancos de dados, buscando semelhança entre os dados arquivados e os capturados.

As autenticações biométricas têm se tornado usuais nas corporações para acionamento de dispositivos operacionais e de sistemas de segurança. Tem sido muito usual nos sistemas de manufatura a associação da biometria com outras técnicas de AIDC, de forma a tornar a obtenção de informações menos sujeitas a invasões.

2.10.3 – Aplicações dos AIDCs

Já discutimos no item 1.2 a integração entre os vários níveis das empresas através de sistemas de informação gerencial - EIS (*Enterprise Information Systems*). Muitos são os subsistemas que integram estes sistemas como aqueles que gerenciam os recursos da empresa (*Enterprise Resource Planning - ERP*), os que gerenciam a cadeia de suprimento (*Supply Chain Management - SCM*), os que fazem o gerenciamento do ciclo de vida do Produto (*Product Lifecycle Management - PLM*), o gerenciamento da execução (*Manufecturing Execution System - MES*), o gerenciamento de ativos empresariais (*Enterprise Asset Management - EAM*), dentre outros que são implementados para melhoria da operação empresarial aumentando a eficiência da produção e administração, e reduzindo custos operacionais.

As informações necessárias à operação dos sistemas de gerenciamento como história da produção, localização atual de estoques e produtos, estágio em que se encontra a produção de determinada encomenda, relacionamentos entre empresas e entre empresas e clientes e máquinas, destinos dos recursos empresariais como materiais, equipamentos, pessoal e caixa, os níveis de estoque de produtos em vários estágios dentro da cadeia de suprimento, otimização de estoques e outras informações relacionadas à produção e à gestão do negócio, dependem de informações. Um dos importantes elementos para obtenção destas informações são os AIDCs.

Assim, por exemplo, o nível de estoque pode ser monitorado e predito pelo movimento dos produtos estocados e dos carregamentos planejados, definindo necessidade de ressuprimentos, dando ao processo produtivo visibilidade e previsibilidade. Com os AIDCs as identificações de dados podem ser capturadas automaticamente e enviadas aos diferentes níveis de gerenciamento da empresa.

Com a rapidez e precisão na obtenção de informação as tecnologias de AIDC garantem controle fácil de inventários, controle de despachos, controle de produtos vendidos, garantia de qualidade, segurança e acompanhamento do transporte, dentre muitas aplicações,

Aplicações rotineiras como identificar o preço e as informações pertinentes a um produto, acessar um manual de uso e manutenção de um produto, abrir passagens em pedágios, entradas residenciais e industriais, localizar máquinas e peças de estoque, mapear as etapas de entrega de um produto comprado pela internet, identificar um paciente em um hospital, acessando o seu prontuário em um dispositivo portátil, dentre muitas outras, mostram que os AIDCs são dispositivos que se tornam a cada dia imprescindíveis à sociedade. A Internet das Coisas (IoT) também se vale das informações disponibilizadas pelos AIDCs, os quais viabilizam, de forma decisiva, a transformação digital das sociedades industrializadas.

O código de barras tem sido a tecnologia de identificação e captura de dados mais utilizada para identificação de estoques e produtos industriais. Os códigos de barras no uso industrial permitem o acesso a um grande número de informações em detrimento da localização dos produtos. São também utilizados em larga escala na indústria de saúde e hospitais para identificação dos pacientes, armazenamento de prontuários médicos, informar sobre drogas não toleradas pelos pacientes e outras informações relevantes relacionadas aos pacientes.

A dificuldade que apresentam esses AIDCs de serem lidos em tempo real durante operações fabris, devido a sua baixa velocidade de leitura, limita seu uso de forma mais abrangente na indústria. Além disto, para serem lidos necessitam que sejam vistos pelos leitores óticos e não raro, necessitam de intervenção humana na sua operação. Estes pontos abriram espaço para os identificadores por rádio frequência (RFID), os quais ocupam importante papel nas identificações e captura de dados nas operações empresariais. Suas vantagens são a rápida leitura, a leitura de vários elementos quase que ao mesmo tempo e a de não necessitarem estar na linha de visada das leitoras.

A utilização da tecnologia de identificação por rádio frequência em substituição a de códigos de barras vem facilitando a vida do comércio e da indústria, reduzindo roubos, permitindo acompanhamento de processos de fabricação e registrando informações necessárias ao acompanhamento e melhoria dos processos industriais. As etiquetas de RFID podem ser lidas automaticamente por sensores em pontos estratégicos do processo produtivo e mesmo nos produtos colocados no mercado.

Aplicações em negócios distantes dos processos de manufatura também têm adotado o RFID como forma e identificação e coleta de dados. São exemplos as aplicações médicas e veterinárias, o seu uso para pagamento e para substituição de códigos de barras na identificação de mercadorias. São usuais as aplicações em lojas de varejo, onde se pode pagar as compras sem a necessidade de parada em filas para inventariar o que foi comprado. As etiquetas sendo dotadas de antenas têm seus dados detectados quando o objeto que as têm fixadas passam no campo de ação da antena do leitor. Assim, por exemplo, podemos identificar todas as mercadorias em um carrinho de compras, na saída do supermercado ou de uma loja qualquer, gerando uma fatura com os custos das mercadorias, ao mesmo tempo em que é dada baixa no estoque destas.

Outras aplicações dos AIDCs, com destaque para aquelas com tecnologia de RFID são em empresas e transporte e logística, onde o rastreamento de cargas, evita extravios e roubos pela capacidade de localizá-las a qualquer tempo. Da mesma forma, etiquetas RFID são fixadas em animais para estudar seus hábitos, entender seus movimentos e localizá-los durante estudos experimentais. Além disso, *chips* inseridos em animais domésticos (como cães e gatos) podem acabar com o grande número de bichos abandonados nas grandes cidades, afinal, desta forma se tem um controle sobre quem é o dono do animal. Além disso, animais perdidos podem ser mais facilmente localizados por seus donos.

Várias modalidades esportivas têm se beneficiado também do uso dos AIDCs e dos RFID, em particular. Corredores e pilotos de veículos de competição podem ter seus tempos medidos por dados enviados pelas etiquetas passivas fixadas nas suas roupas ou veículos, as quais podem ser lidas com precisão pelas antenas espalhadas pelo circuito de corrida.

Os AIDCs, com destaque para os RFIDs, têm sido utilizados para armazenar dados pessoais em documentos de identificação civil, como passaportes, permitindo que, com a sua colocação nos documentos pessoais ou mesmo implantados nas pessoas, se possa obter informações pessoais, como destinos já viajados, datas de entrada e saída nos países, números associados ao registro pessoal do usuário e dados gerais como idade, naturalidade, peso, altura, tipo sanguíneo e outros.

Sistemas de identificação e captura de dados mais modernos podem "ver" e identificar pessoas e coisas. Assim, aeroportos são dotados de sistemas que podem identificar um passageiro habitual e reconhecer pessoas com impedimentos para saída de um determinado país. Em fábricas pode-se reconhecer gerentes e operadores. Nas indústrias este tipo de identificação ajuda na contagem de volumes, na medição de temperaturas do que está sendo visualizado, e pela identificação, associar dados referentes à produção, origem do material ou produto, destino, composições diversas, lotes de fabricação e outras informações de interesse.

As aplicações dependem de criatividade e do desenvolvimento que vai sendo atingido pela tecnologia. A redução do preço dos dispositivos e o aumento da segurança em relação aos dados são fatores que, melhorando, levarão a uma utilização dos AIDCs desde aplicações populares na sociedade a processos que demandam uma rígida segurança das informações, como operações de plantas nucleares.

Os dispositivos AIDCs ainda encontram dificuldades tecnológicas que serão rapidamente ultrapassadas como limitações de baterias para elementos ativos, como alguns RFIDs ativos, o que limita as operações que poderiam ser executadas pelos dispositivos, àquelas que não tenham consumo alto de energia.

Mesmo as etiquetas passivas, que possuem alcance de apenas alguns metros, ainda se encontram vulneráveis a leituras indevidas de dados, o que pode causar vários danos. Contra isso alguns estudos vêm sendo realizados e sistemas de criptografia de dados, implementação de códigos e também dispositivos metálicos como "embalagem" das etiquetas têm sido apontados como itens para garantir a segurança e a privacidade do RFID.

A escolha do melhor elemento de informação e captura automática de dados dependerá das necessidades do processo, da praticidade de seu uso, dos custos envolvidos, da facilidade operacional, do nível de automação desejado, da velocidade de obtenção dos dados, do nível desejado para a intervenção humana nos processos de identificação, da quantidade de informações que se deseja armazenar e capturar, dentre muitos outros fatores. Assim, por exemplo, se queremos identificar um elemento na linha de produção de uma fábrica, o qual não se consiga enxergar devido a sua posição, o uso de identificadores com códigos de barras pode ser inexequível, vindo a exigir outras tecnologias como a RFID ou mesmo a identificação por 'máquinas com visão".

Em aplicações onde seja desejado que o elemento humano também possa ler as informações gravadas nos objetos, a tecnologia OCR aparece como uma opção adequada, uma vez que os caracteres a serem lidos por sistemas automáticos também podem ser lidos pelo homem. Esta tecnologia continuará crescendo em determinados nichos, particularmente na área de processamento e gestão de documentação e em aplicações onde a dificuldade humana para ler códigos como os de barras seja impedimento ao bom desenvolvimento do processo produtivo.

AIDCs são utilizados, em linhas gerais, em todas as aplicações industriais onde o registro de informações seja importante para a localização de estoques, produtos e recursos humanos e materiais em geral, rastreamento da produção e acompanhamento do ciclo de vida dos produtos. As aplicações incluem outros negócios como rastreamento de veículos locados, acompanhamento de bagagem em companhias de transporte de pessoas e cargas, serviço de correios, acompanhamento de descarte de materiais que vão desde simples produtos eletrônicos ao descarte de substâncias nucleares, como exemplos dos vários tipos de serviços que demandam AIDCs.

2.10.4 – O futuro dos AIDCs

Os próximos passos da tecnologia do AIDC ainda são incertos, mas a expectativa é de que os códigos de barras e os RFID, bem como os demais dispositivos, continuem existindo por mais algum tempo, uma vez que cada um se mostra mais adequado para aplicações específicas. Assim, nas aplicações dos AIDCs, as várias tecnologias devem coexistir.

Por exemplo, a identificação por código de barras lineares de produtos a serem vendidos no varejo e mesmo para identificação de bens patrimoniais de difícil mobilidade atende bem ao que se espera de informações sobre estes itens. A facilidade de impressão e dos dispositivos de leitura devem justificar seu uso, até que outros dispositivos se mostrem economicamente mais interessantes e viáveis.

Da mesma forma, a identificação por RFID para equipamentos de transporte parece ser uma opção adequada, para localizá-los, avaliar suas utilizações e obter dados gerais sobre disponibilidade e informações de manutenção, por exemplo, até que novas tecnologias se mostrem mais econômicas e funcionais.

O que parece certo é que todas as "coisas" serão identificadas e terão acessíveis os dados pertinentes a sua espécie, localização, história e às demais informações, que se mostrarem importantes para a aplicação que se deseja para elas. Coisas são objetos, máquinas, materiais e bens de consumo, por exemplo. No rol daquilo que será identificado vão aparecer também as pessoas. Serão empregados de empresas, prestadores de serviços, enfermos em hospitais, alunos em instituições de ensino e o que mais seja de interesse identificar e coletar dados para fins de administração e quantificação de recursos.

Embora o uso de AIDCs seja intenso nas áreas industriais e comerciais, outras áreas de negócios vêm utilizando os AIDCs para os mais variados fins. Animais domésticos já têm inseridos *chips* que utilizam RFID para identificação de seu pedigree, para identificação dos que dele cuidam, para registrar histórico de vacinas e outras facilidades. Sistemas de identificação em documentos, como passaportes, também são feitos por via magnética ou por RFID, enfim, tudo será identificado, atendendo à filosofia de digitalizar o mundo.

Os projetos futuros para a AIDC são simples, mas exigem esforços e recursos para seus desenvolvimentos. Espera-se que com a identificação de tudo se possa localizar produtos, verificar de forma remota seus funcionamentos, saber onde foram descartados, acompanhando assim, seu ciclo de vida. A segurança, do ponto de vista de evitar acidentes, furtos, falsificações e entregas inadequadas, já é obtida também com as identificações. Com as identificações, a deterioração e o desperdício serão reduzidos, uma vez que os fornecedores e os consumidores saberão quando seus produtos estão expostos a condições adversas.

As cadeias de suprimento serão otimizadas uma vez que as entregas *just-in-time* serão mais facilmente realizadas. A integração dos sistemas de automação será facilitada pela disponibilidade de dados de interesse dos processos produtivos, bem como a avaliação das performances dos produtos poderá ser feita pelos clientes em tempo real.

Espera-se também o desenvolvimento dos identificadores biométricos e "visuais". Nestes últimos, os equipamentos de identificação poderão "olhar" e "ver" as características de interesse para acompanhamento de todas as etapas do ciclo de vida do produto. Os sistemas com "visão de máquina"[132] serão capazes de identificar características físicas dos objetos de forma "visual". Esses sistemas envolvem técnicas de Inteligência Artificial (IA) e processamento de imagem.

Os identificadores com RFID devem ocupar ainda um espaço importante na disponibilização de dados e os identificadores biométricos devem ocupar espaços hoje preenchidos por chaves analógicas ou digitais e senhas de identificação. Sistemas por comando de voz devem se tornar mais comuns a cada dia e comandos manuais em operações empresariais serão cada vez mais reduzidos. Identificação por voz, por exemplo, permitirá simplificar a operação em depósitos na seleção do que se deseja, no reabastecimento, na contagem de inventários, nos carregamentos e nas devoluções.

As baterias de alimentação dos sistemas ativos serão cada vez menores uma vez que esses consumirão cada vez menos energia. Pequenas cargas luminosas poderão ser capazes de perenizar o uso dos AIDCs ativos.

Aplicações de reconhecimento de voz e rádio frequência incluem acesso a banco de dados remotos, acesso a e-mails, realização de auditoria de preços em prateleiras de vendas no varejo, checagem de estoques em locais remotos e comandos em linhas de produção. Os benefícios do reconhecimento de voz podem ser potencializados uma vez que eliminam custos de etiquetas, aumentam a segurança dos trabalhadores e exigem um treinamento mínimo para sua operação.

A padronização das transmissões sem fio, segundo protocolos padrões como os definidos segundo a norma IEEE-802.11 (2016) permitirá, cada vez mais, a comunicação de dados entre diferentes entidades, viabilizando a leitura de informações à distância, aumentando assim a possibilidade de leitura de dados e mesmo o armazenamento destes por comandos escritos e de voz.

---

[132] Ver exemplo de fabricante de sistemas de "visão de máquina" em TELEDYNE, c 2021.

As aplicações dos AIDCs extrapolam as industriais. Muitas questões éticas ainda terão que ser superadas quando se tratar de identificação de seres humanos. Se tivermos *chips* que carreguem informações sobre nosso código genético, doenças preexistentes, endereços para emergências e outros afins, estes podem ser úteis na identificação pessoal no caso de acontecimentos emergenciais. A identificação de humanos em hospitais e locais de acesso público deverá ser feita de maneira usual, não invadindo a privacidade, mais do que outros meios de identificação menos tecnológicos o fazem.

Questões de síntese do conteúdo

2.10.1 – O que significa AIDC e o que caracteriza estes dispositivos?

2.10.2 – Quais os tipos de AIDCs mais comuns na indústria?

2.10.3 – Cite alguns padrões de códigos de barras lineares indicando uma aplicação típica para cada um e identificando a diferença entre dois quaisquer deles.

2.10.4 – Diga o que são códigos de barras bidimensionais, cite dois tipos e explicite características do QR *code*.

2.10.5 – O que são sistemas RFID e qual a vantagem destes em relação aos sistemas de identificação e captura com código de barras?

2.10.6 – De que tratam as normas ISO 18000 e a 18004?

2.10.7 – Diga o que são faixas magnéticas descrevendo basicamente seu funcionamento na identificação e captura de dados. O que diferencia os cartões com faixas magnéticas dos cartões inteligentes?

2.10.8 – Qual a vantagem dos reconhecedores ópticos de caracteres (OCR) e em que campos encontram mais aplicações e por que?

2.10.9 – Quais os dispositivos biométricos mais utilizados e quais as aplicações industriais para estes dispositivos?

2.10.10 – Cite cinco aplicações práticas dos AIDCs na indústria.

2.10.11 – Identifique três aplicações não industriais para os AIDCs.

2.10.12 – Quais as novidades que devem ser implementadas na área de AIDCs, no futuro?

2.11 - Válvula de controle

2.11.1 – Introdução

As válvulas de controle são elementos finais de controle de uso muito difundido para se manipular escoamento de fluidos em uma unidade de processamento industrial.

Quando se deseja manipular o fluxo de líquido, gás ou vapor que escoa por uma tubulação submetida em seus extremos a um diferencial de pressão determinado, sem alterarmos a rotação das máquinas de fluxo (bombas, compressores, etc.), devemos variar a perda de carga na tubulação, aumentando-a ou diminuindo-a conforme queiramos diminuir ou aumentar a vazão na tubulação, ou seja, introduzir no sistema interligado pela tubulação considerada, uma perda de carga variável. A válvula de controle é, nesta situação, o instrumento (elemento final de controle) que nos permite variar a perda de carga no sistema (e consequentemente o fluxo na tubulação) de forma controlada.

Para que uma válvula de controle instalada em uma unidade de processo opere satisfatoriamente é importante que ela tenha características adequadas à aplicação. As características de escoamento de uma válvula de controle vão depender basicamente do seu tipo de corpo, dos desenhos dos seus internos (*trim*), da capacidade da válvula e da sua rangeabilidade. Neste próximo subitem discutiremos estas características.

2.11.2 – Partes básicas da válvula de controle

As válvulas de controle são constituídas por duas partes básicas: o atuador e a válvula propriamente dita (ver figura 2.11.1). A figura 2.11.1 apresenta ainda um dispositivo denominado *posicionador* que embora seja de uso acessório nas válvulas de controle é muito comumente encontrado integrado a elas. Seu uso será discutido no subitem 2.11.10.

Figura 2.11.1 – Partes básicas de uma válvula de controle.

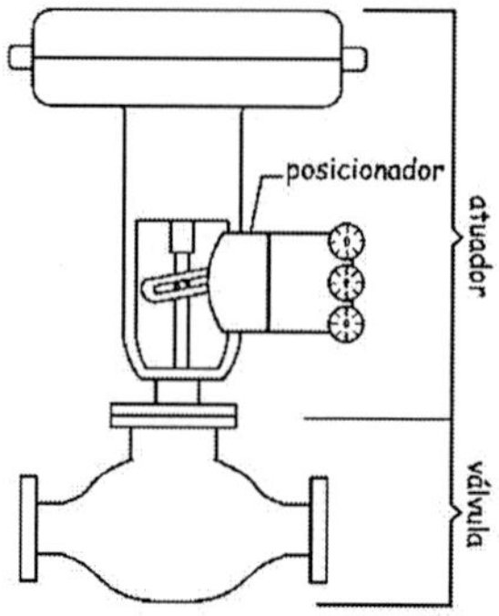

Fonte: autor

A *válvula* é caracterizada pelo projeto do seu corpo como globo, três vias, etc., e pelo projeto de suas partes internas, também conhecidas como "*trim*" ou internos da válvula, em sede simples, sede dupla, agulha, gaiola, etc. As partes importantes dos internos do ponto de vista de escoamento do fluido de uma válvula são a sede e o plugue (ou obturador) da válvula (ver figura 2.11.2).

Figura 2.11.2 – Internos da válvula de controle.

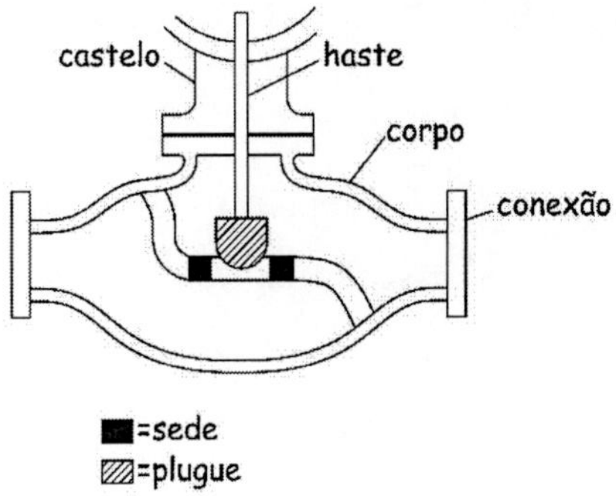

Fonte: autor

Em válvulas onde o plugue se movimenta verticalmente há, solidário ao corpo da válvula, o castelo. É nele que se instalam as gaxetas de vedação e onde se fixa o atuador.

O *atuador* das válvulas de controle é o dispositivo encarregado de movimentar automaticamente o plugue da válvula. A energia para movimentação do atuador pode ser recebida pneumaticamente, hidraulicamente ou eletricamente. Nas indústrias de processamento de fluidos, os atuadores pneumáticos têm sido muito utilizados, ficando os elétricos e hidráulicos para aplicações onde se deseja precisão e elevada potência do atuador.

2.11.3 – Tipos de válvulas

a) válvula globo sede simples

As válvulas globo com sede simples apresentam *construção* conforme esquema da figura 2.11.3. Seu corpo tem formas arredondadas apresentando as conexões de entrada e saída alinhadas horizontalmente. Seus internos são formados por um plugue que se aproxima ou se afasta do orifício da sede, variando assim a área destinada à passagem do fluido, cuja vazão se deseja manipular.

Figura 2.11.3 – Válvula globo de sede simples.

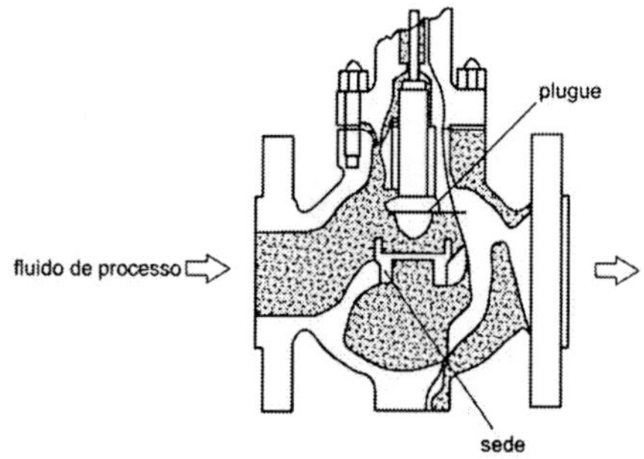

Fonte: autor

O grande inconveniente das válvulas de sede simples é o "desbalanceamento" que aparece devido às diferentes pressões que atuam em cada face do plugue (figura 2.11.4(a)). Este desbalanceamento exigirá a escolha de atuadores mais potentes que produzam força capaz de superá-lo e vencer as forças de atrito e inércia da válvula.

É comum a *aplicação* das válvulas globo de sede simples em tubulações de menores diâmetros ($1^1/2$" e menores), de forma a não trabalhar com grandes desbalanceamentos, embora existam construções balanceadas destas válvulas. Outra aplicação típica das válvulas de sede simples é onde a válvula deve apresentar boa vedação.

Figura 2.11.4 – Balanceamento dos plugues das válvulas globo; a) desbalanceamento de válvulas de sede simples; b) balanceamento de válvulas de sede dupla.

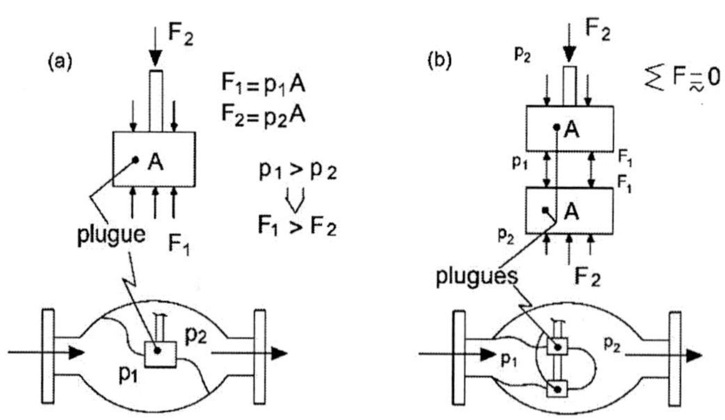

Fonte: autor

b - válvula globo de sede dupla

As válvulas de sede dupla foram desenvolvidas para balancear as forças atuantes nas válvulas de sede simples, conforme esquema da figura 2.11.4(b). Sua construção é semelhante a destas válvulas, porém, o fluido vai da entrada para a saída da válvula através de duas passagens internas. Estas passagens formam duas sedes nas quais se assentam dois plugues movimentados por um único eixo.

As válvulas globo com sede dupla têm *aplicações* quando o processo exige válvulas de diâmetro maior ou igual a 2". O balanceamento inerente ao seu desenho, esquematizado na figura 2.11.4(b) permite a utilização de menores atuadores. Como desvantagem em relação às válvulas de sede simples elas apresentam maior tendência a vazamentos, uma vez que é difícil se conseguir o assentamento concomitante dos dois plugues nas duas sedes.

c - válvulas agulha ou globo para pequenas vazões

As válvulas agulhas ou globo para pequenas vazões têm construções semelhantes às globo de sede simples apresentando sede e plugue de diâmetro bastante reduzido (ver figura 2.11.5). Nas construções mais usuais os plugues têm geometria cônica e deslizam no interior do orifício da sede, variando assim, de forma bem suave, a área da coroa circular formada entre a sede e o plugue da válvula, permitindo bom controle da vazão.

Figura 2.11.5 – Plugue de válvulas para pequenas vazões (agulha).

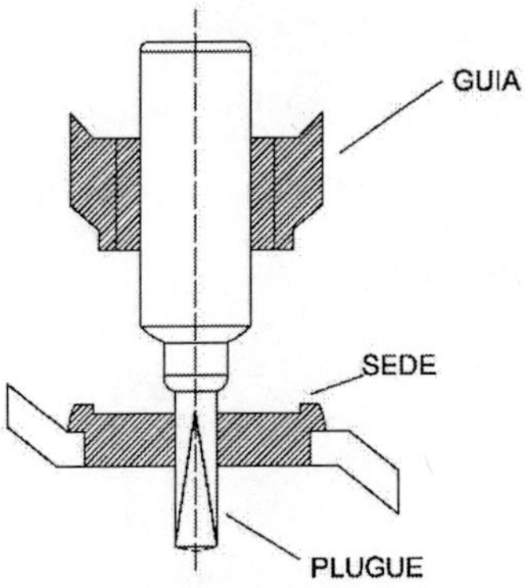

Fonte: autor

As *aplicações* destas válvulas são voltadas para processos onde se deseja o controle de pequenas vazões, sendo muito usadas para adições no processo de pequenas quantidades de produto (como adição de antiespumantes, estabilizadores de pH, anticorrosivos, etc.).

d) válvulas gaiola

As válvulas tipo gaiola, representadas na figura 2.11.6, apresentam corpo com *construção* semelhante às válvulas globo diferindo sua construção, porém, nos seus internos. Nas válvulas gaiola, as sedes são constituídas pelo dispositivo que dá nome à válvula, ou seja, por uma gaiola (*cage*) como no detalhe da figura 2.11.6.

A gaiola apresenta orifícios com desenhos especiais, pelos quais o fluido de processo passa no caminho entre a entrada e a saída da válvula. Dentro das gaiolas deslizam os plugues, os quais variam a área de passagem do fluido através dos orifícios da gaiola.

Figura 2.11.6 –Válvula gaiola, com detalhe do aspecto típico da gaiola.

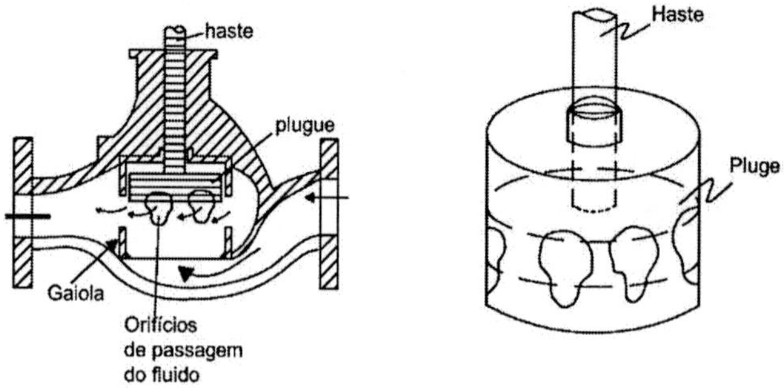

Fonte: autor

Estas válvulas se adaptam às mesmas *aplicações* onde as válvulas globo podem ser escolhidas, apresentando, porém, capacidade maior para um mesmo diâmetro de corpo da válvula. Seu tipo de contrução permite fácil manutenção dos internos e fácil modificação da forma como a vazão de fluido varia com a abertura da válvula, definindo o que chamamos de características de controle (assunto que será discutido no item 2.11.4), bastando para isto a simples troca da gaiola.

e) válvulas de três vias

As válvulas de três vias podem ter *construções* para separar um único fluxo em dois, sendo ditas divergentes (figura 2.11.7(a)) ou para misturar fluxos de duas correntes, sendo ditas válvulas de três vias de fluxos convergentes (figura 2.11.7(b)).

Figura 2.11.7 – Válvulas de 3 vias: (a) divergente; (b) convergente

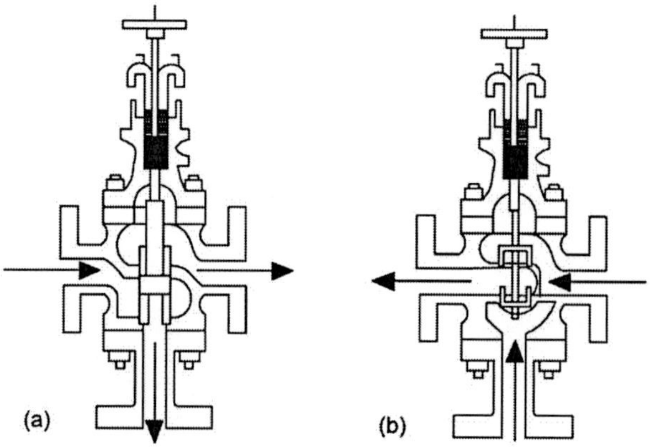

Fonte: autor

As válvulas de três vias encontram *aplicações* em substituição a duas válvulas de duas vias em um grande número de situações. São usadas onde se deseja misturar fluxos vindos de duas linhas diferentes ou onde se deseja dividir o total do fluxo que chega por uma tubulação para duas tubulações distintas.

f) válvulas com corpo dividido

Estas válvulas são consideradas, em geral, como um modelo especial das válvulas globo. Na sua *construção* típica apresentam o corpo dividido em duas metades, fixadas uma na outra por meio de parafusos e porcas conforme esquema da figura 2.11.8.

A sede destas válvulas é fixada entre as duas metades que compõem o corpo, podendo ser facilmente acessada pela desmontagem do corpo.

Figura 2.11.8 – Válvulas de corpo dividido.

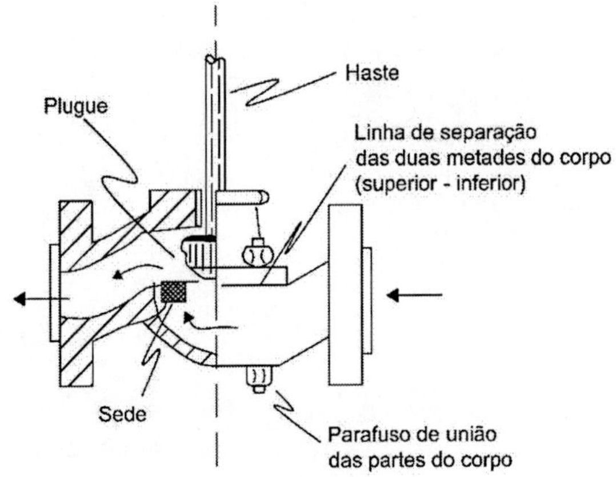

Fonte: autor

Devido ao tipo de construção das válvulas de corpo dividido, elas encontram *aplicações* para serviços que requeiram constante substituição da sede, como serviços erosivos. Elas permitem rápida manutenção e troca de partes danificadas e somente delas, aproveitando-se as demais, o que resulta em economia.

g) válvulas ângulo

O que caracteriza a *construção* das válvulas tipo ângulo é que a direção da saída de fluxo é perpendicular à direção de entrada conforme figura 2.11.9.

Figura 2.11.9 – Válvulas ângulo.

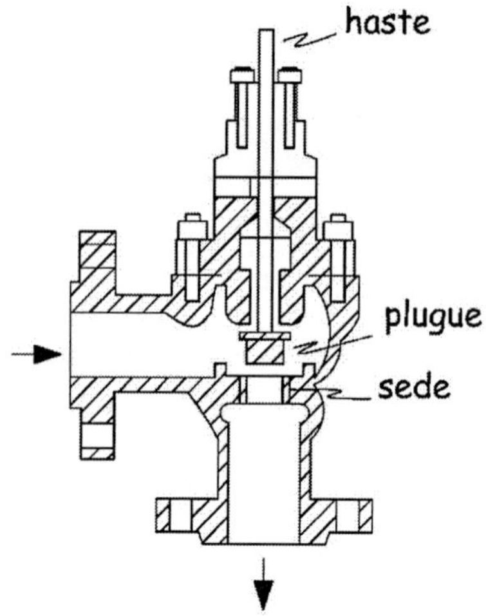

Fonte: autor

Estas válvulas são construídas usualmente com sede simples e seu corpo pode ser ou não dividido. São construídas também válvulas ângulo com o canal de saída em forma de venturi para aplicações onde ocorram serviços com vaporização, erosivos e com alta queda de pressão.

Estas válvulas encontram *aplicações* onde se tem problemas de espaço na instalação, pois eliminam uma curva de 90°. São também aplicadas onde se tem a ocorrência de altas *quedas* de pressão na válvula, ou onde os efeitos de cavitação, que consiste na vaporização total ou parcial do líquido e retorno à fase líquida no interior da válvula, e turbulência trazem problemas de frequentes manutenções nas válvulas. Se adequam bem também a trabalhos com fluidos com impurezas (com sólidos em suspensão) e materiais erosivos.

h) Válvulas com diafragmas

As válvulas com diafragma (figura 2.11.10), conhecidas também como *saunders-valves* ou sanduíche, são constituídas basicamente pelo corpo, pelo castelo e por um diafragma fixo entre estas duas partes. A vedação e controle deste tipo de válvula são conseguidos pela movimentação do diafragma feita através de uma haste conectada ao atuador.

Figura 2.11.10 – Válvula com diafragma.

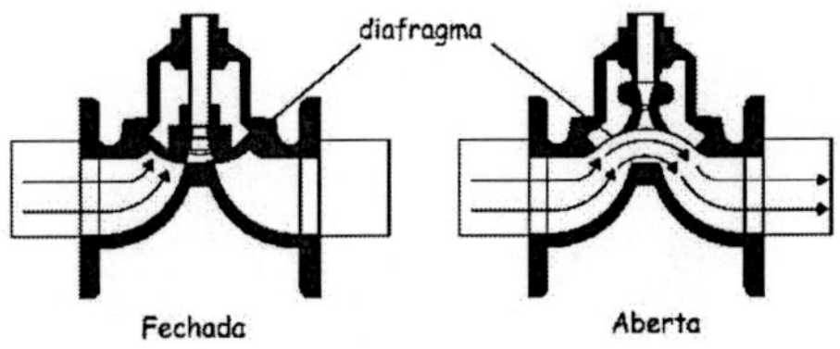

Fonte: autor

Devido a sua construção, as válvulas com diafragma encontram aplicações em serviços com fluidos sujos, viscosos ou corrosivos onde se quer evitar o contato do fluido de processo com os internos da válvula. Estas válvulas apresentam alta capacidade e baixo custo, porém, não apresentam boas características de controle, não sendo adequadas em aplicações onde se deseja variação mais precisa da vazão.

i) válvulas esfera

Existem dois tipos básicos de *construção* de válvulas esfera: 1º) o que utiliza como plugue uma esfera completa como a válvula da figura 2.11.11(a); 2º) o que utiliza como plugue um segmento esférico como o da figura 2.11.11(b).

Figura 2.11.11 – Válvulas esfera: a) esfera completa; b) segmento esférico.

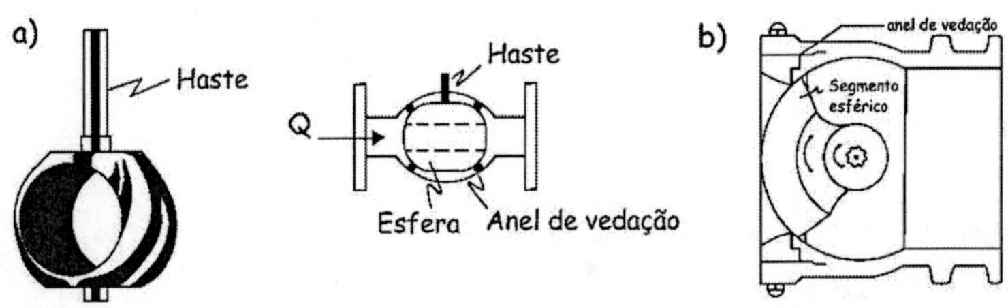

Fonte: autor

Nas válvulas que utilizam a esfera completa, num giro de 90° num plano perpendicular à haste da válvula, a área de passagem do fluido varia de 0 até o seu valor máximo igual à área do orifício da esfera. Neste caso, o fluido passa dentro da esfera.

Nas válvulas com segmento de esfera, o fluido não passa por dentro da esfera. Esta simplesmente expõe à passagem do fluido uma área de 0 até a maior área da sede num deslocamento de 90° do plugue.

Em ambas as construções são montados nas sedes anéis de vedação fabricados a partir de materiais macios os quais vão impedir vazamento entre o corpo da válvula e a esfera, conferindo a estas válvulas ótima vedação. Por terem a passagem livre (sem obstruções) para o fluido, as válvulas esfera encontram aplicações em serviços com materiais sujos e/ou fibrosos. No caso de plugues com esferas completas procura-se conseguir o orifício de passagem igual ao diâmetro interno da tubulação. Estas válvulas são usadas ainda onde se deseja vedação muito boa, como em controle ou bloqueio de tubulação com gases. Em caso de bloqueio rápido estas válvulas são convenientes pois vão da posição fechada até à totalmente aberta em um quarto de volta da haste ligada ao plugue.

j) válvulas borboleta

As válvulas borboleta (figura 2.11.12) possuem corpo em forma de anel circular, sendo que a parte interna do anel forma a sede da válvula dentro da qual gira o plugue. O plugue é constituído por um disco circular chato solidário a um eixo diametral. Através do eixo diametral é feita a movimentação do disco. Um extremo do eixo é encaixado em um mancal de escora e o outro é conectado ao atuador.

Figura 2.11.12 – Válvula borboleta.

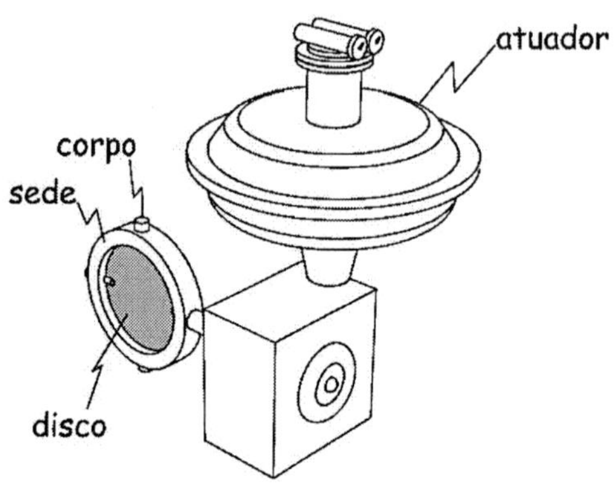

Fonte: autor

As válvulas borboleta apresentam menor custo que os outros tipos, devido a sua simplicidade de fabricação. Por introduzirem pequenas perdas de carga no sistema quando abertas, as válvulas borboleta encontram aplicações em sistemas com pequenas pressões estáticas disponíveis, onde se deseja controlar sem introduzir grandes perdas de carga dinâmica. Por apresentarem pequenas perdas de carga, estas válvulas reduzem a energia necessária para circulação do fluido nos sistemas, reduzindo desta forma os gastos de energia com o acionamento de bombas e compressores.

As válvulas borboleta são ainda utilizadas onde o espaço disponível para instalação é reduzido, pois elas apresentam menor distância face a face que os outros tipos de válvulas. Por sua construção tendem a apresentar vazamentos sendo este inconveniente evitado pela utilização de materiais macios para a sede da válvula, de forma a se obter boa vedação.

2.11.4 – Características de controle das válvulas

Quando a válvula varia sua abertura de toda fechada a toda aberta (0 a 100% de abertura) a vazão que por ela passa sofre uma variação de 0 até o valor máximo de vazão (Qm) possível de passar pela válvula

(0 a 100% Qm). O valor de vazão (Q) que passará pela válvula em qualquer abertura entre 0 e 100% dependerá fundamentalmente da área interna (S) de passagem do fluido pela válvula, do tipo de fluido e do diferencial de pressão (Δpv) ao qual a válvula estiver submetida. Podemos escrever assim que:

$$Q = k \cdot \sqrt{\Delta pv} \cdot S$$

onde k é uma constante de proporcionalidade.

Como a área de passagem do fluido pela válvula será função da abertura da válvula, podemos escrever que:

$$Q = k \cdot \sqrt{\Delta pv} \cdot f(\%A)$$

onde "f" é uma função que dependerá da geometria dos internos da válvula e "%A" é o percentual de abertura da válvula. A relação existente entre a vazão "Q" que passa por uma dada válvula e o percentual de abertura que permite passar por ela esta vazão é expressa pela chamada "característica de controle" da válvula[133]. Para uma dada válvula de controle podemos associar duas características de controle: a inerente e a instalada.

A *característica inerente* de uma válvula de controle é obtida colocando-se a válvula em laboratório e mantendo-se o diferencial de pressão (Δpv) através da válvula constante. Neste caso, com diferencial de pressão constante, da equação $Q = \sqrt{\Delta pv} \cdot f(\%A)$, podemos tirar que a vazão será somente função da abertura. Esta função é definida pelo projeto dos internos da válvula. (no item 2.11.10 veremos que a função "f" também poderá ser programada no posicionador).

Em linhas gerais, é usual modelarmos as características inerentes da válvula segundo algumas funções padrões, cujos gráficos aproximados estão representados na figura 2.11.13:

- *igual percentagem*: a expressão geral da curva que relaciona a variação da vazão volumétrica "Q" que passa pela válvula de característica igual percentagem com a abertura "A" da válvula, pode ser descrita por: $Q=e^x(Qmax/R)$, onde $x=[\ln R].A$, R é a chamada rangeabilidade da válvula de controle, que será discutida no item 2.11.7, e expressa a relação entre a máxima e a mínima vazão capaz de ser controlada pela válvula, e Qmax é a máxima vazão capaz de passar pela válvula de controle (100% aberta).

Assim, por exemplo, se numa válvula globo tivermos uma rangeabilidade de 50:1, e por ela passar uma vazão máxima de 20 m^3/h de vazão, teremos as seguintes vazões em 30%, 40%, 50% e 60% de abertura: $Q_{0,3}=e^{[\ln 50].0,3}.20/50=1,294$; $Q_{0,4}=e^{[\ln 50].0,4}.20/50=1,912$; $Q_{0,5}=e^{[\ln 50].0,5}.20/50=2,828$; $Q_{0,6}=e^{[\ln 50].0,6}.20/50=4,18$.

[133] Para características de controle de válvulas ver ISA, 2013a.

Em válvulas com esta característica inerente, para iguais variações do percentual de abertura, a razão entre as vazões que passam pela válvula em cada abertura será constante, ou seja, se variarmos o percentual de abertura da válvula de 30% para 40%, de 40% para 50% e de 50% para 60%, a razão entre as vazões $Q_{0,4}$/ $Q_{0,3}$; $Q_{0,5}$/ $Q_{0,4}$; $Q_{0,6}$/ $Q_{0,5}$, será a mesma, ou seja, 1,48. A curva da característica igual percentagem está apresentada na curva (a) da figura 2.11.13(a);

- *linear*: a vazão varia diretamente proporcional ao levantamento do plugue (obturador), assim sendo, se o levantamento é de 10% do total possível, a vazão passante pela válvula será de 10% da máxima que poderá passar pela válvula nas condições de teste (100% aberta). A curva da característica linear está apresentada na curva (c) da figura 2.11.13(a);

- *abertura rápida*: nestas válvulas o plugue e a sede são construídos de tal forma que para pequenas variações de abertura da válvula se tem grandes variações na vazão que por ela passa. Como pode ser visto na curva (d) da figura 2.11.13(a), a relação entre a abertura da válvula e a capacidade de passagem de vazão pela válvula é tal, que pequenas variações de abertura provocam as maiores vazões dentre as várias curvas.

- *parabólica modificada*: esta característica situa a curva de abertura x capacidade, entre as curvas igual percentagem e linear, como apresentada na curva (b) da figura 2.11.13(a).

- *linear modificada*: as curvas de características deste caso se situam, quase na sua totalidade, entre as curvas linear e igual percentagem, como apresentado na curva (e) da figura 2.11.13(a).

A figura 2.11.13(b) apresenta desenhos típicos de internos com diferentes características inerentes de controle.

Figura 2.11.13 – Válvulas de controle: (a) características inerentes mais comuns; (b) desenhos aproximados dos plugues para diferentes características de controle.

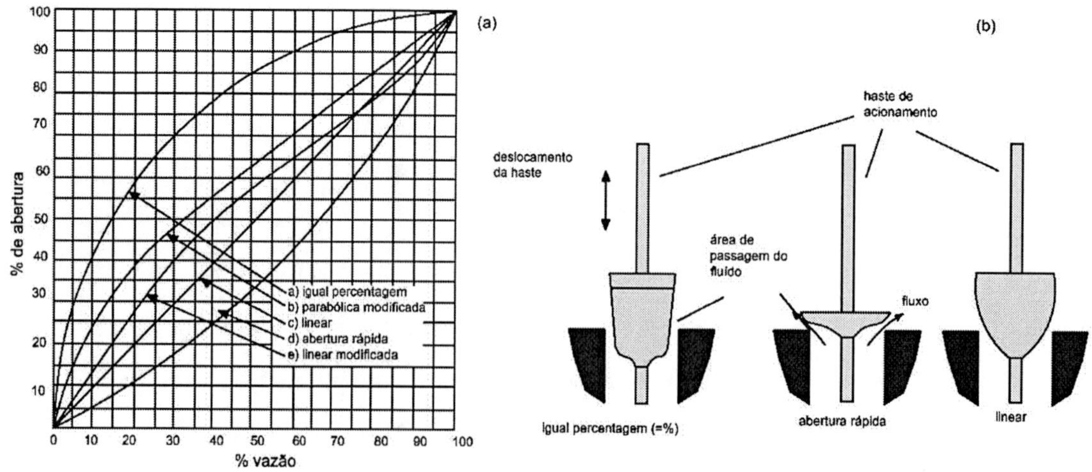

Fonte: autor com base em catálogos de fabricantes[134]

[134] Ver como exemplos de fabricantes Masoneilan, Emerson, Baker Hughes, Hiter e Valbrac.

A característica inerente é determinada como vimos, mantendo-se o diferencial de pressão (Δpv) através da válvula constante. Quando instalamos a válvula em um sistema, dificilmente o Δpv se mantém constante e com isto, dificilmente a variação de vazão com a abertura da válvula se dará conforme as curvas apresentadas na figura 2.11.13(a).

A função que explicita a relação entre a vazão passante pela válvula e a abertura correspondente quando a válvula está instalada num sistema, é chamada de "*característica instalada*" da válvula de controle. Para uma válvula com uma dada característica inerente, a característica instalada poderá assumir uma variedade de formas, dependendo do sistema (conjunto de tubulações e equipamentos) no qual a válvula será instalada.

As figuras 2.11.14(b/c) apresentam respostas típicas da característica instalada de uma válvula linear e uma igual percentagem, respectivamente, quando estas são instaladas num sistema como o da figura 2.11.14(a).

Figura 2.11.14 – Característica instalada de válvulas de controle: a)sistema considerado; b) resposta com válvula de característica inerente linear; c) resposta com válvula de característica =%

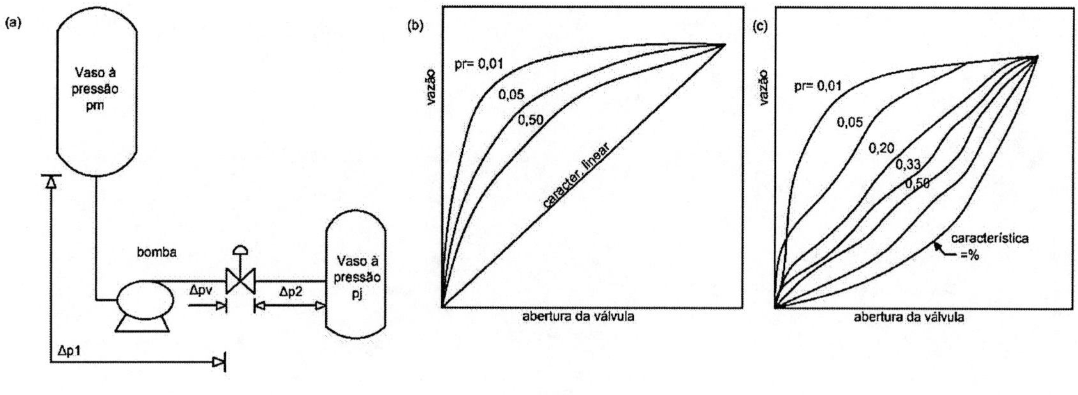

Fonte: autor

Estas curvas são construídas para diferentes valores de "pr". Este parâmetro traduz a relação entre a perda de carga na válvula de controle e no sistema todo, ou seja, a relação entre os parâmetros da figura 2.11.14(a), Δpv (queda de pressão na válvula de controle) e Δp1+Δp2+Δpv (perda de pressão ao longo de todo o sistema onde a válvula está instalada). Ou seja, (pr= Δpv / (Δp1+Δp2+Δpv)). Pode-se observar das curvas que para instalações com menor valor de "pr" , ou seja, com menor queda de pressão sob a válvula em relação às quedas de pressão em todo o sistema, mais a curva da característica instalada se afasta da linear. O *critério geral para a seleção da característica inerente* de uma válvula de controle é que ela seja tal que a relação entre a variável manipulada e a controlada possa ser representada por uma equação linear.

Em linhas gerais, para controle usamos as características linear e igual percentagem. A característica de abertura rápida é utilizada quando temos controles que trabalham em "abre-fecha" (*on-off*), nos quais a válvula não opera em condições de abertura intermediária.

Como veremos no item 2.11.10, qualquer característica inerente desejada pode ser obtida pelo ajuste de equações no posicionador das válvulas, de forma a estabelecer uma relação mais linear quando a válvula estiver instalada no sistema.

2.11.5 – O coeficiente de vazão - Cv

O coeficiente de vazão, Cv, é o parâmetro utilizado no dimensionamento de válvulas de controle. Seu valor é inerente a cada tipo e tamanho de válvula (por exemplo, válvula globo, igual percentagem) e é determinado em experimentos aceitos universalmente.

Embora o coeficiente desenvolvido com experimentos levantados em unidades métricas seja disponível (em geral representado por Kv), o uso em unidades inglesas se consagrou entre os fabricantes, sendo o Cv, denominado "coeficiente de vazão da válvula de controle" o coeficiente de maior uso. Sua determinação é feita em laboratório.

Por *definição, o coeficiente de vazão Cv* de uma válvula de controle é "a vazão 'q', em galões por minuto (gpm) de água a 60°F que passa através da válvula de controle totalmente aberta (100% de abertura) quando ela é submetida a um diferencial de pressão de 1 psi".

Figura 2.11.15 – Arranjo para determinação do coeficiente de vazão "Cv" da válvula de controle.

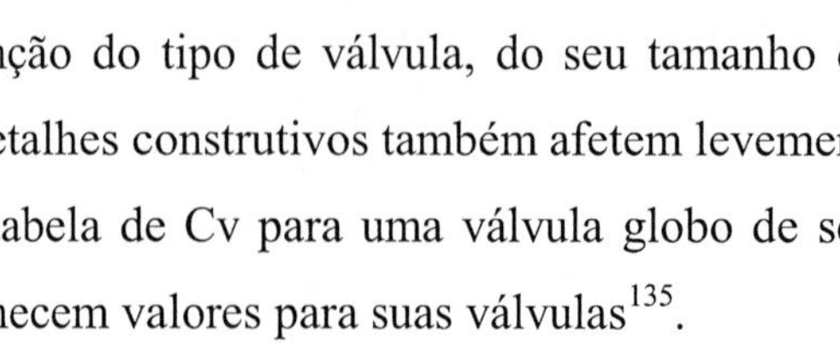

Fonte: autor

O valor de "q" será função do tipo de válvula, do seu tamanho de corpo e do tamanho da sede, fundamentalmente, embora os detalhes construtivos também afetem levemente este valor.

Um exemplo típico de tabela de Cv para uma válvula globo de sede simples está representada na tabela 2.11.1. Os fabricantes fornecem valores para suas válvulas[135].

[135] Ver como exemplos de fabricantes Masoneilan, Emerson, Baker Hughes, Hiter e Valbrac.

Tabela 2.11.1 – Valores típicos de "Cv" para válvulas de controle sede simples.

Tamanho do corpo (polegadas)	Tamanho da sede (polegadas)	=%	Linear	Abertura rápida
1	$1^1/8$	10	11	14
1,5	$1^5/8$	25	27	36
2	2	45	50	60
3	3	95	105	110
4	4	150	180	190
6	6	350	360	400
8	8	580	600	400
10	10	980	-	1350

Fonte: autor com base em informação de fabricantes

2.11.6 – Dimensionamento

Dimensionar uma válvula de controle significa, fundamentalmente, calcular qual o valor do *Coeficiente de Vazão (Cv)* que a válvula deve ter quando totalmente aberta, a fim de poder operar em determinadas condições desejadas e predefinidas pelo processo que a utilizará.

Como vimos no item anterior, a determinação do Cv de cada válvula é experimental e feita para água a 60°F, com $\Delta p=1$ psi. Para outros fluidos que não a água e outros direferenciais de pressão diferentes de 1 psi, pode-se desenvolver, apoiando-se na definição original de "Cv", expressões que permitam calcular para as condições de processo dadas, o "Cv" requerido para a válvula a ser instalada. Tais expressões foram organizadas e podem ser encontradas em procedimentos e programas voltados para cálculos de válvulas de controle[136].

As expressões de dimensionamento de válvulas de controle, ou seja, do cálculo do "Cv" que a válvula deve ter para uma determinada aplicação, são funções do tipo de escoamento ao qual a válvula de controle estiver submetida, o qual pode ser *crítico ou subcrítico*.

[136] As expressões para cálculo de válvulas de controle podem ser encontradas em ISA, 2012b e IEC, 2015.

De forma geral, conforme podemos deduzir da análise da equação de Bernoulli aplicada a escoamento em orifícios, é esperado que a vazão aumente proporcionalmente à raiz quadrada do diferencial de pressão entre a entrada e saída da válvula. No *escoamento chamado de crítico*, no entanto, o que ocorre é que a vazão que pode passar pela válvula de controle fica autolimitada, ou seja, atinge um valor máximo que não é ultrapassado, ainda que se aumente o diferencial de pressão, Δp, atuando sobre a válvula de controle. Dizemos assim que a vazão fica bloqueada acima de um determinado Δp chamado de crítico.

Porque ocorre este "bloqueio" do aumento da vazão? O que se sabe, pela equação de Bernoulli e pela lei de Boyle-Mariotte é que, a redução de pressão ao longo do escoamento de um fluido através de um orifício, como é a sede de uma válvula de controle, gera dois efeitos observáveis: o aumento da velocidade do fluido e o aumento do volume específico do fluido em escoamento. Este segundo fato, aumento do volume específico, aumenta o volume total de uma determinada massa que esteja fluindo em valor constante. Para escoar estes maiores volumes pelo orifício interno da válvula (lembrar que vazão volumétrica é o produto da velocidade do fluido pela área de escoamento, que neste caso é a área do orifício interno da válvula), a velocidade de escoamento teria que aumentar o que exigiria, por Bernoulli, maiores reduções de pressão ao longo do escoamento do fluido e, portanto, um maior diferencial de pressão através da válvula, de forma a permitir o escoamento do maior volume de fluido através do orifício da válvula de controle. Este aumento do diferencial de pressão, no entanto, também geraria, além do aumento da velocidade de escoamento, um novo aumento do volume específico do fluido em escoamento e assim por diante.

Experimentalmente verifica-se que a taxa de crescimento do volume específico, a partir de um determinado diferencial de pressão é maior que a capacidade de aumento da vazão do fluido neste diferencial, ficando assim o fluido fisicamente incapaz de escoar pela área do orifício em um valor maior de vazão do que aquele atingido na condição onde o aumento do valor do volume específico se torna expressivo em relação ao da velocidade de escoamento. Nesta ocorrência limite dizemos que o fluido atingiu o escoamento crítico na válvula e nesta situação, não adianta calcular o Cv da válvula para o diferencial de pressão efetivamente atuante na válvula de controle, mas sim para o diferencial de pressão que gera a vazão limite que pode ser atingida no escoamento, chamada vazão de escoamento crítico.

Verifica-se que se o fluido for *gás ou vapor*, a vazão crítica ocorrerá quando o fluido em escoamento atingir a *velocidade sônica* na região de menor área de escoamento através da válvula, ou seja, próximo ao orifíco interno de passagem. Para termos um parâmetro de avaliação aproximado, podemos considerar que a velocidade sônica do gás ocorrerá quando a pressão a jusante da válvula for inferior à metade da pressão à montante desta, portanto, nesta condição a vazão escoando pela válvula será a máxima possível de ocorrer. Mesmo que aumentemos o diferencial de pressão entre a entrada e a saída da válvula, a vazão de gás ou vapor não aumentará.

Para os *líquidos*, o bloqueio da vazão em escoamento está relacionado com o aumento do *volume específico* do fluido devido a sua vaporização provocada pela redução da pressão a valores menores que o da pressão de vapor do fluido, quando da passagem deste pelo interior da válvula. Neste caso a vaporização do líquido ocorrerá, aumentando rapidamente o seu *volume específico*. Se após a passagem pela área interna da válvula de controle, a pressão que atingiu um valor menor que o da pressão de vapor, voltar a subir acima da pressão de vapor, diremos que haverá cavitação (um tipo de escoamento crítico). Neste caso, o fluido vaporizado voltará à fase líquida. Caso o valor da pressão permaneça inferior à pressão de vapor diremos que houve flacheamento (*flashing*) na válvula (um outro tipo de escoamento crítico para líquidos). A figura 2.11.16 representa estas ocorrências.

Figura 2.11.16 – Perfil de variação da pressão ao longo do escoamento pela válvula para líquidos.

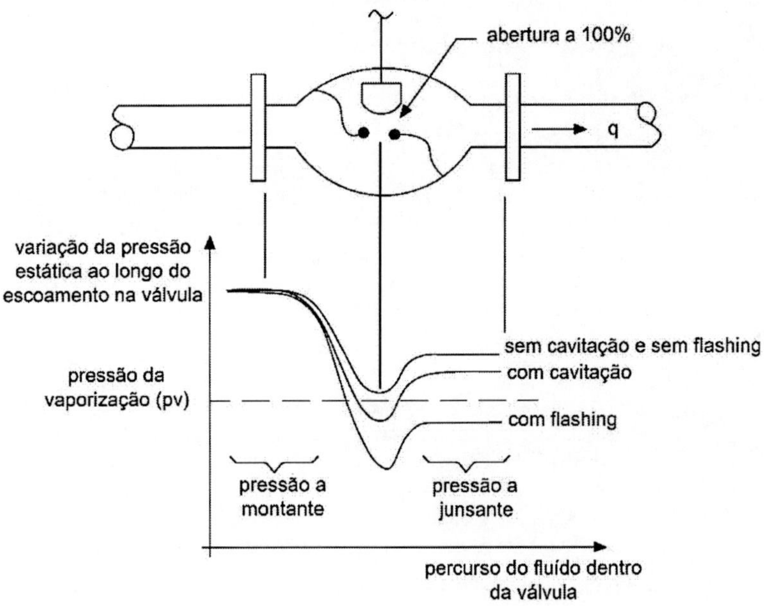

Fonte: autor

Sendo assim, antes de calcularmos o Cv por uma expressão da forma $Cv=K.Q/\sqrt{\Delta p}$, onde "K" é uma constante que depende das características da válvula e das unidades de cálculo, "Q" é a vazão a ser escoada pela válvula e "Δp" o diferencial de pressão ao qual a válvula está sujeita, devemos determinar se o tipo de escoamento é *crítico e subcrítico*. As expressões de cálculo de válvulas de controle apresentadas pela ISA (2012) e pelo IEC (2015) levam em conta esta determinação as quais estão também incorporadas em programas de cálculo fornecidos por fabricantes e vendedores de softwares[137] os quais calculam os Cvs necessários para as válvulas de controle nas codições de escoamento desejadas.

[137] Ver CICLO, c2021; EMERSON, c2021b; BAKER HUGHES, c2021.

2.11.7 – Rangeabilidade

A rangeabilidade (R) expressa a limitação em relação às vazões mínima e máxima que uma determinada válvula de controle é capaz de manipular. Valores muito baixos de vazão levarão a válvula a operar quase fechada com risco de instabilidade e de danos mecânicos. Por outro lado, válvulas operando muito próximas da abertura total apresentam uma controlabilidade ruim.

Por exemplo, se uma válvula controla com boa precisão e estabilidade uma vazão máxima que passe por ela de 60,0 m^3/h e uma vazão mínima de 1,0 m^3/h diremos que a rangeabilidade da válvula é R=60:1.

Assim como temos o CV inerente e o instalado, numa válvula instalada a relação entre a vazão máxima e a mínima que garante controlabilidade, e que define a rangeabilidade instalada é chamada de "*turndown*". Como esta rangeabilidade é de difícil determinação, é comum trabalharmos com a rangeabilidade inerente informada pelo fabricante, onde esta informação seja desejada.

Alguns valores de referência de rangeabilidade médios obtidos com base em informações de fabricantes para diferentes tipos de válvulas de controle estão apresentados na tabela 2.11.2.

Tabela 2.11.2 – Valores típicos de rangeabilidade para alguns tipos de válvulas de controle.

Tipo de válvula de controle	**Rangeabilidade limite recomendada**
1 – globo em geral	20:1
2 – válvula esfera	100:1
3 – válvula borboleta	10:1
4 – válvula diafragma	5:1

Fonte: autor com base na média de fabricantes[138]

Como recomendação geral, caso a rangeabilidade da válvula não seja conhecida, uma primeira aproximação é considerarmos que a válvula não deverá operar com valores abaixo de 5% do seu Cv e acima daquele associado a 90% da abertura da válvula. Os valores dos Cvs nas diferentes aberturas das válvulas dependerão da curva característica da válvula de controle (linear, igual percentagem, etc.) e são fornecidos pelos fabricantes.

[138] Ver como exemplos de fabricantes Masoneilan, Emerson, Baker Hughes, Hiter e Valbrac.

2.11.8 – Atuadores

Para que haja controle de fluxo através das válvulas de controle é necessário que o plugue se movimente em relação à sede. O movimento do plugue é comandado pelo atuador. O atuador se conecta ao plugue através da haste da válvula.

Os atuadores podem ser operados pneumaticamente, hidraulicamente, eletricamente ou manualmente. Atuadores pneumáticos e manuais estão representados na figura 2.11.17.

Figura 2.11.17 – Tipos de atuadores de válvulas de controle: (a.1) atuador tipo diafragma com ação direta (quando a pressão de ar no diafragma aumenta, o eixo do atuador desce); (a.2) atuador tipo diafragma com ação inversa (quando a pressão do ar no diafragma aumenta, o eixo do atuador sobe); (b) atuador tipo pistão; (c) atuador manual.

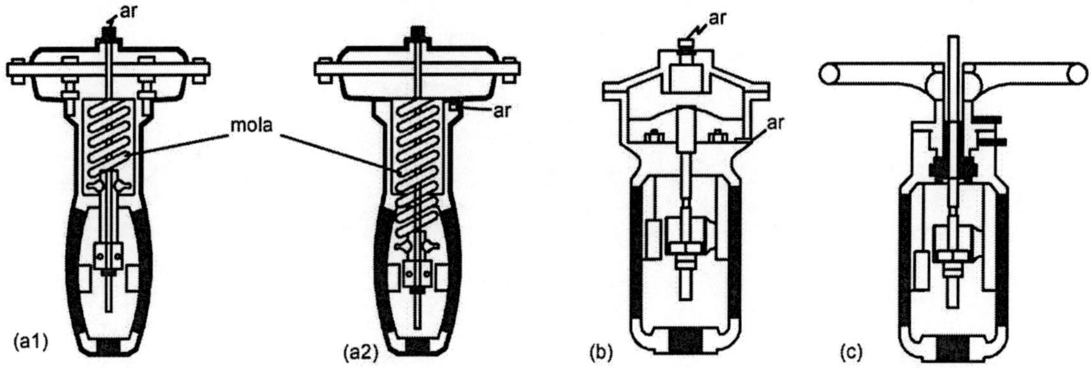

Fonte: autor

O obturador (plugue) da válvula de controle deve se movimentar contra a pressão diferencial a qual a válvula estiver submetida, de forma tal, que o atuador deverá ser capaz de produzir uma força que desloque a válvula, conseguindo vedação da mesma em caso de fechamento ou abertura contra o maior diferencial de pressão reinante entre as faces do obturador da válvula.

O dimensionamento dos atuadores é uma tarefa importante, porém, complexa para ser discutida aqui e pode ser encontrada em catálogos dos fabricantes de válvulas de controle[139]. Um atuador superdimensionado, além de caro, introduz atraso desnecessário na resposta da válvula de controle, por demandar mais volume de ar para se movimentar. Um atuador subdimensionado não conseguirá vencer os diferenciais de pressão que se contrapõem à abertura e fechamento da válvula de controle.

[139] Para seleção de atuadores ver como exemplo a referência EMERSON, c2021a.

2.11.9 – Tipo de falha e de fluxo nas válvulas

O conjunto válvula atuador pode ser montado de forma que a válvula feche quando o sinal que vem do controlador seja mínimo ou de forma que ela feche ao receber o valor máximo de sinal. As figuras 2.11.18(a/b) apresentam esquemas de montagens de válvulas com atuador peneumático que fecham com um valor mínimo de sinal. Por esta razão, estas válvulas são chamadas de "ar-abre", pois precisam de ar para abrir ou "falha-fecha", uma vez que no caso de falta de ar ou ruptura do diafragma, elas fecham. São ainda conhecidas como válvulas diretas devido a sua curva de funcionamento ser direta, como mostrado na figura 2.11.18(e).

Figura 2.11.18 – Tipos de falhas de válvulas: (a) e (b) falha-fecha; (c) e (d) falha-abre; (e) curvas de respostas.

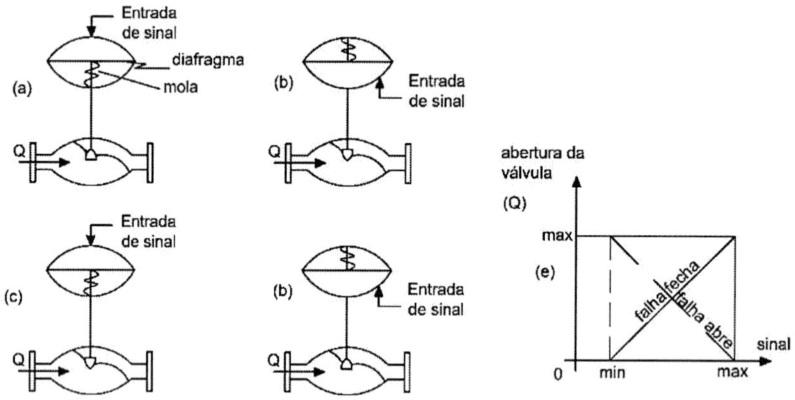

Fonte: autor

As figuras 2.11.18(c/d) apresentam esquemas de motagem de válvulas com atuador pneumático, que abrem com o valor mínimo de sinal. Por esta razão estas válvulas são chamadas de "ar-fecha", pois precisam de ar para fechar, ou de "falha-abre", pois em caso de falta de ar ou ruptura do diafragma do atuador elas abrirão. São ainda conhecidas como válvulas inversas devido a sua curva de funcionamento ser inversa, conforme pode ser observado da figura 2.11.18(e).

A escolha do tipo de falha mais adequada para uma válvula de controle a ser aplicada em um dado porcesso vai depender das condições operacionais e de segurança desejadas. Assim, seja por exemplo, o forno esquematizado na figura 2.11.19, onde são representadas duas válvulas de controle, uma associada à malha de controle de vazão de produto e ser aquecido (FV-01) e outra associada à malha de controle de temperatura do produto (TV-01), a qual manipula a vazão de combustível para o forno.

Figura 2.11.19 – Forno com válvula falha-abre (FA) e falha-fecha (FF).

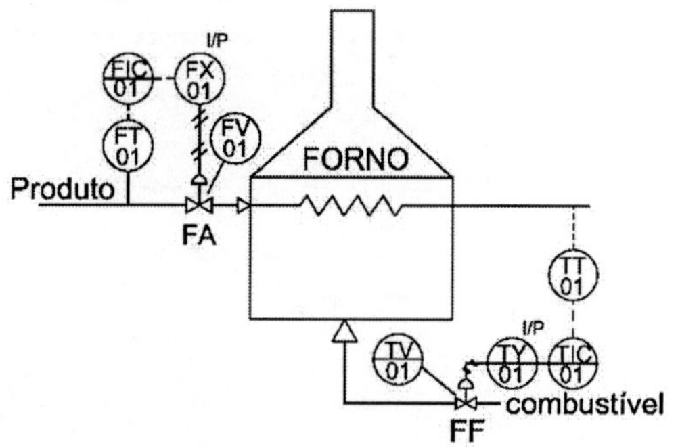

Fonte: autor

Se supusermos que em caso de falta de ar comprimido para as válvulas, se quer manter o produto escoando nos tubos do forno para evitar super aquecimento dos tubos e, além disto, se queira cortar o combustível do forno para impedir a liberação excessiva de combustível, a escolha natural é a válvula falha-abre (FA) para a FV-01 e falha-fecha (FF) para a TV-01.

Quanto ao tipo de fluxo atraves das válvulas de controle, as válvulas são classificadas em "*fluxo tendendo a abrir*" e "*fluxo tendendo a fechar*".

A válvula será "*fluxo tendendo a abrir*" quando o fluido que escoa através dela exercer sobre seu plugue um esforço no sentido de abrir a válvula. As válvulas esquematizadas nas figuras 2.11.18(b/c) são desta classe. As representadas nas figuras 2.11.18(a/d) são "fluxo tendendo a fechar".

2.11.10 – Posicionadores

O posicionador de uma válvula de controle é um dispositivo que objetiva garantir linearidade entre a abertura da válvula de controle o o sinal que comanda esta abertura. Para tal, sente a posição de abertura da válvula de controle e a compara com o sinal que vem do controlador para comando desta posição. Assim, quando a válvula de controle tem um posicionador instalado, o sinal que vem do controlador, em lugar de ir para o atuador da válvula de controle diretamente, vai para o posicionador (ver esquema da figura 2.11.20).

Figura 2.11.20 – Válvula de controle com posicionador.

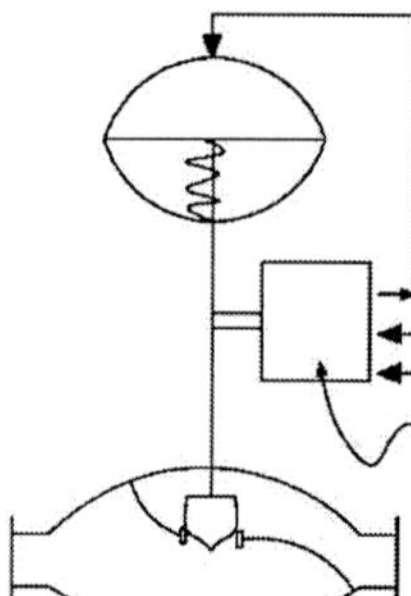

Fonte: autor

O posicionador que é alimentado com energia independente (no caso do posicionador da figura 2.11.20, com ar comprimido) é capaz de injetar sinal no atuador da válvula desde o valor zero até o limite máximo da sua alimentação. Com isto, buscará garantir que a abertura da válvula será proporcioal ao sinal que vem do controlador.

Assim sendo, suponhamos, como esquematizado na figura 2.11.20, que o sinal que vem do controlador possa variar de 4 a 20 mA e que ele valha, num determinado momento, 12 mA, ou seja, 50% da faixa de variação do sinal. O posicionador recebendo este sinal, injetará ar no atuador da válvula de controle (suposta falha-abre na figura 2.11.20) até que ela atinja 50% de abertura. Se houver resistência ao alcance desta abertura por causa do atrito, ou qualquer obstrução do movimento do plugue da válvula, o posicionador diminuirá o valor do sinal para o atuador da válvula ou o aumentará até o limite de sua pressão de ar de alimentação, conforme a abertura da válvula esteja menor ou maior que 50%, respectivamente, considerando a válvula representada na figura 2.11.20.

Em resumo, o posicionador garante linearidade entre o sinal de comando e a abertura da válvula. Embora, por esta propriedade, ele seja recomendado em qualquer aplicação, a prática tem definido alguns critérios mais comuns, onde se recomenda fortemente o uso de posicionadores, a saber:

- válvulas com sede dupla maior que 4";
- sede simples maior que 1";
- pressão a jusante maior que 14 kg/cm^2;

- diferencial de pressão através da válvula maior que 7 kg/cm^2;

- temperatura de operação maior que 200 °C;

- válvulas borboletas e de três vias;

- válvulas em malhas de controle de temperatura;

- válvulas em malhas de controle de nível com controlador proporcional e integral;

- controlador pneumático a mais de 50 m de distância da válvula;

- produtos viscosos;

- válvula operando em "*split-range*" (ver item 1.4.10.5-parte 1), onde a divisão de sinal é feita com o auxílio do posicionador.

Como os posicionadores são comumente de tecnologia eletrônica, várias outras aplicações trazem a conveniência do seu uso:

- em aplicações onde queiramos definir ou modificar a curva inerente da válvula pelo posicionador;

- para embutir controles PID no campo, junto à válvula;

- em operações onde se deseja definir funções especiais de abertura com sinal, para as válvulas de controle;

- para geração de sinal remoto informando sobre a posição (aberta/fechada) da válvula de controle no campo;

- para tornar uma válvula de operação inversa em válvula de operação direta;

- onde queiramos converter sinais (analógicos/digitais, etc.) junto à válvula.

2.11.11 – Outras avaliações importantes das válvulas de controle

Para a boa operação das válvulas de controle, outras avaliações devem ser feitas. Uma delas é a vedação necessária. As classes de vedação, as quais explicitam valores admissíveis de vazamento podem ser encontradas na norma ANSI FCI 70-2 (FCI, 2021), *Vazamento da Sede da Válvula de Controle*, a qual estabelece uma série de seis classes de vazamento da sede para válvulas de controle e define os procedimentos de teste.

Outro dado importante para as válvulas de controle é o ruído provocado pelo escoamento dos fluidos nas válvulas. Em especial, válvulas operando em escoamentos críticos, (ver item 2.11.6) tendem a apresentar valores de ruídos elevados no seu entorno. As discussões sobre cálculo de ruído podem ser apreciadas nas normas e recomendações que tratam do assunto sendo a ANSI/ISA-75.07 (ISA,1997) referência para o tema.

2.11.12 – Recomendações de instalação

Cuidados especiais devem ser tomados para válvulas operando com gases e vapores onde a *pressão a jusante* da válvula é *próxima a 0,5 da pressão a montante*. Nestes casos é esperado que a válvula trabalhe com altos níveis de ruído, o que exige proteção acústica e mesmo sistemas de redução de pressão para evitar erosão dos internos da válvula.

Da mesma forma, *válvulas operando com líquidos* que atinjam no interior das válvulas valores de *pressão próximos à pressão de vapor* do líquido estarão sujeitas aos fenômenos como cavitação ou "*flasheamento*" do líquido o que exige internos protegidos ou cuidados na redução dos efeitos destes fenômenos destrutivos para a válvula.

Válvulas operando com fluidos quentes (acima de 80°C) e localizadas próximas a áreas de circulação requerem proteção para evitar acidentes por contato de pessoas com as partes quentes das válvulas.

De forma geral, sempre que possível, as válvulas são instaladas com *válvulas de bloqueio antes e depois* delas (duplo bloqueio), de forma a permitir a remoção da válvula para manutenção sem necessidade de paralisação do processo. Neste caso, linhas de "*by-pass*" são instaladas contornando a válvula, como esquematizado na figura 2.11.21, sendo nelas instaladas válvulas globo manuais de forma a permitir que o controle seja feito manualmente durante o período de remoção da válvula de controle.

Para que se possa fazer intervenção de manutenção quando a válvula é bloqueada devemos drenar o fluido do trecho de tubulação que fica entre a válvula de controle e a válvula de bloqueio. Por esta razão é usual a instalação de *dreno a montante e a jusante da válvula de controle* (ver figura 2.11.21).

Volantes com posicionamento de fácil manuseio devem ser instalados nas válvulas de controle para operação em serviços que possam operar manualmente, principalmente, em casos onde ocorram problemas de funcionamento do posicionador ou do atuador.

Válvulas onde o plugue se movimenta através de *movimentos lineares* da sua haste devem ser instaladas com a *haste na vertical*. Onde o plugue se movimenta através de *movimentos rotativos* da sua haste (borboleta, esfera, etc.) devem ser instaladas com *haste na horizontal*.

Figura 2.11.21 – Instalação de válvula de bloqueio antes e depois da válvula de controle, válvula globo de atuação manual como bypass, válvulas de dreno antes e após a válvula de controle.

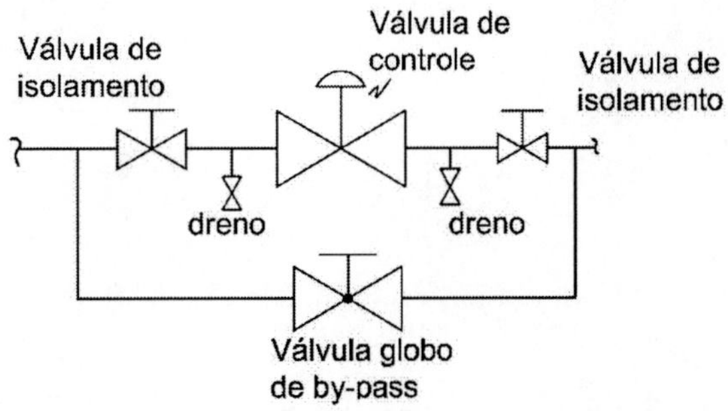

Fonte: autor

Questões de síntese do conteúdo

2.11.1 – Quais dos fatores listados e relacionados à operação de uma válvula de controle tendem a *aumentar* seu valor com o fechamento gradativo da válvula: vazão que passa pela válvula? Área de passagem do fluido? Perda de carga gerada pela válvula? Pressão a montante da válvula? Pressão a jusante da válvula? Pressão na região interna da válvula? Volume específico do fluido em escoamento?

2.11.2 – A válvula de controle pode ser considerada como composta pelo atuador e pelo corpo, o qual contém os internos (plugue e sede). Cite três tipos de atuadores e cinco tipos deferentes de válvulas considerando o desenho do seu corpo e dos seus internos.

2.11.3 – Onde seria e onde não seria adequado a utilização de uma válvula globo de sede simples? E de uma válvula borboleta? E de uma válvula com corpo dividido? E de uma válvula esfera? E de uma válvula de três vias convergente?

2.11.4 – O que explicita a chamada *característica de controle* de uma válvula de controle? Esboce um gráfico genérico relacionando a vazão com a abertura da válvula para uma válvula de abertura rápida. Analisando seu gráfico identifique entre que percentuais de abertura da válvula a vazão sofre maiores variações.

2.11.5 – Qual a diferença entre a característica inerente e a instalada de uma válvula de controle?

2.11.6 – Qual o coeficiente utilizado para o dimensionamento de válvulas de controle e como ele é obtido experimentalmente?

2.11.7 – Considerando que a válvula de controle é em essência um orifício de área variável, qual a expressão geral que podemos usar, a princípio, para relacionar a vazão que passa pela válvula, com o diferencial de pressão que força a passagem do fluido por ela (pressão a montante menos pressão a jusante) e o coeficiente de vazão da válvula?

2.11.8 – Quando submetida a um diferencial de pressão entre sua entrada e saída de 4 bar, uma válvula de controle, em uma determinada abertura, deixa passar por ela uma vazão de 100 m3/h. Mantida a abertura da válvula e as características operacionais do fluido em escoamento e alterando-se o diferencial de pressão para 16 bar, qual será a vazão passante pela válvula, se tivermos em ambos os casos escoamento subcrítico?

2.11.9 – Em que condições uma válvula de controle opera em escoamento crítico quando passa por ela líquido? E quando passa gás?

2.11.10 – A velocidade do som em um determinado gás é de 360 m/s. Qual a vazão que passará por uma válvula de controle que opere, em escoamento crítico, com este gás e tenha uma área de passagem para o fluido em escoamento de 12 mm^2?

2.11.11 – Quando se dá a ocorrência de cavitação em uma válvula de controle que opere com líquido? E a ocorrência de *flasheamento*?

2.11.12 – Se no cálculo do Cv necessário para operação de uma válvula tivéssemos chegado a um valor de 250, quais as dimensões do corpo e da sede da válvula globo de sede simples, com característica linear, que deveria ser escolhida para atender a essa necessidade? (Veja a tabela de um dos fabricantes deste tipo de válvula e escolha o Cv com folga de cerca de 70% do Cv calculado).

2.11.13 – Uma válvula de sede simples pode ser considerada como tendo um obturador em forma de um disco, no qual atua em uma de suas faces a pressão a montante da válvula e na outra a pressão a jusante. Se a válvula operar com um diferencial de pressão entre montante e jusante igual a 10 bar, qual deve ser a força mínima, em Newtons, que um atuador pneumático deve fazer para fechar esta válvula se a área do disco for de 5 cm^2?

2.11.14 – Se você fosse escolher uma válvula para operar na descarga de um equipamento que não deve ficar pressurizado, qual a falha da válvula que você escolheria? FA ou FF? Por que?

2.11.15 – Uma válvula que funciona de *forma direta* recebe um sinal de controle de um controlador que trabalha na faixa de 4 a 20 mA, no valor de 8 mA. Qual a abertura que a válvula deve apresentar considerando que ela trabalhará de forma linear com o sinal de controle? E se a válvula for inversa?

2.11.16 – Qual a função principal do posicionador instalado em uma válvula de controle? Quais as outras funções que ele pode executar?

2.11.17 – Por que se utiliza uma válvula de *by-pass* nas instalações industriais de uma válvula de controle? E para que servem as válvulas de bloqueio instaladas entre a válvula de controle e as tomadas do *by-pass*?

2.11.18 – Cite alguns cuidados a serem tomados na instalação de uma válvula que opere em fluxo crítico com gás.

Referências

ACTIVE BAR CODE. *Tipos de códigos de barra*. [*S.l.*]: Activebarcode, c2021. Disponível em: https://pt.activebarcode.com/codes/. Acesso em: 31 mar. 2023.

ADD THERM. *Produtos ADD*. [*S.l.*]: ADD, [202-a]. Disponível em: https://www.addtherm.com.br/categoria-produto/protecao-termica/termostatos-bimetalicos/. Acesso em: 31 mar. 2023.

________. *Produtos ADD*. [*S.l.*]: ADD, [202-b]. Disponível em: https://www.addtherm.com.br/categoria-produto/protecao-termica/termostatos-capilares/. Acesso em: 31 mar. 2023.

ANGST+PFISTER. *Accelerometers Angst Pfister*. Suiça: Angst+Pfister, [2021]. Disponível em: https://sensorsandpower.angst-pfister.com/en/products/accelerometers-gyros/accelerometers/. Acesso em: 31 mar. 2023.

ASSOCIAÇÃO BRASILEIRA DE NORMAS TÉCNICAS – *ABNT NR 10 – Segurança em Instalações e Serviços em Eletricidade*. Rio de Janeiro: ABNT, 1978.

AIM - ASSOCIATION FOR AUTOMATIC IDENTIFICATION AND MOBILITY. Estados Unidos: AIM, [202-a]. Disponível em: https://www.aim-na.org/. Acesso em: 31 mar. 2023.

________. *AIDC Thecnologies*. Estados Unidos: AIM, [202-b]. Disponível em: https://www.aim-na.org/aidc-technology.html. Acesso em: 31 mar. 2023.

ASME - THE AMERICAN SOCIETY OF MECHANICAL ENGINEERS. *MFC-3M, 2004(R 2017): Measurement of Fluid Flow in Pipes Using Orifice, Nozzle, and Venturi*. Estados Unidos: ASME, 2004.

ASTM INTERNATIONAL. *ASTM E230 / E230M – 17: Standard Specification for Temperature-Electromotive Force (emf) Tables for Standardized Thermocouples*. Estados Unidos: Pensilvânia, ASTM, 2017.

AZBIL CORPORATION. *Micro flow rate liquid flow meter*. [*S.l.*]: Azbil, 2021. Disponível em: https://www.azbil.com/products/factory/factory-product/flowmeter/rate-liquid/f7m/index.html. Acesso em: 31 mar. 2023.

BAKER HUGHES. *Valve Software Tools*. Rio de Janeiro: Baker Hughes, c2021. Disponível em: https://valves.bakerhughes.com/masoneilansoftware-tools. Acesso em: 31 mar. 2023.

BINDICATOR. *Medidor de nível ultrassônico*. São Paulo: Barueri, [20—a]. Disponível em: https://www.bindicator.com.br/medidor-nivel-ultrassonico.html. Acesso em: 31 mar. 2023.

________. *Sensor de nível pás rotativas*. São Paulo: Barueri, [20--b]. Disponível em: https://bindicator.com.br/pa-rotativa-roto-bin-dicator.html. Acesso em: 31 mar. 2023.

BOYSEN, Earl et al. *Nanotechnology for Dummies*, 2th ed. Indianápolis: Wiley Publishing, 2011.

BRASEQ. *Medidor de viscosidade em linha*. São Paulo: Braseq, [20--]. Disponível em: https://www.braseq.com.br/medidor-viscosidade-linha. Acesso em: 31 mar. 2023.

CEPEP – Escola Técnica Professor Anderson Pontes. *Instrumentação Analítica Industrial*. Belo Horizonte: CEPEP, 2015. 49 transparências. Disponível em: https://pt.slideshare.net/dissonpontes/instrumentao-analtica-industrial. Acesso em: 31 mar. 2023.

CICLO SOFTWARE DE ENGENHARIA. *Software de Válvula de Controle*. [*S.l.*]: Ciclo, c2021. Disponível em: https://www.ciclosoft.com/ptb/software_control_valve.htm. Acesso em: 31 mar. 2023.

CONAUT/KROHNE. *Guia de instalação*. Embú das Artes: Conaut/Krohne, 2018. Disponível em: https://www.conaut.com.br/images/downloads/Manuais/Guia-rpido-de-instalao.pdf. Acesso em: 31 mar. 2023.

________. *Como funciona um medidor tipo vortex*. Embú das Artes: Conaut/Krohne, 2021. Blog. Disponível em: https://www.conaut.com.br/blog/102-como-funciona-um-medidor-tipo-vortex. Acesso em: 31 mar. 2023.

CONTECH. *Produtos: Medidor de vazão tipo vortex*. São Paulo: Contech, c2021, Disponível em: https://www.contechind.com.br/produtos/vortex. Acesso em: 31 mar. 2023.

DEL GRANDE, Marcelo. *Cromatografia gasosa-princípios básicos*. [*S.l.*]: SINC do Brasil, [20--]. 74 transparências. Disponível em: http://www.cpatc.embrapa.br/eventos/seminariodequimica/1%B0%20Minicurso%20Produ%E7%E3o%20e%20Qualidade%20de%20Biodiesel/cromatografiagasosa.pdf. Acesso em: 31 mar. 2023.

DELMÉE, Gerard Jean. *Manual de medição de vazão*. 3 ed. São Paulo: Blucher, 2003.

DI SALVIO, Luiz Alberto. A. *Influência da pressão de operação no desempenho de transmissores diferenciais de pressão*: uma análise metrológica. Rio de Janeiro: PUC-RIO, 2008. Disponível em: https://www.maxwell.vrac.puc-rio.br/colecao.php?strSecao=resultado&nrSeq=12416@1&msg=28#. Acesso em: 31 mar. 2023.

DIN - GERMAN INSTITUTE FOR SANDARDIZATION. *DIN 43760:1968-09: Electrical temperature measuring instruments, calibration tables of resistance elements for resistance thermometers*. Alemanha: Berlin, 1968.

EIT ENVIRONMENT AND ENGINEERING. *Productos*. Shanghai: Eit, c2019. Disponível em: http://en.sh-eit.com/product. Acesso em: 31 mar. 2023.

ELOBAU. *Sensor ultrassônico 2U*: Aplicação Industrial. [*S.l.*]: Elobau, c2021. Disponível em: https://www.elobau.com/pt-br/produtos/medicao-de-nivel/medicao-continua-de-nivel-pt/sensor-de-nivel-ultrassonico-flangeado-e-rosca/sensor-ultrassonico-2u-industrial/. Acesso em: 31 mar. 2023.

EMERSON. *Atuadores*. [*S.l.*]: Emerson, c2021a. Disponível em: https://www.emerson.com/pt-br/catalog/actuator?fetchFacets=true#facet:&facetLimit:&productBeginIndex:0&orderBy:&pageView:grid&minPrice:&maxPrice:&pageSize:&. Acesso em: 31 mar. 2023.

________. *Descubra as ferramentas de dimensionamento e seleção PRV2*. [*S.l.*]: Emerson, c2021b. Disponível em: https://www.emerson.com/pt-br/automation/valves-actuators-regulators/isolation-valves/prv2-sizing-and-selection-tool Acesso em: 31 mar. 2023.

________. *Globe valve sizing tool*. [*S.l.*]: Emerson, c2021c. Disponível em: https://valve-sizing-app.emerson.com/sizing. Acesso em: 31 mar. 2023.

________. *Medidor de viscosidade por garfo micro motion FVM*. [*S.l.*]: Emerson, c2021d. Disponível em: https://www.emerson.com/pt-br/catalog/micro-motion-sku-fvm-pt-br. Acesso em: 31 mar. 2023.

________. *Medidores magnéticos de vazão*. [*S.l.*]: Emerson, c2021e. Disponível em: https://www.emerson.com/pt-br/catalog/magnetic-6/rosemount-flow-magnetic-flow-meters?fetchFacets=true#facet:&partsFacet:&facetLimit:&productBeginIndex:0&partsBeginIndex:0&orderBy:&partsOrderBy:&pageView:grid&minPrice:&maxPrice:&pageSize:&. Acesso em: 31 mar. 2023.

________. *Medidores ultrassônicos de vazão*. [*S.l.*]: Emerson, c2021f. Disponível em: https://www.emerson.com/pt-br/automation/measurement-instrumentation/flow-measurement/ultrasonic-flow-meters. Acesso em: 31 mar. 2023.

________. *Rosemount: innovative measurement and analytical Technology*. [*S.l.*]: Emerson, c2021g. Disponível em: https://www.emerson.com/en-us/automation/rosemount. Acesso em: 31 mar. 2023.

________. *Rosemount: Oxymitter 4000 Sonda e Analisador de oxigênio in situ para áreas classificadas.* [*S.l.*]: Emerson, c2021h. Disponível em: https://www.emerson.com/pt-br/catalog/rosemount-oxymitter-4000-in-situ-transmitter-probe-ha-zh-cn?fetchFacets=true#facet:&partsFacet:&facetLimit:&productBeginIndex:0&partsBeginIndex:0&orderBy:&partsOrderBy:&pageView:list&minPrice:&maxPrice:&pageSize:&. Acesso em: 31 mar. 2023.

________. *Rosemount 3051SFA medidor de vazão Annubar.* [*S.l.*]: Emerson, c2021i. Disponível em: https://www.emerson.com/pt-br/catalog/automation-solutions-6/measurement-instrumentation-6/rosemount-3051sfa-annubar-flow-meter-pt-br. Acesso em: 31 mar. 2023.

________. *Rosemount 8800 Series Vortex Flow Meters.* [*S.l.*]: Emerson, c2021j. Disponível em: https://www.emerson.com/pt-br/catalog/rosemount-8800-vortex-pt-br?fetchFacets=true#facet:&partsFacet:&facetLimit:&productBeginIndex:0&partsBeginIndex:0&orderBy:&partsOrderBy:&pageView:list&minPrice:&maxPrice:&pageSize:&. Acesso em: 31 mar. 2023.

________. *Sensores do corpo imerso em gaiola Fisher série 249.* [*S.l.*]: Emerson, c2021k. Disponível em: https://www.emerson.com/pt-br/catalog/fisher-249-caged-pt-br. Acesso em: 31 mar. 2023.

________. *Sensores e detectores de gás.* [*S.l.*]: Emerson, c2021l. Disponível em: https://www.emerson.com/pt-br/catalog/gas-detectors-sensors-6?fetchFacets=true#facet:&partsFacet:&facetLimit:&productBeginIndex:0&partsBeginIndex:0&orderBy:&partsOrderBy:&pageView:grid&minPrice:&maxPrice:&pageSize:&%20%20e%20Mixsen%20em%20https://www.mixsensors.com/gasDetector/MK-411.html Acesso em: 31 mar. 2023.

________. *Sobre o radar de ondas guiadas.* [*S.l.*]: Emerson, c2021m. Disponível em: https://www.emerson.com/pt-br/automation/measurement-instrumentation/level/continuous-level-measurement/about-guided-wave-radar. Acesso em: 31 mar. 2023.

ENDRESS+HAUSER. *Medição de radar de nível*: medição de nível contínuo [...]. [Brasil]: Endress Houser, [c20—a]. Disponível em: https://www.br.endress.com/pt/produtos/n%C3%ADvel/radar-n%C3%ADvel-Micropilot. Acesso em: 31 mar. 2023.

_________. *Medição de nível de capacitância.* [Brasil]: Endress Houser, [c20--b]. Disponível em: https://www.br.endress.com/pt/produtos/n%C3%ADvel/medi%C3%A7%C3%A3o-n%C3%ADvel-capacitancia. Acesso em: 31 mar. 2023.

_________. *Medição de vazão vortex.* [Brasil]: Endress Houser, [c20—c]. Disponível em: https://www.emerson.com/pt-br/automation/measurement-instrumentation/flow-measurement/about-vortex. Acesso em: 31 mar. 2023.

_________. *Proline Promass F 300*
Coriolis flowmeter. [Brasil]: Endress Houser, [c20—d]. Disponível em: https://www.br.endress.com/pt/produtos/vaz%C3%A3o-caudal-medicao-caudalimetro/Coriolis-flowmeter-Promass-F300?g.filters=%5B%22endress%3Abusiness-area%22%2C%22endress%3Ameasuring-principle-parameter%22%5D. Acesso em: 31 mar. 2023.

_________. *Medidores termais de vazão.* [Brasil]: Endress Houser, [c20—e]. Disponível em: https://www.br.endress.com/pt/produtos/vaz%C3%A3o-caudal-medicao-caudalimetro/termal-vazao. Acesso em: 03 abr. 2023.

EUON - THE EUROPEAN UNION OBSERVATORY FOR NANOMATERIALS. *Search for nanomaterials*. Finlândia: EUON, [2021]. Disponível em: https://euon.echa.europa.eu/search-for-nanomaterials. Acesso em: 03 abr. 2023.

FAISAL, Taif A. *Nanosensors: basics, design and applications*. Slide share: 2015. 32 transparências. Disponível em: https://www.slideshare.net/taifalawsi1/nanosensors-basics-design-andapplications?qid=eec1c471-197e-4485-b136-6b10cbde81c7&v=&b=&from_search=2 Acesso em: 03 abr. 2023.

FCI - FLUID CONTROL INSTIUTE. *FCI 70-1-1993 (R2012) – Standard Terminology and Definition for Filled Thermal Systems for Remote Sensing Temperature Regulators standard by Fluid Controls Institute.* Estados Unidos: Ohio, FCI, 1993.

________. *ANSI/FCI 70-2-2021. Standard for Control Valve Seat Leakage Testing.* Estados Unidos: Ohio, FCI, 2021.

HBM. *Sensores de deformação.* [Brasil]: HBM, [c20--a]. Disponível em: https://www.hbm.com/pt/0187/strain-sensors-strain-transducers/. Acesso em: 03 abr. 2023.

________. *Transdutores e sensores de pressão.* [Brasil]: HBM, [c20--b]. Disponível em: https://www.hbm.com/pt/0297/transdutores-de-pressao/. Acesso em: 03 abr. 2023.

HONEYWELL. *Hall effect sensing and application.* Estados Unidos: Honeywell, [20--]. Disponível em: https://archive.org/details/HONEYWELL_-_Hall_Effect_Sensing_and_Application_1998/page/n31/mode/2up. Acesso em: 03 abr. 2023.

________. *Magnetoresistive Sensor ICs.* Golden Valley: Honeywell, 2016. Disponível em: https://br.mouser.com/new/honeywell/honeywell-magnetoresistive-sensor-ic/. Acesso em: 03 abr. 2023.

________. *Magnetic displacement sensor*. Playmouth: Honeywell, 2019. Disponível em: https://aerospace.honeywell.com/content/dam/aero/en-us/documents/learn/products/sensors/datasheet/N61-2042-000-000_MDS-HMC15011512-Data-Sheet_web.pdf. Acesso em: 03 abr. 2023.

________. *Force sensors.* Estados Unidos: Honeywell, c2021a. Disponível em: https://sps.honeywell.com/us/en/products/sensing-and-iot/sensors/force-sensors/. Acesso em: 03 abr. 2023.

________. *Force sensors*: FSA series Estados Unidos: Honeywell, c2021b. Disponível em: https://sps.honeywell.com/us/en/products/sensing-and-iot/sensors/force-sensors/fsa-series. Acesso em: 03 abr. 2023.

________. *Linear and angle sensor ICS:* APSOOB angle sensor IC. Estados Unidos: Honeywell, c2021c. Disponível em https://sps.honeywell.com/us/en/products/advanced-sensing-technologies/industrial-sensing/industrial-sensors/magnetic-sensors/linear-and-angle-sensor-ics. Acesso em: 03 abr. 2023.

________. *Linear and angle sensor ICS*: SS39ET, SS49E, SS59ET Linear Sensor ICs. Estados Unidos: Honeywell, c2021d. Disponível em: https://sps.honeywell.com/us/en/products/sensing-and-iot/sensors/magnetic-sensors/linear-and-angle-sensor-ics/ss39et-ss49e-ss59et-linear-sensor-ics. Acesso em: 03 abr. 2023.

________. *Sensor de pressão relativa.* [Brasil]: Honeywell, c2021e. Disponível em: https://www.directindustry.com/pt/prod/honeywell-advanced-sensing-technologies/product-12365-489306.html. Acesso em: 05 abr. 2023.

________. *Advanced sensing technologies*, Estados Unidos: Honeywell, c2021f. Disponível em: https://sps.honeywell.com/us/en/products/sensing-and-iot/sensors. Acesso em: 05 abr. 2023.

________. *Speed and Direction, Speed Sensor ICs.* Estados Unidos: Honeywell, c2021g. Disponível em: https://sps.honeywell.com/us/en/products/sensing-and-iot/sensors/magnetic-sensors/speed-and-direction-speed-sensor-ics. Acesso em: 05 abr. 2023.

________. *Velocity accelerometers.* Estados Unidos: Honeywell, c2021h. Disponível em: https://sps.honeywell.com/us/en/products/sensing-and-iot/test-and-measurement-products/accelerometers/velocity-accelerometers/constant-current-model-mav52-series. Acesso em: 05 abr. 2023.

IEC - INTERNATIONAL ELECTROTECHNICAL COMMISSION. *IEC 60584-3:2007. Thermocouples - Part 3: Extension and compensating cables - Tolerances and identification system*. Suiça: IEC, 2007.

________. *IEC 60534-2-1 Ed. 2.0 b - Industrial-Process Control Valves - Part 2-1: Flow Capacity - Sizing Equations For Fluid Flow Under Installed Conditions*. Suiça, Genebra: IEC, 2015.

________. *IEC 60584-3:2021 - Thermocouples - Part 3: Extension and compensating cables - Tolerances and identification system*. Suiça: IEC, 2021b.

INDFLOW. *Rotâmetros para líquidos e gases*. São Paulo: Indflow, c2021. Disponível em: https://indflow.com.br/medidores-de-vazao-e-totalizadores-de-volume/rotametros/rotametro-modelo-inf-r-p/. Acesso em: 05 abr. 2023.

INMETRO - INSTITUTO NACIONAL DE PESOS E MEDIDAS. *Vocabulário Internacional de Metrologia*: Conceitos fundamentais e gerais e termos associados (VIM 2012). RJ, Duque de Caxias: INMETRO, 2012. Disponível em: https://metrologia.org.br/wpsite/wp-content/uploads/2021/02/vim_2012.pdf. Acesso em: 05 abr. 2023.

INSTITUTO NCB. [*Os sensores magnéticos do tipo Magneto-Resistivo Anisotrópico...*]. Brasil: NBC, [20--?]. https://www.newtoncbraga.com.br/index.php/eletronica/52-artigos-diversos/7265-aplicacoes-para-sensores-magneticos-de-posicao-art898. Acesso em: 05 abr. 2023.

________. *Como funcionam os sensores fotoelétricos*. Brasil: NBC, 2012a. Disponível em: https://www.newtoncbraga.com.br/index.php/como-funciona/4883-art644. Acesso em: 05 abr. 2023.

________. *Como funcionam os encoders*. Brasil NBC, 2012b. http://www.newtoncbraga.com.br/index.php/como-funciona/5454-mec128. Acesso em: 05 abr. 2023.

________. *Sensores magneto-resistivos de Ângulo*. Brasil NBC, 2013a. https://www.newtoncbraga.com.br/index.php/novos-componentes/7678-sensores-magneto-resistivos-de-angulo-com342. Acesso em: 05 abr. 2023.

________. *Como funcionam os sensores de Efeito Hall*. Brasil NBC, 2013b. https://www.newtoncbraga.com.br/index.php/como-funciona/6640-como-funcionam-os-sensores-de-efeito-hall-art1050. Acesso em: 05 abr. 2023.

ISA - INTERNATIONAL SOCIETY OF AUTOMATION. *ISA-5.2-1976 (R1992) - Binary Logic Diagrams*. Estados Unidos: ISA, 1976.

________. *ISA-37.2 1982 (R1995) - Guide for Specifications and Tests for Piezoelectric Acceleration Transducers for Aerospace Testing*. Estados Unidos: ISA, 1982a

________. *ISA-37.3 1982 (R1995)- Specifications and tests for strain gage pressure transducers*. Estados Unidos: ISA, 1982b.

________. *ANSI/ISA-75.07-1997: Laboratory Measurement of Aerodynamic Noise Generated by Control Valves*. Estados Unidos: ISA, 1997.

________. *ANSI/ISA-75.01.01-2012 (60534-2-1 MOD) Industrial-Process Control Valves - Part 2-1: Flow capacity - Sizing equations for fluid flow under installed conditions*. Estados Unidos: ISA, 2012b.

________. *ANSI/ISA-75.11.01-2013: Inherent Flow Characteristic and Rangeability of Control Valves*. Estados Unidos: ISA, 2013a.

ISO - INTERNATIONAL ORGANIZATION FOR STANDARDIZATION. ISO 7816-1:1987 Identification cards — Integrated circuit(s) cards with contacts — Part 1: Physical characteristics. Suiça: ISO, 1987.

________. *ISO 5167-1:2003 - Measurement of fluid flow by means of pressure differential devices inserted in circular cross-section conduits running full — Part 1: General principles and requirements*. Suiça: ISO, 2003a.

________. *ISO 5167-2:2003 - Measurement of fluid flow by means of pressure differential devices inserted in circular cross-section conduits running full — Part 2: Orifice plates*. Suiça: ISO, 2003b.

_______ . *ISO 5167-3:2020 - Measurement of fluid flow by means of pressure differential devices inserted in circular cross-section conduits running full — Part 3: Nozzles and Venturi nozzles*. Suiça: ISO, 2020.

JASINSKI, Grzegorz et al. *Electrocatalytic gas sensors based on Nasicon and Lisicon*. Polonia: Materials Science-Poland, No. 1, Vol. 24, 2006. Disponível em: https://www.researchgate.net/publication/234673834_Electrocatalytic_gas_sensors_based_on_Nasicon_and_Lisicon. Acesso em: 05 abr. 2023.

KAKU, Mikio. *Visions: how science will revolutionize the 21st Century*. New York: Anchor Books, 1998.

KELLER – ITS. *Stationary Pyrometers*. Alemanha: Keller, [20--]. Disponível em: https://www.keller.de/en/its/. Acesso em: 03 abr. 2023.

KELLY, Kevin. *Kevin Kelly TED talks*. [S.l.]: TED: [2006-2021]. Disponível em: https://www.ted.com/speakers/kevin_kelly. Acesso em: 03 abr. 2023.

KEYENSE. *Guia de código de barras: seleção de tipo de código de barras*. São Paulo: Keyense, 2019. Disponível em: https://www.keyence.com.br/ss/products/auto_id/barcode_lecture/basic/barcode-types/. Acesso em: 03 abr. 2023.

________. *Sensores de proximidade amplificador autônomo com dois fios*. São Paulo: Keyense, c2021a. Disponível em: https://www.keyence.com.br/products/sensor/proximity/ev/specs/. Acesso em: 03 abr. 2023.

________. *Informações e dicas sobre códigos de barras*. São Paulo: Keyense, c2021b. Disponível em: https://www.keyence.com.br/ss/products/auto_id/barcode_lecture/download/. Acesso em: 03 abr. 2023.

KUMAR, Rajesh, IMAN, Syed Akhtar., KHAN, M. R. *A critical review of Taguchi gas sensor for the detection of voc's*. Inglaterra: 2009, Journal Of Reviews and Surveys, Vol. 1, No.2. Disponível em: https://www.researchgate.net/publication/239280207_a_critical_review_oftaguchi_gas_sensor_for_the_detection_of_voc's. Acesso em: 03 abr. 2023.

LEINE LINDE. *Encoder absoluto, levando a funcionalidade a um novo nível*. [S.l.]: Leine Linde: c2021. Disponível em: https://www.leinelinde.com/pt-BR/produtos/encoders-para-trabalho-pesado/900-premium/?gclid=EAIaIQobChMI_JGrv4Kx8QIVJgaICR05CgevEAAYASAAEgIoovD_BwE. Acesso em: 03 abr. 2023.

LENOX AUTOMAÇÃO E TECNOLOGIA. *Detectores de Gás e Detectores de Chama*. [São Paulo]: Lenox, 2021a. Disponível em: https://www.lenox.ind.br/detectores-gas-detectores-chama. Acesso em: 04 abr. 2023.

________. *Medição de umidade de sólidos on-line*. [São Paulo]: Lenox, [20--b]. Disponível em: https://www.lenox.ind.br/humy-scs-3000?gclid=EAIaIQobChMIyoTl6be68QIVwYORCh2c_gdrEAAYAiAAEgIOwvD_BwE. Acesso em: 03 abr. 2023.

LUCENA, Luciano. *Analisador Industrial por Absorção de Infravermelho - Monitoramento de Emissão de Gases*. Blog Resenhas da Atualidade: 13 de agosto de 2019. Disponível em: https://resenhasatualidade.blogspot.com/. Acesso em: 03 abr. 2023.

LUTZ. *Medidores de flujo de disco oscilante*. México: Lutz, c2020. Disponível em: https://bombaslutz.com.mx/categoria-producto/medidores-de-flujo/medidores-de-flujo-de-disco-oscilante/. Acesso em: 03 abr. 2023.

MAGNETROL. *Chaves de nível do tipo bóia*. Estados Unidos: Illinois, [202-]. Disponível em: https://www.magnetrol.com/pt/mecanicas-chaves-de-nivel-do-tipo-boia. Acesso em: 03 abr. 2023.

MCAA - MEASUREMENT, CONTROL & AUTOMATION ASSOCIATION. *Bushings and Wells for Temperature Sensitive Elements*. Estados Unidos: MCAA, 1963a (R 1973). Disponível em: https://themcaa.org/wp-content/uploads/bushings_wells.pdf. Acesso em: 03 abr. 2023.

_________. *Filled System Thermometers*. Estados Unidos: MCAA, 1963b (R 1973). Disponível em: https://themcaa.org/wp-content/uploads/filledsystemthermometers.pdf. Acesso em: 03 abr. 2023.

_________. *Resistance Thermometer*. Estados Unidos: MCAA, 1963c (R 1973). Disponível em: https://themcaa.org/wp-content/uploads/resistancethermometers.pdf. Acesso em: 03 abr. 2023.

________. *Thermocouples Thermometer (Pyrometers)*. Estados Unidos: MCAA, 1963d. Disponível em: https://themcaa.org/wp-content/uploads/thermocouplethermometers.pdf. Acesso em: 03 abr. 2023.

_________. *Temperature-resistance values for resistance thermometer elements of platinum, nickel and copper*. Estados Unidos: MCAA, 1966. Disponível em: https://themcaa.org/wp-content/uploads/tempresistantvalues.pdf. Acesso em: 03 abr. 2023.

_________. *Bimetallic Thermometer*. Estados Unidos: MCAA, 1968 (R 1973). Disponível em: https://themcaa.org/wp-content/uploads/bimetallicthermometers.pdf. Acesso em: 03 abr. 2023.

_________. *Reference documents*. Estados Unidos: MCAA, c2021. Disponível em: https://themcaa.org/industry-insight/standards/. Acesso em: 03 abr. 2023.

MEDITEC: *Medidores volumétricos*. [*S.l*]: Meditec, 2010. Disponível em: http://meditec.com.br/produtos.php. Acesso em: 03 abr. 2023.

METROLOG. *Sensores de deslocamento linear*. São Carlos (SP): Metrolog, [20--a]. Disponível em: https://www.metrolog.net/lvdt.php?lang=ptbr. Acesso em: 03 abr. 2023.

________. *Sensores de posição angular*. São Carlos (SP): Metrolog, [20—b]. Disponível em: https://www.metrolog.net/rvdt.php?lang=ptbr. Acesso em: 03 abr. 2023.

METROVAL. *Medidores de engrenagens ovais*. São Paulo: Metroval, [20—a]. Disponível em: https://metroval.com.br/produtos/medicao-de-vazao/medidores-de-deslocamento-positivo-metroval-mdpm/ Acesso em: 03 abr. 2023.

________. *Transmissor de Densidade – MDT*. São Paulo: Metroval, [20—b]. Disponível em:

https://metroval.com.br/produtos/analise-de-liquidos/transmissor-de-densidade-metroval-mdt/. Acesso em: 03 abr. 2023..

MIXSEN. *MIX1017 Ammonia (NH3) Gas Sensor*. [S.l.] Mixsen, c2017. Disponível em: https://www.cogas-sensor.com/sale-13830893-mix1017-semiconductor-ammonia-nh3-gas-detection-sensor-for-gas-detector-5-500ppm.html. Acesso em: 03 abr. 2023.

MTE-THOMSON. *Catálogo sensor ABS*. Brasil: Tem-Thomson: [c2021]. Disponível em: https://www.mte-thomson.com.br/catalogo/sensor-velocidade-roda-abs/. Acesso em: 03 abr. 2023.

METTER TOLEDO. *Sensor de pH*. [Estados Unidos]: Metter Toledo, [20--]. Disponível em: https://www.mt.com/br/pt/home/products/Laboratory_Analytics_Browse/pH-meter/sensor/pH-sensor.html. Acesso em: 03 abr. 2023.

MINULIGHT. *Medidores de gás do tipo volumétrico por diafragma*. Rio de Janeiro: Minulight, c2021. Disponível em: https://www.minulightgas.com.br/. Acesso em: 03 abr. 2023.

NICAWE. *Medidores de sensor capacitivo e resistivo*: entenda a diferença. Campo Alegre (SC): Nicawe: c2018. Disponível em: https://www.nicawe.com.br/medidores-de-sensor-capacitivo-e-resistivo-entenda-a-diferenca/. Acesso em: 03 abr. 2023.

NIVETEC. *Transmissor do tipo pendular (yo-yo) série silopatrol smu*. São Paulo: NIVITEC, c2021. Disponível em: https://nivetec.com.br/produto/transmissor-do-tipo-pendular-yo-yo-serie-silopatrol-smu/. Acesso em: 03 abr. 2023.

NOVOTECHNIK. *Réguas potenciométricas*. Valinhos (SP): Novotechnik, c2021. Disponível em http://novotechnik.ind.br/reguas-potenciometricas. Acesso em: 03 abr. 2023.

OMEGA. *Pirômetro e termômetro infravermelho*. Brasil: Omega, [20--]. Disponível em: https://br.omega.com/prodinfo/pirometro_termometro_infravermelho.html. Acesso em 03 abr. 2023.

________. *Guia prático de medição de temperatura*. e-book. Brasil: Omega, [201-]. Disponível em: https://br.omega.com/literature/. Acesso em: 03 abr. 2023.

________. *Artigos técnicos. Transdutores de Deslocamento Variável Linear*. Brasil: Omega, c2015a. Disponível em: https://br.omega.com/artigos-tecnicos/transdutores-de-deslocamento-variavel-linear.html. Acesso em 03 abr. 2023.

________. *Lições sobre medidores de deslocamento positivo*. [Brasil]: Omega, c2015b. Disponível em: https://br.omega.com/artigos-tecnicos/medidor-de-vazao-por-deslocamento-positivo.html. Acesso em: 03 abr. 2023.

________. *Sensores Pt100*: introdução às termoresistências. Brasil: Omega, c2015c. Disponível em: https://br.omega.com/prodinfo/pt100.html. Acesso em: 03 abr. 2023.

________. *Termistores*: introdução aos termistores. Brasil: Omega, c2015d. Disponível em: https://br.omega.com/prodinfo/termistores.html. Acesso em: 03 abr. 2023.

PEPPERL-FUCHS. *Sensores capacitivos*. São Bernardo (SP): Pepperl-fuchs, c2021. Disponível em: https://www.pepperl-fuchs.com/brazil/pt/classid_144.htm. Acesso em: 03 abr. 2023.

PETRO INDUSTRIES NEWS. *Micro flow switch and bubble detector for liquids*. Inglaterra: Petro Industry News, c2021. Disponível em: https://www.petro-online.com/news/flow-level-pressure/12/sensirion-ag/micro-flow-switch-and-bubble-detector-for-liquids/15500. Acesso em: 03 abr. 2023.

PHASE IV Engineering Inc. *Wireless sensor products*. Estados Unidos: Phase IV, c2021. Disponível em: https://www.phaseivengr.com/sensor-system-products/. Acesso em: 03 abr. 2023.

PRISMA INSTRUMENTS. *Manômetro analógico*. [Brasil]: Direct Industry, c2021. Disponível em: https://www.directindustry.com/pt/prod/prisma-instruments/product-207585-2119773.html. Acesso em: 03 abr. 2023.

RIBAS, Renato. *Microssistemas Integrados (MEMS)*. Campinas: UEC, [2000]. Disponível em: https://www.ccs.unicamp.br/cursos/ee941/download/cap14.pdf. Acesso em: 03 abr. 2023.

RIOMAR, Winnie Carlos; BARBOSA, Samila Santana; BENINI, Lucas. *Conceitos Básicos de Microusinagem*: uma revisão. Semana Acadêmica de Engenharia Mecânica e de Produção. Viçosa: UFV, 2018. Disponível em: http://www.saempro.ufv.br/wp-content/uploads/CONCEITOS-B%C3%81SICOS-DE-MICROUSINAGEM-UMA-REVIS%C3%83O.pdf. Acesso: 03 abr. 2023.

RODRIGUES, Janderson Rocha. et al. *Modelagem e simulação de um microacelerômetro capacitivo*. São José dos Campos: ITA, 2015. Disponível em:

https://www.researchgate.net/publication/292996372_Modelagem_e_Simulacao_de_um_Microacelerometro_Capacitivo. Acesso em: 03 abr. 2023.

SENSE SENSORS AND INSTRUMENTS. *Sensores fotoelétricos*. São Paulo: Sensor, [c2021]. Disponível em: https://www.sense.com.br/siter/familias/8. Acesso em: 03 abr. 2023.

SIEMENS. *Differential Magnetoresistive Sensor*. Siemens, [20--]. Disponível em: https://datasheetspdf.com/pdf-file/228372/SiemensSemiconductorGroup/FP210D250-22/1. Acesso em: 03 abr. 2023

SIGMA SENSORS. *Termo higrômetro digital para medições de temperatura e umidade*. São José dos Campos: Sigma, [20--]. Disponível em: https://sigmasensors.com.br/termohigrometro?gclid=EAIaIQobChMI1rPQ3ry68QIVVIGRCh3ErgKCEAAYAiAAEgIPDPD_BwE. Acesso em: 03 abr. 2023

SILVA, Liangrid Lutiani. et al. *Caracterização de Erros Sistemáticos em um Acelerômetro Micro-Eletro-Mecânico Capacitivo*. São José dos Campos: ITA, 2015. Disponível em: https://www.researchgate.net/publication/292995175_Caracterizacao_de_Erros_Sistematicos_em_um_Acelerometro_Micro-_Eletro-Mecanico_Capacitivo. Acesso em: 03 abr. 2023

SMAR TECNOLOGY COMPANY. *LD300 Series Transmissores de Pressão, Nível e Vazão*. São Paulo: Smar, c2021a. Disponível em: https://www.smar.com/brasil/produto/ld300series-transmissores-de-pressao-nivel-e-vazao. Acesso em: 03 abr. 2023

________. *Pressure measurement*: characteristics, technologies and trend. São Paulo: Smar, c2021b. Disponível em: https://www.smar.com/en/technical-article/pressure-measurement-characteristics-technologies-and-trends. Acesso: 03 abr. 2023

________. *Transmissor de Pressão com Sensor Capacitivo*: alta exatidão com leitura direta e totalmente digital. São Paulo: Smar, c2021c. Disponível em: https://www.smar.com/brasil/artigo-tecnico/transmissor-de-pressao-com-sensor-capacitivo-alta-exatidao-com-leitura-direta-e-totalmente-digital. Acesso em: 03 abr. 2023

SCME - SUPPORT CENTER FOR MICROSYSTEMS EDUCATION. *History of microelectomechanical systems (MEMS)*. Youtube vídeos México: SCME, 2010. Disponível em: https://www.youtube.com/watch?v=BHLeWqzBatk. Acesso em: 03 abr. 2023

________. *Comparison of Scale*. Youtube vídeos. Novo México: SCME: [c2012?]. Disponível em: https://www.youtube.com/watch?v=V7Is-0MNzFY. Acesso em 03 abr. 2023

SOUZA, Rafaela. *O que são Áreas Classificadas e Atmosferas Explosivas?*. Automação Industrial, c2021. Disponível em: https://www.automacaoindustrial.info/o-que-e-area-classificada-atmosfera-explosiva/. Acesso em: 03 abr. 2023

STROSKI, Pedro Ney. *Fabricação de MEMS, parte 1 e 2*. [Paraná]: Electrical Library.com, 2019-2020. Disponível em: https://www.electricalelibrary.com/2019/12/09/fabricacao-de-mems-parte-1/ e https://www.electricalelibrary.com/2020/01/12/fabricacao-de-mems-parte-2-microusinagem-de-superficie/. Acesso em: 03 abr. 2023

SWART, Jacobus W. *Semicondutores*: Fundamentos, Técnicas e Aplicações. São Paulo: Unicamp, 2008.

TECHMETER. *Medidor de vazão eletromagnético*. São Paulo: Techmeter, c2021. Disponível em: https://www.techmeter.com.br/produtos/medidor-de-vazao-eletromagnetico. Acesso em: 03 abr. 2023

TECMUNDO. *O que significa cada quadrado de um QR code?*. [Brasil]: Tecmundo, 2013. Disponível em: https://www.tecmundo.com.br/qr-code/37372-o-que-significa-cada-quadrado-de-um-qr-code-.htm. Acesso em: 03 abr. 2023

TEKSCAN. *The Difference Between Force Measurement Techniques*. Boston: Tekscan, [201-]. Disponível em: https://www.tekscan.com/thank-you/download-now-difference-between-force-measurement-techniques. Acesso em: 04 abr. 2023

TELEDYNE FLIR. *O que é visão de máquina?*. [S.l.]: Teledyne, c2021. Disponível em: https://www.flir.com.br/discover/iis/what-is-machine-vision/. Acesso em: 04 abr. 2023.

TESTO SE & CO. KGaA. *Measuring instruments for velocity*. Alemanha: Testo, 2008. Disponível em: https://www.esis.com.au/Testo/Testo_Velocity.pdf. Acesso em: 03 abr. 2023.

TORRES, Henrique. *MEMS*: Sistemas Microeletromecânicos. [Brasil]: Embarcados, 2014. Disponível em: https://www.embarcados.com.br/mems/#MEMS-Fusao-entre-eletronica-e-mecanica-em-escala-micrometrica. Acesso em: 04 abr. 2023.

TREVISAN, Marcello; POPPI, Ronei. *Química Analítica de Processos*. São Paulo: Revista Química Nova 29 (5), 2006. Disponível em: https://www.scielo.br/j/qn/a/3FBdV4sKByShYfpfDvJfPcK/?lang=pt. Acesso em: 04 abr. 2023.

UNIVERSIDADE FEDERAL DO RIO DE JANEIRO - UFRJ. *Princípios de Instrumentação biomédica*: conceitos. Rio de Janeiro: UFRJ, 2015. Disponível em: http://www.peb.ufrj.br/cursos/cob785/COB785_Conceitos.pdf. Acesso em: 04 abr. 2023.

UNIVERSIDADE SANTA CECÍLIA - UNISANTA. *Instrumentação industrial*: transdutores de posição. (cópia de 18 transparências). São Paulo: UNISANTA, [20--]. Disponível em: https://cursos.unisanta.br/mecanica/ciclo10/1088_Capitulo_4_Transdutores.pdf. Acesso em: 04 abr. 2023.

VEGA. *Sensores radiométricos para medição do nível e densidade de sólidos e líquidos*. São Paulo: Vega, [201-]. Disponível em: https://brasil.vega.com/solucoes-vega-radiometricos-para-medicao-de-nivel-liquido-e-solido. Acesso em: 04 abr. 2023.

VELKI. *Chave de nível tipo capacitiva*. [São Paulo]: Velki, [20—a]. Disponível em: https://velki.com.br/pt/produtos/medidores-de-nivel-solido/chave-de-nivel-tipo-capacitiva. Acesso em: 04 abr. 2023.

________. *Chave de nível tipo pás rotativas*. [São Paulo]: Velki, [20—b]. Disponível em: https://velki.com.br/pt/produtos/medidores-de-nivel-solido/chave-de-nivel-tipo-pa-rotativa. Acesso em: 04 abr. 2023.

________. *Chave de nível tipo vibratória*. [São Paulo]: Velki, [20—c]. Disponível em: https://velki.com.br/pt/produtos/medidores-de-nivel-solido/chave-de-nivel-tipo-vibratoria. Acesso em: 04 abr. 2023.

VIKA CONTROLS. *Transmissor de Nível Uni Probe LB 490*. São Paulo: Vika, [201-]. Disponível em:

https://vikacontrols.com.br/produto/transmissor-de-nivel-radioativo-lb490/. Acesso em: 04 abr. 2023.

VERMISOGLOU, Eleni. et al. *Human virus detection with graphene-based materials*. PubMed.gov, [2020]. Disponível em: https://pubmed.ncbi.nlm.nih.gov/32750677/. Acesso em: 04 abr. 2023.

YOKOGAWA. *Analisadores de Oxigênio*. Brasil: Yokogawa, c2021a. Disponível em: https://www.yokogawa.com.br/produtos/analisadores-de-processo/analisadores-de-gases/analisadores-de-oxigenio. Acesso em: 04 abr. 2023.

________. *Pneumáticos - série P 10*. Brasil: Yokogawa, c2021b. Disponível em: https://www.yokogawa.com.br/produtos/instrumentos-de-campo/transmissores-de-pressao/pneumaticos-serie-p10. Acesso em: 04 abr. 2023.

________. *Rotâmetros RAMC*. Brasil: Yokogawa, c2021c. Disponível em: https://www.yokogawa.com.br/produtos/instrumentos-de-campo/medidores-de-vazao/rotametros-ramc. Acesso em: 04 abr. 2023.

________. *Série DPHarp EJA-E - EJA110E*. Brasil: Yokogawa, c2021d. Disponível em: https://www.yokogawa.com.br/produtos/instrumentos-de-campo/transmissores-de-pressao/serie-dpharp-eja-e-eja110e. Acesso em: 04 abr. 2023.

________. *TDLS 8100*. Brasil: Yokogawa, c2021e. Disponível em: https://www.yokogawa.com.br/produtos/analisadores-de-processo/analisadores-de-gases/analisadores-de-oxigenio/tdls8100. Acesso em: 04 abr. 2023.

________. *Transmissores de pressão*. Brasil: Yokogawa, c2021f. Disponível em: https://www.yokogawa.com.br/produtos/instrumentos-de-campo/transmissores-de-pressao. Acesso em: 04 abr. 2023.

YOUTUBE. Resolver. Youtube, 2012. Disponível em: https://www.youtube.com/watch?v=qCU8b8vo2qE&feature=youtu.be. Acesso em: 04 abr. 2023.

________. *What is the Difference between Absolute and Incremental Encoders?*. Youtube, [2019?]. Disponível em: https://www.youtube.com/watch?v=-Qk--Sjgq78. Acesso em: 04 abr. 2023.

WEBER, Ingrid. *Desenvolvimento de sensores para gás à base de SnO2 nanoestruturado*: influência da microestrutura no desempenho do sensor. São Paulo: UFSCar, 2000. Disponível em: https://www.scielo.br/j/ce/a/D64ydh9jD8pfCD3LkS5MtZR/?lang=pt&format=pdf. Acesso em: 04 abr. 2023.

WINSEN. *MG812 Mini Size Solid Electrolyte CO2 Gas Sensor*. China: Winsen, 2003. Disponível em: https://www.winsen-sensor.com/sensors/co2-sensor/mg812.html. Acesso em: 04 abr. 2023.

WIKA. *Os princípios de medição mais comuns para sensores de pressão*: thin-film, thick-film e sensores piezoresistivos. Wika blog, 24 mai. 2018. Disponível em: https://blog.wika.com.br/know-how/os-principios-de-medicao-mais-comuns-para-sensores-de-pressao/. Acesso em: 04 abr. 2023.

_______. *Manômetro com tubo bourdon*. Iperó (SP): WIKA, c2021a. Disponível em: https://www.wika.com.br/landingpage_bourdon_tube_pressure_gauge_pt_br.WIKA. Acesso em: 04 abr. 2023.

_________. *Pressostatos*. Iperó (SP): WIKA, c2021b. Disponível em: https://www.wika.com.br/products_pressure_switches_pt_br.WIKA. Acesso em: 04 abr. 2023.

_________. *Sensor de deformação de ponto único até 250 kg*. Iperó (SP): WIKA, c2021c. Disponível em: https://www.wika.com.br/f4801_pt_br.WIKA?gclid=EAIaIQobChMIwPOi24Po8QIVDYSRCh0zlwUKEAAYAiAAEgKf2fD_BwE.WIKA. Acesso em: 04 abr. 2023.

_________. *Sensor de força/transdutor de força*. Iperó (SP): WIKA, c2021d. Disponível em: https://www.wika.com.br/landingpage_force_sensor_pt_br.WIKA. Acesso em: 04 abr. 2023.

WIKIPEDIA. *Viscosímetro*. Wikipidia: 07 de abrl de 2021. Disponível em: https://pt.wikipedia.org/wiki/Viscos%C3%ADmetro#Viscos%C3%ADmetros_de_rota%C3%A7%C3%A3o. Acesso em: 04 abr. 2023..

WISHBOX TECHNOLOGIES. *Manufatura aditiva*: entenda o que é e como funciona. Blog wishbox: 24/09/2015. Disponível em: https://www.wishbox.net.br/blog/o-que-e-manufatura-aditiva/. Acesso em: 04 abr. 2023.

XIAOYONG, Su et al. *On The Creation of Automatic Identification and Data Capture Infrastructure via RFID*. Estados Unidos: Los Angeles, University of California, 2007. Disponível em: http://citeseerx.ist.psu.edu/viewdoc/summary?doi=10.1.1.92.2317. Acesso em: 04 abr. 2023.

ZEUS DO BRASIL. *Detector óptico de fumaça contato seco IP20 12v/24v convencional*. Zeus do Brasil, Zues do Brasil, [2021]. Disponível em: https://zeusdobrasil.com.br/produtos/detalhes/detector-optico-de-fumaca-contato-seco-ip20-12v-24v-convencional/. Acesso em: 04 abr. 2023.

Impressão e acabamento
Gráfica da Editora Ciência Moderna Ltda.
Tel: (21) 2201-6662